材料科学与工程基础教程

主编　楠顶

中国建材工业出版社
北　京

图书在版编目(CIP)数据

材料科学与工程基础教程 / 楠顶著. -- 北京：中国建设科技出版社，2024. 11. --ISBN 978-7-5160-4295-3

Ⅰ. TB3

中国国家版本馆 CIP 数据核字第 2024MJ8409 号

材料科学与工程基础教程

CAILIAO KEXUE YU GONGCHENG JICHU JIAOCHENG

楠顶 著

出版发行：中国建材工业出版社

地　　址：北京市西城区白纸坊东街 2 号院 6 号楼

邮政编码：100054

经　　销：全国各地新华书店

印　　刷：唐山唐文印刷有限公司

开　　本：787mm×1092mm　1/16

印　　张：14. 5

字　　数：350 千字

版　　次：2025 年 1 月第 1 版

印　　次：2025 年 1 月第 1 次

定　　价：72. 00 元

本社网址：www. jccbs. com，微信公众号：zgjcgycbs

前言 Preface

党的二十大报告指出："推动战略性新兴产业融合集群发展，构建新一代信息技术、人工智能、生物技术、新能源、新材料、高端装备、绿色环保等一批新的增长引擎。"

材料科学与工程的发展对于推动产业升级、促进经济高质量发展具有重要意义。

本书旨在为读者提供材料科学与工程的基础教程，帮助读者了解材料科学的基本概念、原理和方法，为进一步探索材料科学与工程领域奠定基础。

本书注重理论与实践相结合，以任务驱动的模式展开，注重基础性与实用性相结合，力求帮助读者更好地理解和应用所学知识。

本书分为十个项目，内容包括材料基础认知、材料的物理性能、材料的力学性能、金属材料、陶瓷材料、高分子材料、复合材料、金属的扩散、相变与热处理、材料的强化、制备与加工、材料的分析与测试技术。

本书适合作为材料科学、工程专业、材料加工以及制造工程领域的教材，也可作为材料科学与工程研究人员与技术人员的参考用书。

本书的编写特色如下：

1. 内容全面

本书涵盖了材料科学与工程的基本概念、原理和方法，包括材料的组成、结构、性能及其相互关系，以及材料的制备、加工和应用等方面的知识。

2. 理论与实践相结合

本书注重理论与实践的结合，通过实例分析，使学生更好地理解和掌握材料科学与工程的基本原理和方法，提高其实践能力和创新能力。

3. 教材结构合理

本书按照材料科学与工程的基本体系和框架进行编写，结构合理，层次分明，便于学生理解和掌握。

4. 图文并茂

本书采用大量的图表和图片，形象生动地展示材料科学与工程的基本原理和方法，便于学生理解和记忆。

5. 更新及时

本书注重材料的更新和升级，及时引入新材料、新技术、新工艺等方面的研究成果，使学生能够了解最新的材料科学与工程技术。

6. 注重素质培养

本书在各项目前均设置有项目导读、学习目标、思政目标模块，便于学生学习兴趣的激发；在各项目后均设有拓展阅读、项目实训、思考练习模块，便于学生对知识点的掌握和巩固以及实践能力的培养。

在本书的编写过程中，参考、引用了部分相关书籍和资料，在此向原作者表示衷心的感谢。由于时间及知识水平有限，书中不当之处在所难免，恳请广大师生在使用过程中批评指正，并提出宝贵的意见和建议。

编　者

目录 Contents

项目一

材料基础认知

项目导读

材料科学与工程是研究材料的性质、结构、制备和应用的学科领域。它涵盖了从基础科学到工程应用的广泛范围，是现代工程和技术领域中至关重要的一部分。在材料科学与工程中，研究人员和工程师需要了解材料科学在工程中的作用并关注材料的结构等基础知识，为新材料的开发、现有材料的改进以及各种工程应用提供科学依据和技术支持。

学习目标

知识目标

（1）理解材料科学与工程的基本概念和范畴。

（2）掌握材料的结构和组成。

技能目标

（1）能够通过实验数据分析和结果解释来评估材料性能。

（2）能够使用材料模拟软件进行模拟分析和预测材料性能。

（3）能够根据材料特性设计并优化材料结构和性能。

素质目标

（1）培养创新意识和创新能力，探索新材料、新技术和新方法。

（2）培养动手能力和实验操作技能，能够将理论知识应用到实际中。

（3）培养独立思考和解决问题的能力，能够分析和解决材料相关的复杂问题。

（4）培养对实验和工作安全的重视和责任感。

思政目标

（1）培养科学精神，注重科学道德和学术规范，了解材料科学对社会、经济和环境的影响。

（2）强化对社会责任感的培养，关注材料科学与工程的社会应用和可持续发展。

（3）培养对民族精神和国家荣誉感的认同，为国家的发展和进步作出贡献。

任务一　材料科学与工程概述

一、材料科学的由来与发展

1. 材料科学的由来

材料科学与工程融合了工程知识，包括金属材料、陶瓷材料、高分子材料和复合材料。

材料制造和应用的发展推动了科技进步。蒸汽机和电动机的发明促进了材料的规模生产和品种开发，如转炉和平炉炼钢技术大幅提升了钢的产量，推动了机械制造和铁路交通的发展。特殊钢种的相继问世使人类进入钢铁时代。铜、铅、锌等金属也得到广泛应用，铝、镁、钛和稀有金属逐渐崭露头角。

20 世纪初，人工合成高分子材料开始问世，如今产量已远超钢铁。同时，传统材料如木材、砖瓦等因资源丰富和性价比高仍占据重要地位。

20 世纪 50 年代，先进陶瓷通过合成化工原料或特殊制备方法制造出来，因其资源丰富、耐高温、耐磨等特点具有广阔发展前景，成为研究热点。有人预测“新陶瓷时代”即将到来。

固体物理、无机化学、有机化学、物理化学等学科的深入发展，以及现代分析测试技术和设备的不断进步，极大地推动了对物质结构和物性的深入研究，进而加深了对材料本质的理解。同时，冶金学、金属学、陶瓷学、高分子科学等领域的蓬勃发展，也显著增强了对材料本身的研究力度，使得对材料的制备、结构与性能，以及它们之间的相互关系的探索日益深入，为材料科学的形成奠定了坚实的基础。

在材料科学这一术语尚未出现之前，金属材料、陶瓷材料与高分子材料均已形成各自独立的体系，而当前复合材料也正在逐步构建其学科体系。尽管这些材料类型各异，但它们之间却存在诸多共通之处，使得不同类型的材料能够相互借鉴，从而推动各自学科的发展。例如，马氏体相变理论最初由金属学家提出，并广泛应用于钢的热处理中；然而，在氧化锆陶瓷中也发现了类似的马氏体相变现象，并被用作陶瓷增韧的有效手段。此外，溶胶-凝胶法作为一种材料制备方法，通过利用金属有机化合物的分解制备纳米级高纯氧化物粒子，已成为改进陶瓷性能的重要途径。复合材料的研究更需要广泛借鉴和利用其他材料领域的基础知识和制备方法。

各类材料的研究设备与生产手段在很大程度上具有共性。尽管不同材料类型可能拥有各自专用的测试设备与生产装置，但在许多方面却存在相同或相近之处，如显微镜、电子显微镜、表面测试及物性与力学性能测试设备等。在材料生产过程中，许多加工装置也具备通用性，例如挤压机，它既可以用于金属材料的成型及冷加工以提高强度，也可以应用于高分子材料的挤压成丝工艺，从而显著提升有机纤维的比强度和比刚度。这种研究设备与生产装备的通用性不仅有助于节约资金，更重要的是能够促进不同材料领域之间的相互启发和借鉴，从而加速材料科学的整体发展。

从应用而言，许多不同类型的材料可以相互代替和补充，能更充分发挥各种材料的优越性，达到物尽其用的目的。但长期以来，金属、高分子及无机非金属材料相互分割，自成体系。由于互不了解，习惯于使用金属材料的，便想不到采用高分子材料，即使想用，又因对其不太了解，而不敢用：相反，习惯于用高分子材料的，也想不到用金属材料或陶瓷材料来代替。设计人员的“因循守旧”，对采用异种类型的新材料持怀疑态度，这既不利于材料的推广，又有碍于实用材料行业的发展。

复合材料在多数情况下是不同类型材料的组合，特别是出现超混杂复合材料以来更为如此。如果对不同类型材料没有一个全面的了解，复合材料的发展必然受到影响，而复合材料又是今后新材料发展重点之一。因此，发展材料科学，对各种类型材料有一个更深入的了解，是复合材料发展的必要基础。

正是在这样的背景下，一门新的综合性学科——材料学科诞生了。

2. **材料科学与工程的新发展**

随着社会对于人才需求的不断演变与深化，当前高校在人才培养目标上普遍趋向“宽口径、厚基础”的教育模式。这一模式的核心目标在于培养具备扎实基础知识和广泛知识视野的复合型人才。为实现这一目标，高校需要进一步提升一级学科基础课程的比重，以拓宽学生的基础知识面。

材料科学与工程作为一门具有高度实践性的基础学科，其知识体系对于其他各类专业的学习具有显著的支撑作用。在 20 世纪 60 年代以前，材料研究领域主要聚焦于块体材料。然而，随着科学技术的飞速发展，各类新型结构材料和功能材料在材料领域中所占比例逐步攀升。研究人员通过精准调控材料的微结构，成功研制出众多新型材料，如超导体、超晶格材料等。

尤其值得关注的是，半导体行业的蓬勃发展催生了大量新型人工结构材料的涌现。这些新结构材料的出现不仅推动了新器件的研发与应用，同时也促进了相关行业的整体进步。此外，传统材料的复合化研究也成为材料科学领域的一个重要发展方向。通过充分利用金属、陶瓷、高分子等材料各自的优势，以及进行结构上的优化设计，研究人员成功开发出了一系列新型结构与功能材料，如陶瓷基复合材料、碳/碳复合材料以及金属陶瓷复合材料等。

近年来，智能材料的研究也取得了显著进展，自愈合材料等智能材料的出现为材料科学领域注入了新的活力。这些研究成果不仅丰富了材料科学的内涵，也为未来的科技创新与产业发展提供了有力支撑。

自 20 世纪 80 年代起，科学技术的革新和社会经济的发展越来越依赖各种新材料的发明和进步。目前，从新材料的最初发现到最终工业化应用所需的时间较长，一般需要 10~20 年，例如锂电池就是一个典型的例子，其发明到应用花了接近 20 年的时间。随着全球科学技术的快速发展，新材料的研发速度已经不能满足社会发展的需要，材料科学家和工程师们正努力缩短新材料的设计、研究到应用的研发周期。

传统材料科学研究较慢主要和研究方法有关，其主要依赖于“试错”的实验方法，即按照“提出假设—实验验证”的顺序进行实验，从而不断优化实验方案来逼近目标材料。由于周期较长，已无法满足工业快速发展对新材料的需求，急需通过变革研究方法来提升材料科学的加速发展。在这种背景下，旨在缩短研发周期和研发成本的材料基因组计划一经推出，就获得了广泛的关注和响应，吸引了大量的研究人员。材料基因组主要综合利用分子动力学、第一性原理以及其他的计算软件对要合成的材料进行模拟，优化材料成分及结构，实现从理论—模拟—实验的发展途径，从根本上改变传统材料研发模式。

以往的研究有时把基础研究和应用研究相割裂，不能很好地实现新成果到新产品的快速转变。而材料科学与工程学科重视理论与实际应用的结合，改变传统把材料分为金属、非金属、陶瓷等孤立领域进行研究的思路，强调应用驱动为导向的研究，加强合成加工过程的探索，促进从研究到应用的进程。欧美一些国家已经认识到只重视新材料结构和性能的基础理论研究而忽视其合成和加工技术的工程进程，将会失去竞争优势。他们已经改变了传统的研究思维，正在实施“设计一制造一体化”项目，主要是高速高效地将科技成果转化为商品。和传统研究工作的区别在于，实现了设计一材料一工艺三者的早期结合和全过程的模拟仿真。

人类每一个重大的历史时期都会用材料来命名，比如“旧石器时代”“新石器时代”“青铜器时代”等，说明材料对人类的发展起到很大作用。目前科学家正在利用人工智能来预言新材料，研究一开发一生产一应用一体化是材料科学与工程学科发展的新趋势。

二、材料科学在工程中的作用

材料科学在机电、能源、空间、激光、红外、环境保护、通信等各个技术领域中已获得一系列重要的具体应用。

例如，机电工程技术人员常与各种材料打交道，虽然可在有关手册中查到使用的数据，但要运用自如地选用材料是不容易做到的。人们经常由于对材料的本质以及影响材料性能的各种因素缺乏足够的认识，而可能造成机件的早期损坏或其他意外事故。例如二次世界大战期间，美国近两千艘自由轮在使用中曾发生一千多次脆性破坏事故。又如用于密封圈的橡皮或塑料必须富有弹性和柔软性，这种性能可由材料内部分子连接成长链而得到。但是在核反应器中，中子辐照会引起链的断裂或胶联，导致橡皮变硬而失去密封的作用。

人们在了解材料的内在规律之后，也可以将这些规律运用到设计中，获得许多有用的结果。例如光电材料的电导率取决于表面电磁辐照强度和波长，故把光电材料放到电路中可起光检测器的作用。又如半导体的电阻值对温度很敏感，可用作精密的温度计或温度控制元件等。

工程设计和制造人员有了一定的材料科学知识，就能更好地向材料科学工作者提出问题，相互研讨，加速新材料的研制，反过来又加速工程的发展。例如，用于变压器芯子的磁性材料，过去曾用纯铁制作，20 世纪初人们发现含 3%~4%硅的铁硅合金具有比纯铁更高的磁导率和更低的功率损失。后又发现，将这种合金加工成薄板，再经一种特殊的处理，板的磁性将随方向变化，产生了所谓的“各向异性”。工程设计人员利用这种性质，使变压器的功率损失大为降低。现在进一步发现，用超高速冷却等方法制成的非晶态合金，其做芯子所具有的功率损失更低。

材料科学好像是一座桥梁，将许多基础学科的研究结论与工程应用连接起来，这既加深了人们对工程材料性能的理解，又导致了许多重大工程技术的形成和发展。所谓的亚微观与分子工程便是一个突出的方面。这类工程所制作的对象与传统构件如工字梁、电器开关、真空管、电阻等不同，是非常小的，即在一个分子或一个单晶片上制作器件和设备。

实践表明，在许多电器、电子产品上，器件做得小，不仅大大缩小了产品的体积和重量，而且可靠性高，价格低。经过多年努力，人们在理论上说明了材料，特别是半导体材料的微观结构与宏观性质之间的关系，因而可以把许多诸如杂质原子、表面和捕获中心等具有原子线度的微观量取出来作为工程应用的数据来设计器件。

20 世纪 60 年代初人们在晶体管发展的基础上发明了集成电路，在一个芯片上完成的不再是一个晶体管的放大或开关效应，而是一个电路的功能。20 世纪 90 年代以来，一个芯片已从包含几个到几十个晶体管的所谓小规模集成电路发展到包含几千、几万个晶体管的超大规模集成电路，使一个电路能完成非常复杂的功能，从而引起许多工业和科技部门的巨大变革。正是由于电子元器件的集成化、微型化、多功能化和大容量，支撑并推动了当今电子信息技术的高速发展。

目前人们对材料的研究还不够。由于材料的限制，阻碍了许多工程的发展。例如燃气轮机的热效率随燃气温度增高而增大，但目前叶片材料的使用温度还很有限，影响了燃气轮机的发展。有些国家正在大力研究用快速凝固来制备微晶合金，它有极细和极均匀的显微结构，并且有很高的合金溶解度，从而有可能使叶片工作温度提高 100℃。另一方面，全陶瓷的燃气轮机作为汽车等的动力装置正在发展之中，其不仅成本低廉，而且可以达到比金属更高的工作温度。但目前尚存在一些问题，其中之一就是陶瓷中的微小裂纹会引起脆性断裂，故还有赖于无损检测等技术的发展。

又如开发新能源是当代重大的科学技术课题之一。目前，太阳能电池已获得一定程度的应用，但它能否更加普遍使用，关键在于材料。同时需要进一步大幅度降低发电成本，即研制出制备成本低而光电转换效率高的新型太阳能电池材料。

再如目前超导材料通常只能在液氮（77K）下使用，需要一套制冷系统，因而大大限制了超导技术的应用。要是能找到较高使用温度的超导材料，无疑会引起许多工业技术的巨大变革。

尤其是随着现代科学技术和社会文明程度的高速发展，以环保和节能为中心的新材料和新技术开发及资源循环利用已得到高度重视。

另外，生物材料也得到了迅速发展，它是用于诊断、治疗和器官修复与再生的材料，具有延长病人生命、提高病人生存质量的作用；是材料科学、化学、生命科学和医学交叉的发展领域。其研究与开发，既有重大的社会需求，也有重大的经济需求。

总之，新材料的开发将主宰着一系列重要的工程技术成就的取得；同时，对现有的材料进行深入研究，不断提高质量，增加品种，降低成本，也具有很大的实际意义。这一切，必将促使材料科学与工程这门学科的迅速发展。

三、学习材料科学与工程的意义

现代材料科学的基础涉及物理学、化学以及计算机科学等方面的知识，材料科学的学习使人们能更好地去理解、操控和拓展材料世界。尽管材料科学偏重于基础研究，但它对新材料的发展具有很大的影响，从超级合金到聚合物复合材料，从三维材料到低维材料，这些材料的发现和应用都和材料科学研究密切相关。

材料科学与工程学科以材料的成分、结构、工艺和性能以及应用为主要研究对象。材料的成分研究主要与化学、物理等学科相联系；材料的结构研究主要与固体物理学、电子学、光学及计算科学等相关；而材料工艺研究则主要与机械、化工以及工程学等学科相联系；材料应用性能研究方面更是几乎与所有的高科技领域紧密结合，包括建筑、生命、医药、电子和航空航天等众多领域。

在科学技术飞速发展的牵引及社会需求的强力推动下，材料科学与工程学科与其他学科专业的交叉正不断增强和扩大，涉及材料的更多的边缘学科将不断涌现，材料科学与工程正朝着“大材料”的方向发展。

材料科学与工程课程的学习，对于非材料专业的学生也具有必要性，可以给其他专业的学习提供必要的支撑，这是因为材料已经影响到人们生活的方方面面。

1. 材料和人类生活密不可分

人类的衣食住行离不开材料，和材料密不可分，各种新材料的应用都可以在日常生活中找到例子。例如，人类使用的厚度仅为2mm的纳米气凝胶御寒外套具有良好的保温效果，和40mm羽绒外套效果类似，使人们能够更灵活地运动。日常使用的智能手机也和新材料密切相关，比如其散热部分以及电池组件不乏石墨烯等新材料的应用。快速止血和伤口封闭是临床上一个急需解决的问题，每年很多病人都因无法有效控制出血而死亡，目前已经研发了一种能够在短时间内完全止住大出血的仿生水凝胶材料，挽救了很多生命。增材制造是近年来研究的热门领域，世界上已有金属3D打印的多节段胸腰椎植入物替代被彻底切除的脊椎，开启了人工椎体的新时代。

2. 材料研究长期占据研究热点

材料的发展历史悠久，同时也是个持续更新的热门的研究领域，如碳纳米管、石墨烯等总是引领着很多领域的发展前沿。*Nature* 和 *Science* 作为当今全球最具权威的学术期刊，已发表了大量的纳米材料、能源材料、金属材料研究论文，其中纳米材料的文章占多数，说明了纳米材料研究的火热程度。

3. 材料是各专业实现交叉创新的较好的途径

交叉学科，作为两种或多种学科相互融合、相互渗透的产物，如生物化学、计算材料学等，正日益成为科学技术发展的重要驱动力。随着科学技术的日新月异，许多复杂问题往往无法单凭某一学科的知识来解决，而是需要借助不同学科之间的交叉与融合，共同寻求解决方案。这种由科学问题本身所引发的动力，促进了学科的自然交叉，进而打破了原有方法和学科的界限。

交叉学科的兴起与发展，极大地推动了众多学科的进一步深入。以材料力学、生物力学和地球动力学等为例，这些学科在交叉学科的推动下，不断取得新的突破和进展。同时，从近年来科技期刊发表的文章以及科技进步的报道中，可以观察到，各行各业都在积极从事材料创新及应用的研究活动，这也充分显示了交叉学科在推动科技进步方面的重要作用。

以碳纳米管和石墨烯为例，这两种材料凭借其独特的性质，被广泛应用于涂料、半导体等众多领域。许多相关企业也因此积极投入到材料研究中，以期在激烈的市场竞争中占据先机。特别是在手机电池和汽车电池领域，石墨烯因其良好的导热性能和导电性能，被用于提升电池的散热效果和功率密度，为新能源领域的发展注入了新的活力。

4. 材料是科技进步的先导

纵观历史长河，人类社会的每一次飞跃式进步均离不开材料的革新与演进。以水泥的创制为例，其问世极大地推动了现代建筑业的蓬勃发展；硅材料的广泛运用则直接引领了半导体技术的迅猛突破，若无硅材料的不断突破与进化，当今时代广泛应用的各种半导体器件便无从谈起；复合材料的应用也对航空发动机叶片的革新起到了关键性推动作用，叶片耐受温度的提升与材料性能的持续优化相辅相成。

随着科学技术的日新月异，诸如医学、航空等前沿领域的高速发展对材料学提出了更为严峻的技术挑战与突破需求。因此，新材料的研发与应用显得尤为关键与迫切。例如，光纤技术的诞生极大地推动了通信技术的跨越式发展；复合材料的深度开发则为风电等可再生能源技术的崛起提供了有力支撑；钛合金在航空领域的广泛应用促进了航空发动机技术的持续进步；热障涂层技术的引入则进一步提升了涡轮发动机叶片的使用温度极限。

5. **材料研究水平是国家核心竞争力的重要体现**

材料研究对一个国家的经济福祉和安全的重要性现在已经得到了肯定，世界各国都在寻求国家项目来支持材料研究，并促进材料研究向市场应用的迅速过渡。发达国家和发展中国家在包括智能制造和材料科学在内的现代经济驱动力领导权方面的激烈竞争长期以来一直存在。

例如航空发动机是国之重器，发动机中的材料问题是最为突出的瓶颈问题，如图 1-1-1 所示。尽快在这一领域实现突破，对于促进国民经济发展和提升国家核心竞争力具有重大意义。与欧美国家相比，亚洲国家目前在材料研究方面的投资占其国内生产总值的比例更大。总之，材料研究是经济增长以及国防的重要基础。世界上许多较大国家和经济体已经充分认识到这种关系，许多国家已制定并阐述了国家投资战略，以确保在材料研究方面取得强劲进展，提高自己在全球经济中的竞争力。

图 1-1-1　航空发动机

任务二　材料的结构

人们要有效地使用材料，必须了解影响材料性能的各种因素，其中基本因素是材料的内部结构。

一、材料结构与物质组成

1. **材料结构的含义**

材料的内部结构可随化学成分和外界条件的变化而改变，从而改变材料的性能。例如碳含量在 0.25%以下的低碳钢，通常具有良好的塑性和韧性，但强度和硬度较低；碳含量在 0.6%～1.4%范围的高碳钢，其强度和硬度较高，而塑性和韧性较差。又如碳含量为 0.77%的共析碳钢，退火后的硬度约为 HRC15，淬火后的硬度高达 HRC62，这是因为碳钢经不同的热处理之后得到了不同的结构。因此，了解材料成分、结构与性能之间的关系以及材料加工、处理和使用过程中结构的变化规律是非常重要的。

材料结构的含义是广泛的，从宏观到微观，即按研究的层次，材料结构大致可分为宏观组织结构、显微组织结构、原子或分子排列结构、原子中的电子结构等。

宏观组织结构是指人们用肉眼或放大镜所能观察到的晶粒或相的集合状态。例如纯金属经静止的金属锭型浇铸如图 1-2-1（a）和冷却后，得到一个铸锭，然后将其剖开和磨平，再用一定的酸溶液进行浸蚀，可显示出如图 1-2-1（b）所示的宏观组织结构。这个铸锭有两个结晶区：边缘是一层薄的、由许多细晶粒构成的细晶区，内部是很宽的、由许多粗大柱状晶粒构成的柱状晶区。

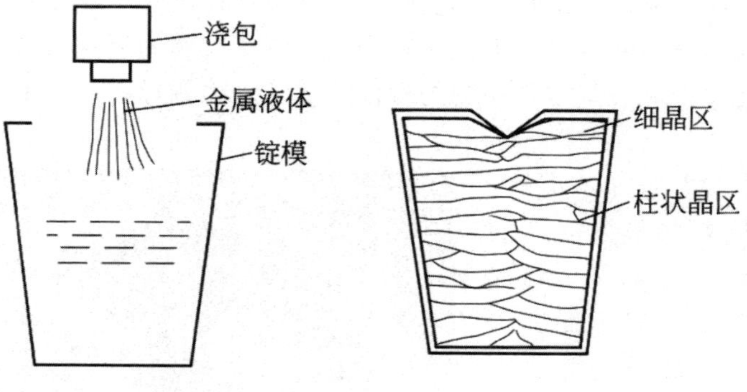

（a）静止锭型浇铸　　（b）某种纯金属铸锭组织

图 1-2-1　静止锭型浇铸和某种纯金属铸锭组织

显微组织结构是借助光学显微镜和电子显微镜观察到的晶粒或相的集合状态，其尺度约为 $10^{-8}\sim10^{-7}$m。例如金属铸锭经外压加工或热处理后，晶粒（或相区）变细，用肉眼和放大镜已观察不清楚，而需要用显微镜。由于金属不透明，故需先制备金相样品，包括样品的截取、磨光和抛光等步骤，把观察面制成平整而光滑如镜的表面，然后经过一定的浸蚀，在金相显微镜下观察其显微组织结构。

晶粒之间的交界面称为晶界。由两颗以上晶粒所组成的材料称为多晶体材料。图 1-2-2 所示为显微镜下所看到的晶粒截面。光学显微镜以可见光作为光源，波长为 $4\times10^{-7}\sim7\times10^{-7}$m，分辨极限最小为 2×10^{-7}m，有效放大倍率最大为 1600 倍。用这种显微镜可以观察到金属晶粒的形状和大小，较粗大的夹杂物和杂质粒子、晶界以及沿晶界分布的杂质薄膜等，但不能观察到许多精细结构，此时需要提高显微镜的分辨能力。由于电子束波长比可见光波长短得多，所以用电子束作为光源的电子显微镜得到了很大的发展。目前电子显微镜的分辨极限可小于 3×10^{-9}m。

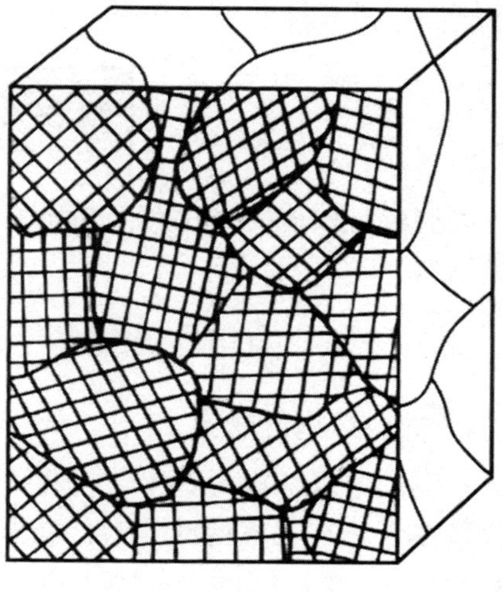

图 1-2-2　金属内部晶界示意图

与显微组织结构相比更细的层次是原子（或分子）排列结构。对晶体来说，其原子排列结构称为晶体结构，尺度约为 10^{-10}m。

原子中的电子结构是指原子中电子的分布规律。这种结构的尺度更小，约为 10×10^{-13}m。当众多的原子聚合成固体时，必须考虑众多原子的电子之间的相互作用，这会对材料的化学和物理性能产生重要的影响。因此电子结构应分为两部分进行研究：孤立原子的电子结构和固体中原子聚合体的电子结构。

2. 物质的组成

世界按其本质来说主要是物质的，也就是说，物质组成了世界。人们在自然中观察到的多种多样的现象，都是运动着的物质的各种不同形式。物质是自然界中一切过程的唯一源泉和最终原因。物质具有质量和能量，并占有一定的空间。所以物质在时间上是永恒的，在空间上是无穷无尽的，它不会重新产生，也不会消失；它不能被创造，也不能被消灭，它只可能改变自己的形式。

物质有两大类型，即物体和场（引力场、电磁场、核力场等）。日常所见到的物体以三种状态——固态、液态和气态的形式存在于自然界。除此之外还有高空的等离子态，地球内部高温高压作用下的塑态等状态。

自然界中所有的物质都是由化学元素及其化合物组成的，即由原子和分子组成。由于原子的排列状态及相互作用的不同，物体便表现出各种形态。人们已经发现 110 余种元素，而地球上存在 90 余种天然元素，它们在自然界的含量有着很大的差别。在通常环境下，这些元素有的以固态形式存在，有的则以液态或气态形式存在。这些元素在大气层、水圈和岩石圈中的分布是不均衡的。

大气层中只有惰性气体元素是以原子状态存在的，见表 1-2-1，其余的大多数化学元素则以分子状态存在，它们由两个或两个以上的同类原子或异类原子组成（如 H_2、O_2、N_2 或 CO_2）。水圈（即海洋）主要是水，其中数量不等地含有各种物质元素，见表 1-2-2 所示。这些物质大多数是离子的状态（带电状态），而不是原子的状态（中性状态）。

岩圈（即地壳，从地球表面至 10~15km 的地球外壳上部）中的岩石、砂子和泥土主要是元素的一些化合物的固态聚集体，见表 1-2-3，这些化合物有 SiO_2、Al_2O_3、TiO_2、Fe_2O_3、FeO、MnO、MgO、CaO、Na_20、K_2O，在不同的岩圈样品中，这些化合物的比例是不同的。除此之外，在岩圈中也有其他化合物，如水和碳氢化合物等。

表 1-2-1 地球大气的组分

组分	相对原子质量或相对分子质量	体积分数/%	组分	相对原子质量或相对分子质量	体积分数/%
N_2	28.01	78.0	CH_4	16.04	7.4×10^{-4}
O_2	32.00	21.0	He	4.00	5.2×10^{-4}
Ar	39.95	0.93	CO	28.01	1×10^{-4}
CO_2	44.01	0.03	H_2	2.02	5×10^{-4}
Ne	20.18	1.8×10^{-3}	$H_2^{\ 0}$	18.02	变量

表 1-2-2 海水的大致成分

元素	原子分数/%	元素	原子分数/%
H	66.4	S	0.017
O	33	Ca	6×10^{-3}
Cl	33	K	6×10^{-3}

续表

元素	原子分数/%	元素	原子分数/%
Na	0.28	C	5.4×10^{-3}
Mg	0.034	Br	5×10^{-4}

表 1-2-3　地壳的大致成分

元素	原子分数/%	质量分数/%	元素	原子分数/%	质量分数/%
O	60.4	49.6	Fe	1.9	4.8
Si	20.5	27.3	Ca	1.9	3.4
Al	6.2	8.3	Mg	1.8	1.9
Na	2.5	2.7	K	1.4	2.6
H	2	1	Ti	0.3	—

物质按其状态可分为固体、液体和气体。这完全是由于它们原子或分子结构的不同而产生的。当原子或分子之间相距较远、相互之间的作用力较小时，则原子或分子的运动显得非常自由，此时原子或分子的排列没有规则，客观上表现出物质没有一定的形状，也没有一定的体积，此时物质为气体形态。

当原子间力（或分子间力）较大时足以使原子或分子之间不能轻易脱离，但这种力还不是很强，原子或分子还可以自由运动，此时分子或原子的排列出现局部有序，宏观的物质表现为有一定的体积但无一定的形状，这种形态称为液体。

当原子间力（或分子间力）非常强大足以使原子或分子不能自由运动，迫使它只能在某一平衡位置做振动时，物质表现为既有一定的形状，又有一定的体积，此时物质的状态称为固体。处于固体的物质其原子或分子的排列可以是有规则的，也可以是无规则的。固体可分为晶体与非晶体两大类。

晶体是指原子或分子依照一定规律呈现周期性排列的固体物质，诸如金属、岩盐、云母等均属于此类。相对而言，若原子或分子仅在短程或局部小范围内保持有序，而在较大范围内呈现无序状态，则此类固体物质被称为非晶体，也称为玻璃态，如玻璃、固体沥青、塑料、橡胶等便属于此类。此外，液体与气体同样具备无定形结构的特点。固体与液体均属于凝聚态物质的范畴。当前，凝聚态物质的研究已成为物理学领域最为广泛且重要的研究方向之一。

二、材料的原子结构

固体材料都是由一种或多种元素的原子结合而成的。元素以单原子态孤立存在时称为该元素的自由原子。关于原子结构目前有多种假设模型，其中最有名的是玻尔原子模型，该模型认为原子中心有原子核，核外由快速运动的电子围绕，如图 1-2-3 所示。

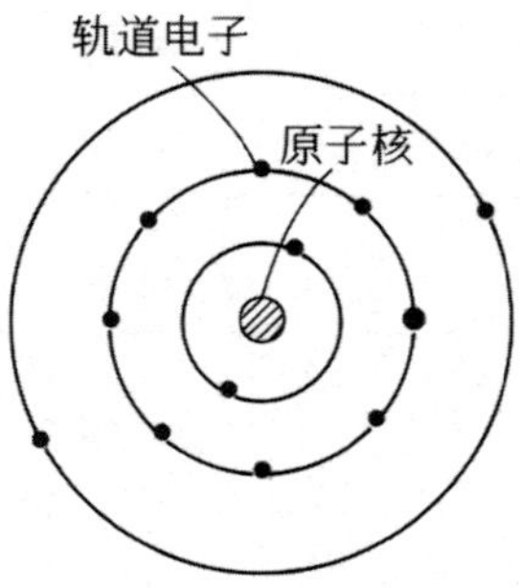

图 1-2-3　玻尔原子模型

经典的原子模型认为，原子由带正电荷+Ze 的原子核和 Z 个绕核旋转的电子 e 组成（Z 是原子序数）。为了解释原子的稳定性和原子光谱（尖锐的线状光谱），玻尔对此经典模型做了以下重要的修正。

电子不能在任意半径的轨道上运动，只能在一些半径为确定值 r_1、r_2 等的轨道上运动。在确定半径的轨道上运动的电子状态被称为定态。每一定态（即每一个分立的 r 值）对应着一定的能量 E（E=电子的动能+电子与核之间的势能）。由于 r 只能取分立的数值，能量 E 也只能取分立的数值，这就叫能级的分立性。当电子从能量为 E_1 的轨道跃迁到能量为 E_2 的轨道上时，原子就发出（当 $E_1>E_2$ 时）或吸收（当 $E_1<E_2$ 时）频率为 v 的辐射波。v 值符合爱因斯坦公式。

$$E_1-E_2=hv$$

式中，h 为普朗克常数。

处于定态的电子，其角动量 L 只能取分立值，且必须为（$h/2\pi$）的整数倍，即：

$$L=|r\times mu|=k\left(\frac{h}{2\pi}\right)$$

式中，m 和 u 分别为电子的质量和速度；k 为整数。

上式即为角动量的量子化条件。

能量的分立性和角动量的量子化条件，就是玻尔理论的基本内容。原子直径的数量级为 10^{-10}m，核直径的数量级为 10^{-15}m，其中以氢原子（H）为最小，铯（Cs）原子为最大。然而，玻尔理论虽然能定性地解释原子的稳定性（定态的存在）和线状原子光谱，但在细节和定量方面仍与实验事实有很大差别。特别是该理论不能解释电子衍射现象，因为它仍然是将电子视为服从牛顿力学的经典粒子。

从理论上讲它也是不严密的，因为它给牛顿力学硬性附加了两个限制条件，即能量的分立性和角动量的量子化条件。因此要克服玻尔理论的缺陷和矛盾，就必须摒弃牛顿力学，建立崭新的理论。

深入研究发现，经典力学理论并不适用于原子，而要用一种新的力学——量子力学来说明原子的行为，这就是波动力学（或量子力学）理论。

1. 量子力学的概念

（1）微观粒子的波粒二象性

爱因斯坦于 1905 年提出光子理论，认为电磁辐射是由光子组成的。每个光子能量 E 和动量 P 为：

$$E=hv=\hbar\omega$$

$$P=\frac{hv}{c}=\frac{h}{\lambda}=\hbar k$$

式中，h 为普朗克常数；v 和 λ 分别是辐射的频率和波长；$\hbar$ 为 $h/2\pi$；k 为波矢量，其值为 $2\pi/\lambda$；c 是光速。此式称为爱因斯坦关系式。

后来人们发现，不仅光具有波粒二象性，而且静止质量不为零的电子、质子、中子、介子和分子等微观粒子都具有这种性质。德布罗意假定以下两式也适用于各种微观粒子，即：

$$\omega=E/\hbar$$

$$\lambda=\frac{h}{p}$$

以上两式称为德布罗意公式。可见，微观粒子能量 E 和动量 p，与平面波频率 v 和波

长 λ 之间的关系，正像光子与光波的关系一样。

按照波动力学观点，电子和一切微观粒子都具有二象性，即既具有粒子性，又具有波性。联系二象性的基本方程是：

$$\lambda=\frac{h}{p}=\frac{h}{mu}$$

此式表明，一个动量为 $p=mu$ 的电子（或其他微观粒子）的行为（属性）同波长为 $\lambda=h/p$ 的波的属性一样。从上式可以看出，如果通过改变外场而改变电子的动量，电子波的波长也就随之而变。将实验中通常遇到的电子速度和质量值代入上式计算出波长 λ 后即可发现，λ 值正好和晶体中相邻原子间的距离为同一数量级，因而有可能满足布拉格公式而发生电子（被晶体）衍射效应。因此，上式可以认为是一切有关原子结构和晶体性质的理论和实验基础。

现代的物理学家已从各个角度证实了实物粒子的波动性。

（2）海森堡测不准原理

海森堡提出：同时确定位置和动量，原则上是不可能的，若将其中一个量测量到任何的准确程度，则对另一个量的测量准确度就会相应降低。设测不准量分别为 Δx 和 Δp，则有：

$$\Delta x\Delta p\approx\frac{h}{2\pi}=\hbar$$

能量 E 和时间 t 存在类似的关系，则有：

$$\Delta E\Delta t\approx\frac{h}{2\pi}=\hbar$$

海森堡原理表明了量子力学的一个基本特点：不能决定某一物理量的确切数值，而只能从宏观大量的测量中得到它的概率分布；如果要使这个概率范围达到极窄，则只有牺牲该体系中要测量的其他物理量的精度才能达到。这与经典力学有着本质上的区别。

测不准原理是普遍原理。经典力学中共轭的动力变量，如角动量与角位移、能量与时间、动量与位移等均满足该关系式。测不准原理来源于物质的二象性：既是微粒，又是波的这一客观规律，不是测量技术和主观能力的问题。微观粒子不可能如经典力学的要求，既可以知道它的精确位置，又同时知道它的动量的确定值。因此对微观物体位置的恰当描述是说它处于某一位置的概率。

海森堡原理能够说明，在多大限度内微观粒子可采用经典方法来描述。设粒子速度远小于光速 c，$p=mv$，代入式中得到：

$$\Delta x\Delta v\approx h/2\pi m$$

现比较两种电子情况，见表 1-2-4：

表 1-2-4　两种电子情况的比较

两种电子	不同情况
原子中的电子	因电子 $h/m\approx7\times10^{-4}\mathrm{m^2/s}$，原子线度为 10^{-10}m，故 $\Delta v=10^6$m/s，可见此时用经典方法描述电子的速度是不行的
电子在威尔逊云室中运动	设粒子径迹的粗细是 $\Delta x=10^{-4}$m，得 $\Delta v=7$m/s，此时只要电子以 1000m/s 速度飞行，上述测不准量就无关紧要，于是可用经典方法描述

2. 原子核结构

自由原子由带正电荷的原子核和带负电荷的电子集团组成，在一定条件下原子核仅由质子和中子组成。质子的质量约为 1.673×10^{-27}kg，中子是 1.675×10^{-27}kg，质子和中子的质量约为电子的 1800 倍。电子的质量是 9.11×10^{-30}kg，原子的半径约为 10^{-10}m 数量级。而原子核很小，其半径不超过 10^{-14}m。一个质子具有正电荷 $e=1.672\times10^{-19}$C。该值与电子电荷相等，但符号相反。

中子呈电中性。在原子内部，电子围绕原子核运动，电子数与质子数相等，故整个原子呈电中性。如果某自由原子的原子序数为 Z，则核内有 Z 个质子，带 $+Ze$ 电荷；因此核外就有 Z 个电子，带 $-Ze$ 电荷。在一定条件下，原子可以失去某些电子，变为正离子，带有正电荷；也可得到一些电子，变为负离子。

中子与质子统称为核子。不同数量的中子和质子构成不同类型的原子核，称为核素。不同的化学元素是以核内质子数目的不同来区分的。例如铁的质子数为 26，铀的质子数为 92。具有相同质子数而中子数不同的原子，称为同位素。目前世界上已经发现近两千种核素，其中稳定的不到 300 种，不稳定的核素通过放射性衰变或其他方式向稳定的核素转化。

原子核内核子间的结合是非常紧的。使核子聚在一起的是一种新的力，称为强相互作用力或核力。它比万有引力大 40 个数量级，但作用范围却十分小，只在 10^{-15}m 的范围内起作用。如果超出几个核子半径距离之外，核力的影响就消失了。关于核力的本质以及核的结构不属于材料学研究的范畴，还有待深入研究。

3. 原子核外电子

原子核外的电子是围绕原子核运动的带负电荷的粒子。它们在原子的电子壳中定量分布，决定着原子的化学性质和反应活性。

原子核外电子，如图 1-2-4 所示，如同宇宙中的星辰，围绕着中心的原子核翩翩起舞。它们不仅仅是原子核的忠实伙伴，更是构成物质世界的基本元素之一。这些微小而神秘的粒子，在原子世界中扮演着举足轻重的角色。

这些电子在原子核外按照一定的轨道运动，这些轨道被称为电子层。从内到外，电子层依次递增，如同洋葱的层层包裹。每一层电子层都有其特定的容量，即最多可以容纳的电子数。当电子填满一个电子层后，它们会向更高一层的电子层进发。

电子的运动状态并非杂乱无章，而是遵循着一定的规律。这些规律，如同一部精密的交响乐曲，演绎着原子世界的和谐与秩序。电子的自旋、能量状态以及它们在原子中的排列方式，都共同决定了原子的化学性质。

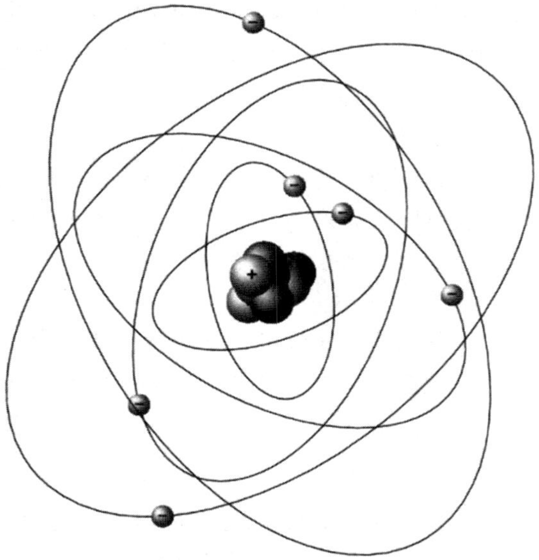

图 1-2-4　原子核外电子示意图

在化学反应中，电子的得失与共享成了关键。原子通过得失电子或共享电子来达到稳定的电子排布，从而形成化合物。这一过程如同人类社会中的交往与合作，通过交换与共享来达成共同的目标。

原子核外电子的奥秘远不止于此。科学家们通过不断地研究与探索，发现了更多关于电子的神奇性质。从电子的自旋到电子云的概念，再到量子力学的深入应用，每一次的突破都让人类对原子世界的理解更加深入。

在未来，随着科学技术的不断进步，人类有望揭示更多关于原子核外电子的奥秘。这些微小而神秘的粒子，将继续引领人类探索物质世界的无限可能。

三、固体的表面结构

任何一个实际的物体都有确定的体积，该物体被它的表面所包围。前面讨论的都是物体内部的情况，在物体内部任意一个质点（原子、离子和分子），周围对它的作用状况是完全相同的。但在物体的表面却呈现出一系列与物体内部不同的特殊性质，其原因主要就是表面层质点受力情况不同，表面层结构不同。研究固体表面或界面的结构和性质，对于了解固体材料的物理、力学、化学性质和工艺过程是十分重要的，已逐渐发展成为一门独立的表面科学。

研究固体表面现象时，表面力和表面能是最重要的两个概念。它们也是固体表面产生一切界面现象的根本原因，是与表面结构密切相关的。在表面结构中与固体内部一样存在着缺陷，其中裂纹和微裂纹是对固体力学性能具有巨大影响的表面缺陷。下面分别加以分析和讨论。

1. 表面力和表面力场

固体内部质点由于受到周围质点对它的共同作用，故在静力平衡情况下，这些质点都处于稳定状态，故晶体内部质点周围存在的力场都是有心的、对称的。但在固体表面，质点排列的周期重复性被终止，使处于表面质点周围的力场对称性遭到破坏，总之表面上质点受到的作用力没有达到平衡而保留有自由的剩余力场。这种剩余力场表现出固体表面对其他物质有吸引作用（如润湿、吸附、黏附等），该吸引力称为固体表面力，可分为化学力和分子引力两种类型。

（1）化学力

化学力本质上是静电力。主要来自表面质点的化学键，当固体表面和被吸附物之间发生电子转移时，就产生化学力。其大小可用表面能的数值来估计，而表面能与晶格能成正比，与分子体积成反比。

（2）分子间引力

分子间引力属于物理键，包括范德华力和氢键，是固体表面产生物理吸附和气体凝聚的原因。范德华力主要来源于如下三种不同效应，见表 1-2-5。

表 1-2-5　三种不同效应

效应	主要发生场景
取向作用	主要发生在极性分子（离子）之间，每一个极性分子可看成电偶极子，当极性分子相互靠近时，将发生转向利于其异号电荷端相互吸引。这种力本质上也是静电力，但与化学键是不同的，它不发生价电子的转移

续表

效应	主要发生场景
诱导作用	主要发生在极性分子与非极性分子之间，如非极性分子在极性分子附近受到其静电场作用，将产生微弱的极化作用，被诱导极化为一个暂时的电偶极子，诱导偶极再与原极性分子产生电荷吸引作用
色散作用	主要发生在非极性分子之间，是由于电子的瞬时分布产生非对称现象的结果。这种分子产生的瞬时偶极矩而引起分子之间的吸引作用，称为色散作用

在固体表面出现的化学力和分子间力可以同时存在，两者在表面力中所占有的比重，可随条件改变而变化。

2. **表面能和表面张力**

众所周知，如果没有外力的约束，任何液体将倾向于形成圆形液滴，因为球形的表面积与体积之比值最小。这种使总的表面积尽可能减小的倾向是由于总表面能趋向于最低的结果。总表面能是表面能与面积的乘积，根据定义，表面能是增加单位面积的表面所需要做的功，其单位为 J/m^2。

液体表面收缩的倾向也可以看作是表面张力的结果，对液体来说，表面能和表面张力具有相同的数值和量纲，这是由于增加单位面积表面所消耗的能量与扩散表面时单位长度上所需要的力相等，不过后者是用单位长度上的力来表示的，量纲为 N/m。

液体的表面张力随温度的升高而减小，这是因为热扰动减小了原子、离子或分子之间的吸引力。例如，水的表面张力在25℃时为0.072N/m，在100℃时减小到0.059N/m。由于液体水分子主要是由物理力而相互吸引的，所以水的表面能较低，而液态金属和熔盐等则是由化学键吸引的，其表面能就高得多。表1-2-6为某些材料处于液态时的表面能。

表1-2-6　某些材料液态时的表面能

液体	温度/℃	表面能/(J/m^2)	液体	温度/℃	表面能/(J/m^2)
Hg	20	0.48	H_2^{O}	0	0.075
Zn	650	0.75	H_2^{O}	100	0.059
Au	1130	1.10	NaCl	800	0.114
Cu	1120~1150	1.10~1.27	NaCl	910	0.105
钢（Fe-0.4%C）	1600	1.56	$NaPO_2$	620	0.209
Pb	250	0.442	FeO	1420	0.585
Ag	1000	0.92	Al_{23}^{O}	2080	0.70
Pt	1770	1.865			

鉴于液体结构与固体结构在特性上存在显著差异，其表面特点也呈现显著不同。位于液体表面的原子、离子或分子，受到一种垂直指向液体内部的吸引合力作用。当表面积缩小时，此类原子、离子或分子的数量相应减少，进而使得系统的能量降低。因此，液体的表面积倾向于自行缩小，这一趋势可视为表面原子、离子或分子之间相互吸引的结果。

这种现象可以类比为在液体表面形成了一层拉力膜，该拉力的方向与表面平行，其大小直接反映了表面自行收缩趋势的强弱。此拉力即为表面张力。若要使液体表面积增大，则需消耗一定数量的功，这部分功将转化为表面能。

值得注意的是，尽管液体的表面张力与表面能的数值相同，但两者的物理概念却存在明显差异。

固体是一种刚性物质，其内部和表面上原子、离子或分子的流动性都很差，它们能够承受较大的剪应力的作用，因此固体可以抵抗表面收缩的趋势。固体的表面张力是根据在固体表面上增加附加的原子或分子以建立新的表面时所做的可逆功来定义的。

杂质的存在可以对材料的表面能产生显著的影响。如果某材料中含有少量表面张力较小的其他组分，则这些组分便会在材料的表面层中富集，即使它们的含量很少，也可以使该材料的表面张力大大减小。如果某材料中含有少量表面张力较大的其他组分，则这些组分便倾向于在该材料的体积内部富集，即这些组分在表面层的浓度低于在体内的浓度，因而对该材料的表面张力只有微弱的影响。

对于材料表面张力能产生强烈影响的其他组分常常被称为表面活化剂。例如在熔融的铁液中，只要含有万分之五的氧和硫，就可以使铁液的表面张力由 $1.835J/m^2$ 下降为 $1.2J/m^2$。对于许多固体金属、氮化物和碳化物的表面，氧能产生类似的影响。同理，在这些材料的表面一旦形成氧的吸附层，就较难将其除去。

3. 表面结构及几何形状

（1）表面结构

由于固体表面质点环境不同于内部，在表面力作用下，其表面层结构也不同于内部。固体表面结构可以从微观质点的排列状态和表面几何状态两方面来描述。前者属于原子尺寸范围的超细结构；后者属于一般的显微结构。

表面力的存在使固体表面处于较高能量状态，但系统仍会通过各种途径来降低这部分过剩的能量，这就导致表面质点的极化变形、重排并引起原来晶格的畸变。对于液体来说总是可以力图形成球形表面来降低系统的表面能。对于固体，由于质点不能自由流动，只能借助离子极化或位移等方式来实现系统能量降低，故而造成了表面层与内部的结构差异。对于不同结构的材料，其表面力的大小和影响因素不同，因而其表面结构状态也会不同。

威尔（Wey1）等人研究了晶体的表面结构，认为晶体质点间的相互作用，键强是影响其表面结构的重要因素。

对于离子晶体，表面力的作用影响如图 1-2-5 所示。处于表面层的负离子（X^-）只受到上下和内侧正离子（M^+）的作用，而外侧是不饱和的。表面层负离子的电子云将被拉向内侧的正离子一方而变形，使该负离子诱导成偶极子，如图 1-2-5（b）所示。这样就降低了晶体表面的负电场。实际上，表面层正离子也类似被诱导成偶极子，但其变形及作用都很小。表面层离子开始重排以便在能量上趋于稳定。为此，表面的负离子被推向外侧；正离子被拉向内侧，从而形成了表面双电层，如图 1-2-5（c）所示。

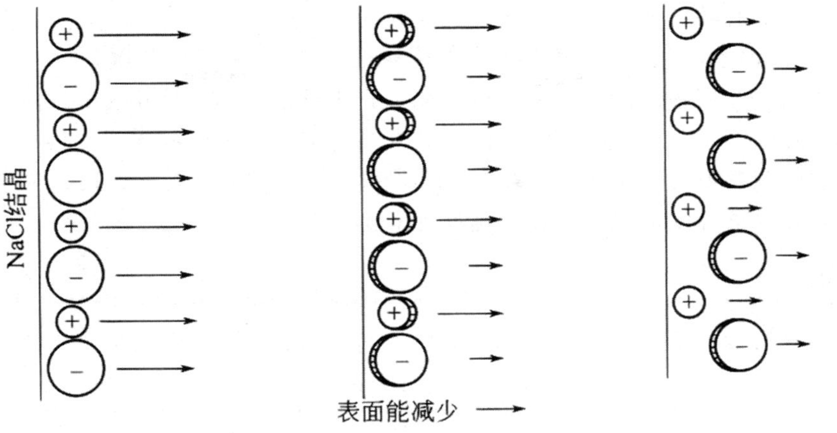

（a）原始状态 （b）电子云变形 （c）离子重排

图 1-2-5 离子晶体表面的电子云变形和离子重排

与此同时，表面层中的离子间键性逐渐过渡为共价键性。结果，固体表面好像被一层负离子所屏蔽，并导致表面层在组成上成为非化学计量的。从维尔威（Verwey）以氯化钠晶体为例所做的计算结果可以看到，在 NaCl 晶体表面，最外层和次外层质点面网之间，Na^+间的距离为 2.66×10^{-10}m，而 Cl^- 间的距离为 2.86×10^{-10}m，实际形成一个厚度为 0.20×10^{-10}m 的表面双电层，如图 1-2-6 所示。

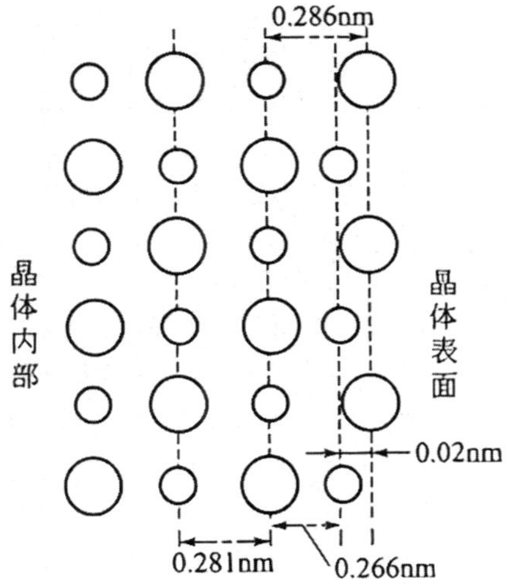

图 1-2-6 NaCl 表面层中 Na^+ 向里，Cl^- 向外移动并形成双电层

在真空中分解 $MgCO_3$ 所制得的 MgO 粒子呈现相互排斥的现象，也可作为一个例证。可以预期，对于其他由半径大的负离子与半径小的正离子组成的化合物，特别是金属氧化物如 Al_2O_3、SiO_2 等也会有相应的效应，也就是说，在这些氧化物的表面，可能大部分由氧离子组成，正离子则被氧离子所屏蔽。而产生这种变化的程度主要取决于负离子的极化性能。

（2）固体表面的几何形状及微裂纹

固体的表面，与晶体结构类似，也常存在诸多缺陷。这些缺陷的产生源于固体表面质点受到外界环境的多重影响，导致其排列几何形状无法达到理想的整齐和规则状态。通常情况下，固体表面会呈现出各式各样的形态，包括台阶、裂纹、孔洞以及不平整的峰谷等，这些缺陷往往相较于晶体内部更为显著。

因此，固体的实际表面呈现为不规则且粗糙的形态。这种表面粗糙度不仅导致了表面力场的变化，更对表面结构产生了深远影响。对于吸附非极性分子的色散力而言，位于凹谷深处的质点所受的色散力最大，位于凹谷面上的次之，而位于峰顶处的则最小。相反，对于静电力，孤立峰顶处的质点所受静电力最大，而凹谷深处的则最小。

由此可见，表面粗糙度的存在使得表面力场分布不均，进而引发了表面活性和其他表面性质的显著变化。此外，表面粗糙度还对固体的表面积及其相关属性，如强度、密度、润湿性、孔隙率和孔隙结构、透气性和浸润性等，产生了直接影响。同时，在两种材料的连接过程中，表面粗糙度也直接关系到结合界面的啮合程度和结合强度。

值得一提的是，固体表面的微裂纹也是常见的缺陷之一，它们可能由晶体本身的缺陷或外部力的作用而产生。这些微裂纹同样会对表面性质产生显著影响，尤其对于铸铁、玻璃、陶瓷等脆性材料而言，微裂纹的存在对其强度的影响尤为显著。因此，在材料科学与工程领域，对固体表面缺陷的研究和控制具有重要意义。

项目实训

学习完本项目的内容后，认真完成表 1-2-7 的实践清单。

表 1-2-7　实践清单

材料选择与设计实践	
实训目的	通过实践操作，培养学生对于材料科学在工程中的应用能力，提高学生的材料选择和设计能力，加深对不同材料性能和特性的理解。
实训步骤	（1）根据给定的工程需求和条件，了解所需材料的基本性能指标和工程环境要求； （2）根据工程需求，利用图书馆、网络等资源，筛选出符合条件的候选材料，并进行性能评估和比较分析，包括力学性能、热学性能、耐腐蚀性等方面； （3）结合所选材料的性能特点和工程需求，设计出最优的材料组合或结构方案，以达到工程设计要求并尽可能降低成本和资源消耗； （4）选取其中一种材料方案进行实验验证，通过实验数据和测试结果对材料性能进行验证和分析，验证设计方案的可行性和有效性； （5）根据实验结果和分析，对设计方案进行调整和改进，优化材料选择和设计方案，以满足工程需求和提高材料性能
实训要求	（1）熟悉材料科学的基本理论和知识，能够理解不同材料的性能特点和应用范围； （2）具备基本的实验操作能力和数据分析能力，能够独立进行实验验证和数据处理； （3）注重团队合作，能够与同学共同讨论和交流，共同完成实训任务； （4）具备创新意识和问题解决能力，能够灵活应对实训中出现的各种挑战和问题； （5）按时完成实训报告，对实验过程、结果和分析进行清晰的记录和总结，并能够提出合理的改进建议

思考练习

1. 举例说明材料科学在工程中的作用。
2. 学习材料科学与工程的意义有哪些？
3. 固体表面力，可分为哪两种类型？

项目二

材料的物理性能

项目导读

材料的物理性能是指材料在外力作用下所表现出的性质和行为。物理性能包括力学性能（如强度、硬度、韧性）、热学性能（如导热性、热膨胀系数）、电学性能（如电导率、介电常数）、磁学性能（如磁导率、磁化曲线）和光学性能（如透射性、折射率）。

力学性能反映了材料的承载能力和变形行为，直接影响材料的使用范围和安全性。热学性能表征了材料在热力环境下的表现，对于热工艺和热传导的应用至关重要。电学性能反映了材料导电性和介电性，决定了电子器件和电路的性能表现。磁学性能描述了材料在外磁场中的响应特性，对于磁性器件和存储介质具有重要意义。光学性能则关乎材料对光的传播和反射特性，对于光学器件和传感技术有着广泛应用。综合了解和分析材料的物理性能有助于设计和选择合适的材料，满足特定工程和科学需求。

学习目标

知识目标

（1）了解材料物理性能的范畴。

（2）了解材料的热学、电学、磁学、光学性能的基本原理。

技能目标

（1）能够使用相应的实验设备和仪器对材料的物理、热学、电学、磁学和光学性能进行测试和分析。

（2）能够对实验数据进行分析和解释，评估材料的性能优劣。

（3）能够设计合适的实验方案，针对特定的材料性能进行测试和验证。

素质目标

（1）培养综合分析不同性能之间的关系，理解材料性能的综合影响。

（2）培养发现和解决问题的创新意识，探索材料性能的新应用和发展方向。

（3）培养动手能力和实验操作技能，将理论知识应用到实际中。

（4）培养在团队中协作的能力，共同完成实验和解决问题。

思政目标

（1）树立科学态度，注重科学道德和学术规范，遵循科学方法进行研究和实践。
（2）强化对于材料应用在社会中的责任感，关注材料科学对社会、经济和环境的影响。
（3）培养对国家荣誉和民族精神的认同，为国家的科技发展和进步贡献力量。

任务一　热学性能

当物质发生组织结构、状态变化时，常常伴随产生一定的热效应，因此，热学性能分析已成为研究材料的一种重要手段。另外，材料的膨胀性能、导热性能在精密仪器仪表、电子技术、低温技术和航空、航天工业中作为特殊功能材料均有重要的作用。如标准尺、精密天平、标准电容、微波谐振腔、电真空封接材料、热敏元件、低传导合金等都牵涉到热学性能。

一、热容

1. 热容概念解析

根据普遍的物理原理，当某一物体受到加热作用时，其温度将呈现上升趋势。然而，根据人们的日常经验，不同的物体在达到相同温度时所需的热量输入及加热时间往往存在显著差异。一些物体可能需要长时间的加热和较高的功率才能达到某一特定温度，而另一些物体则可能较为容易地实现温度的升高。

一般而言，质量较小的物体相较于质量较大的物体，在加热过程中更容易实现温度的快速上升。这一现象表明，加热物体所需的热量与其质量具有直接关联。此外，物体本身的性质同样影响其加热的难易程度。即使两个物体的质量完全相同，它们的加热升温特性也可能大相径庭。

为了量化这种差异，引入了热容这一物理概念。热容被定义为物体温度升高 1K 所需增加的能量。它作为一种物理量，有效地表征了分子热运动能量随温度变化的情况，是理解和分析物体加热过程的重要工具。

对于某一具有给定质量的物体而言，它的热容也取决于它被加热的过程。如果在加热过程中该物体的体积不发生变化，那么加热时提供的热量只需要满足温度升高 1K 时该物体内能的增加，而不会以做功的形式传输出去，此时的热容称为定容热容。如果在加热过程中保持该物体的恒定环境压力，则该物体的体积会在加热过程中自发向外膨胀，此时该物体升高 1K 时所需的热量，除了用于满足它的内能增加之外，还必须补充它对外膨胀做功时的损耗，此时的热容称为定压热容。

比热容是指质量为 1kg 的物质在没有相以及化学反应的条件下，升高 1K 所需的热量。比热容和物质的本性相关，单位为 J/(kg · K)，通常以小写的英文字母 c 表示。正如上文所述，每种物质都有定压比热容和定容比热容这两种比热容。对于固体材料而言，定压比热容可用实验的方法测得，而定容比热容则无法直接进行测量。因此，在讨论材料热容的时候，一般都是指的定压比热容。

2. 金属化合物等热容特性

自由电子和晶格波这两个因素共同决定了几乎所有的金属化合物、固溶体、中间相、陶瓷的热容。电子在极高温度和极低温度时对热容的贡献是相对显著的，这是因为电子在极高温度时具有很高的能量，会积极参与到热运动中；而在极低温度时，由于晶格振动幅度很小导致晶格热容微不足道，但电子热容仍然保持相对活跃；因此，在极高和极低温度时，电子导热起着主导性的作用。

在通常温度下，自由电子贡献的热容与晶格波贡献的热容相比，开始变得微不足道，此时晶格波热容起着主导性的作用。德拜对材料热容与温度的关系进行了理论和实验上的分析推论，根据其热容理论，在高于德拜温度（德拜温度是反应原子间结合力的重要物理量）时，热容趋于常数 25J/（K・mol）；在低于德拜温度时，热容与温度的三次方成正比。石墨的德拜温度为 1973K，BeO 为 1173K，Al_2O_3 为 923K 等。

对于绝大多数的氧化物和碳化物而言，其热容都是从低温时较低的数值一直以温度的三次方关系增加，然后到 1273K 左右的德拜温近似于 25J/（K・mol）的恒定值。当温度进一步增加时，材料的热容只会发生非常平缓的振幅，这部分的增幅如上所述，是由电子热容所贡献的。

拓展阅读

陶瓷材料热容与致密度的关联

陶瓷材料的热容与其致密程度（或气孔率）之间存在密切关联。多孔陶瓷由于其轻盈的质地和较低的热容特性，使得在提升其温度时所需的热量相较于致密耐火砖显著减少。诸如多孔硅藻土砖、泡沫刚玉等隔热材料，因其具备重量轻、热损耗小、升降温速率快及节能效果显著等诸多优势，得以在各类应用场景中广泛运用。此外，在热处理实验室的加热设备中，如热处理炉等，也常采用质量较轻的钼片、碳毡等作为隔热材料，以满足设备高效、节能的运行需求。

二、热膨胀

热膨胀，这是一个物理学中常见的现象，它描述了物体在受热时体积增大的过程。在日常生活中可见的热膨胀现象，比如，热水壶的盖子在加热后会松动，这是因为壶内水温升高，导致水分子运动加剧，从而使壶体发生热膨胀。

热膨胀是由于物体内部原子或分子的热运动增强所导致的。当物体受热时，其内部的原子或分子运动速度加快，相互之间的碰撞频率和力度也会增加。这种增加的热运动会使得物体内部的粒子间距变大，从而导致整个物体的体积膨胀。

1. 热膨胀系数

大多数固体物质受热膨胀，遇冷收缩。固体物质的长度随温度的变化可表示为

$$\frac{l_f - l_0}{l_0} = \alpha_l (T_f - T_0)$$

或

$$\frac{\Delta l}{l_0} = \alpha_l \Delta T$$

式中，l_0 和 l_f 表示温度从 T_0 变化到 T_f 时的初始长度和最终长度。参数 α_l 被称为线膨

胀系数，表示温度升高 1K 时物体的相对伸长。因此物体在 T_f 时的长度 l_f 为

$$l_f = l_0 + \Delta l = l_0\ (1+\alpha_t \Delta T)$$

实际上固体材料的 α_t 值并不是一个常数，而是随温度的不同稍有变化，通常随温度升高而增大，陶瓷材料的线膨胀系数一般都是不大的，数量级约为 $10^{-5} \sim 10^{-6} K^{-1}$。

当然，加热或冷却会影响物体的尺寸，从而引起体积变化。由温度引起的体积变化可以由下式计算

$$\frac{\Delta V}{V_0} = \alpha_\nu \Delta T$$

式中，$\Delta\nu$ 和 ν_0 分别是变化后的体积和初始体积；α_ν 是体膨胀系数，相当于温度升高 1K 时物体体积相对增大量。对大多数物质而言，α_ν 的值是各向异性的，换句话说，它依赖于测量时所沿的晶格方向。对热膨胀是各向同性的物质，α_ν 约为 3 倍的 α_l，即 $\alpha_\nu = 3\alpha_l$。

2. **热膨胀机理**

必须指出，由于膨胀系数实际并不是一个恒定值，而是随温度而变化的，图 2-1-1 为实验测定的膨胀曲线 $l=f\ (T)$。从原子的角度来看，热膨胀反映了原子间平均距离的增加。参考固体物质的势能——原子间距曲线，如图 2-1-2 所示，就能很好地理解这个现象了。在 0K 时平衡的原子间距 r_0 对应了低谷的最小值，曲线上出现了势能低谷。加热使温度连续上升（T_1、T_2、T_3 等），也让振动能从 U_1、U_2 增大到 U_3 等。

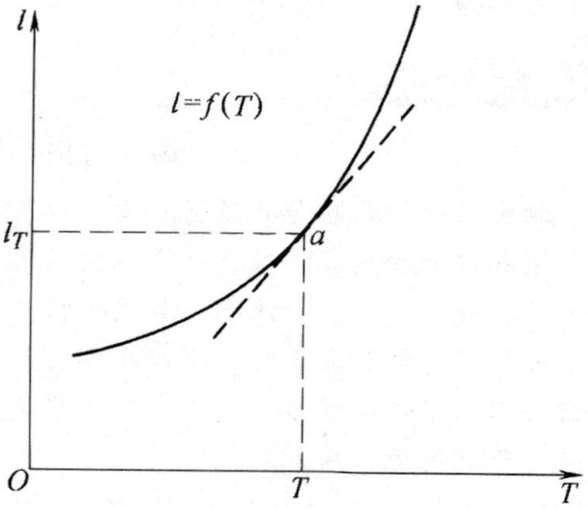

图 2-1-1　实验热膨胀曲线

原子的平均振幅对应着相应温度下波谷的宽度，原子间平均距离由平均位置来体现，随着温度从 r_0、r_1 增大到 r_2。热膨胀实际上要归功于不对称弯曲的势能低谷，而不是随温度升高而增大的原子振动振幅。如果势能低谷是对称的，就没有原子间距的净变化，因此就没有热膨胀。

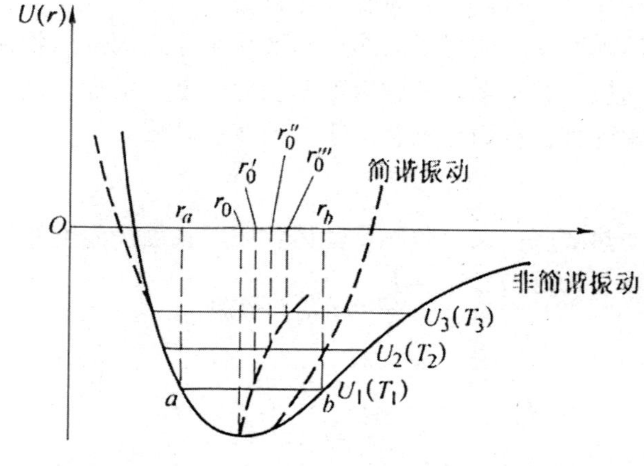

图 2-1-2　固体物质的势能-原子间距曲线

拓展阅读

水的“热胀冷缩”现象

一般物质都遵循“热胀冷缩”这一物理规律，可是，水却是个另类。水在4℃以上时的确是遵循“热胀冷缩”规律的，可是在0~4℃却遵守“热缩冷胀”规律。因此，水在4℃时体积最小，密度最大。水的这个特性被叫做反常膨胀。

自然界的水总是先从表面开始冷却的，即表面水温总是低于下面的水温。那么，4℃以上的水从高于4℃的温度向4℃降低的过程中，由于是正常的热胀冷缩，所以上层的水密度会大于下层的水的密度，于是上层水下沉，下层水上升，从而形成对流，整个水体会很快达到相同的温度。

但是，当水温从4℃向0℃继续降低的过程中，由于热缩冷胀，上层水的密度小于下层水的密度，上层水便不会再下沉，下层水也不会再上升，于是没有了对流现象，水的温度不再均匀。当表面的水结冰后，冰与水混合物温度为0℃，于是，从表面到底部水温逐渐升高，由于4℃水的密度最大，因此河底的水温为4℃，水中的各种生物才得以安全生存。

三、热传导

当固体材料一端的温度比另一端高时，热量就会从热端自动地传向冷端，这个现象就称为热传导。

1. 热导率

热导率是用来描述物质传热能力的性质，即

$$\Delta Q=-\lambda\frac{\mathrm{d}T}{\mathrm{d}x}\Delta S\Delta t$$

式中，假如固体材料垂直于 x 轴方向的截面积为 ΔS，沿 x 轴方向材料内的温度变化率为 $\mathrm{d}T/\mathrm{d}x$，在 Δt 时间内沿 x 轴正方向传过 ΔS 截面上的热量为 ΔQ，则比例常数 λ 称为热导率（或导热系数）。

上式中的负号表示传递的热量 ΔQ 与温度梯度 $\mathrm{d}T/\mathrm{d}x$ 具有相反的符号，即 $\mathrm{d}T/\mathrm{d}x<0$ 时，$\Delta Q>0$，热量沿 x 轴正方向传递；$\mathrm{d}T/\mathrm{d}x>0$ 时，$\Delta Q<0$，热量沿 x 轴负方向进行传递。

热导率 λ 的物理意义是指单位温度梯度下，单位时间内通过单位垂直面积的热量，它的单位为 W/(m·K)。

上式也称为傅里叶定律，它只适用于稳定传热的条件下，即传热过程中，材料在 x 方向上各处的温度 T 是恒定的，与时间无关，即 $\Delta Q/\Delta t$ 是一个常数。

假如是不稳定传热过程，即物体内各处的温度随时间是有改变的，例如一个与外界无热交换，本身存在温度梯度的物体，随着时间的延长，温度梯度逐渐趋于零，热端处的温度就会不断降低，同时，冷端处的温度不断升高，以致最终达到一致的平衡温度，此时物体内单位面积上温度随时间的变化率为

$$\frac{\mathrm{d}T}{\mathrm{d}t}=\frac{\lambda}{\rho c_p}\cdot\frac{\partial^2 T}{\partial x^2}$$

上式中，ρ 为密度；c_p 为恒压热容。

2. 热传导机理

热在固体物质里的传递是通过晶格振动波（声子）和自由电子实现的。一个热导率对应了一种机理，总的热导率为晶格振动和自由电子热传导率两者之和，可以表示为

$$k=k_1+k_e$$

上式中，k_1 和 k_e 分别是晶格振动和电子热导率。在通常情况下，二者其中之一占有优势。与声子或晶格振动相关联的热能是沿运动方向传递的。k_1 的贡献来自存在着温度梯度的固体内声子从高温向低温区域的净运动。

自由或传导电子参与电子热传导。在高温区域的自由电子获得动力学能量，然后迁移到低温区域，一部分动力学能量通过声子碰撞或其他晶体缺陷传递给原子自身（作为振动能量）。矗。对总热导率的相对贡献随自由电子浓度增加而增加，因为有更多的电子可以参与到热传递过程中去。

3. 金属、陶瓷和聚合物的热传导

在高纯度金属中，因为电子不像声子那样容易散射，所以电子对热传导的贡献比声子大。并且，因为金属有大量的自由电子存在参与热传导，所以金属传热性能特别好。

由于纯金属中自由电子参与了电传导和热传导，理论处理上建议两个传导应该通过维德曼·弗兰兹定律联系起来

$$L=\frac{k}{\sigma T}$$

上式中，σ 是电导卒；T 是热力学温度；L 是常数。L 的理论值是 $2.44\times10^{-8}\Omega\cdot W/K^2$，在热能完全由自由电子传递时与温度无关，对所有金属都一样。

不纯的金属合金导致了热导率的降低，同样，电导率也降低了。也就是说，杂质原子在固溶体中充当了散射中心，降低了电子运动的效率。

因为缺少大量的自由电子，非金属材料是热的不良导体。因此，对热传导的贡献大部分来自于声子，k_e 比 k_1 小得多。在热传导中，声子并没有自由电子那么高效，大部分声子被晶格缺陷散射掉了。

室温下陶瓷材料的热导率范围大约在 2~50W/(m·K)。玻璃和其他无定形陶瓷的热导率比晶体陶瓷更低，因为原子结构高度混乱，无规则时声子散射严重。

随着温度的上升，晶格振动的散射更明显。因此，大多数陶瓷材料在升温时热导率都下降，至少在相对较低的温度下是这样。在更高的温度时热导率开始增加，这时对应为热辐射的贡献，相当数量的红外线热辐射通过透明陶瓷材料进行传输，在这个过程，热导率随温度升高而增大。

多孔陶瓷材料可能在热导率上有戏剧性的变化。在多数情况下，增大孔的容积会引起热导率的下降。事实上，很多用作绝热的陶瓷材料都是多孔的。热量通过小孔传递通常很慢，效率很低。小孔的内部一般包含有静止的空气，它们的热导率很低，约为 0.02W/(m·K)。另外，小孔内的气体对流效率也相当低。

大部分聚合物的热导率在 0.3W/(m·K) 左右。对于这些物质，能量传递是通过分子主链的振动和旋转实现的。热导率的大小依赖于结晶的程度，高结晶度和规则结构的聚合物会比无定形结构的聚合物有更大的热导率。这是因为结晶态的聚合物链有更高效率的振动。

由于热导率低，聚合物经常用作绝热材料。同陶瓷材料一样，它们的绝热性质可以通过引入小孔来加强，一般是在聚合时引入泡沫。泡沫聚苯乙烯（聚苯乙烯泡沫塑料）通常用作饮水杯和绝热箱的保温层。

任务二　电学性能

材料的电学性能是指在外加电压或电场作用下，材料所展现出的行为特性及相关的物理现象。这包括但不限于在交变电场中所呈现的介电特性，在微弱电场中的导电表现，以及在强烈电场作用下的击穿现象。

各类型材料均具备一定的电学性能，根据这些性能特点，可以将材料划分为多个类别，如导电材料、电阻材料、电热材料、半导体材料、超导材料以及绝缘材料等。在材料的制造和应用过程中，对其电学性能的深入了解和准确把握至关重要。

一、影响电导率的参数

电导是指真实电荷在电场作用下在介质中的迁移。电导率（σ）是直接衡量材料电导能力的表观物理量，它定义为在单位电场强度下流过每立方米材料的电流。

电导率 σ 的单位为（$\Omega \cdot m)^{-1}$ 或 S/m，S 也称西门子。

电阻率是介质对电流的阻碍程度的物理量，通常用符号 ρ 表示，单位是欧姆·米（Ω·m)。它是描述材料抵抗电流通过的能力的物理量，与导体材料的特性有关，常用来评价材料的导电性能。

电导率和电阻率是反映材料导电能力的两个重要物理量。

通常根据电阻率或电导率数值大小，可将材料分成超导体、良导体、半导体和绝缘体等。它们的电导率、电阻率范围如表 2-2-1。

表 2-2-1　材料的分类及其电阻率、电导率

材料	电阻率/Ω·m	电导率/(S/m)	材料	电阻率/Ω·m	电导率/(S/m)
超导体	$\leqslant 10^{-6}$	$\geqslant 10^{8}$	半导体	$10-5 \sim 10^{7}$	$10^{-7} \sim 10^{5}$
导体	$10^{-8} \sim 10^{-5}$	$10^{5} \sim 10^{8}$	绝缘体	$10^{7} \sim 10^{18}$	$10^{-18} \sim 10^{-7}$

电导率与三个基本参数相关，即载流子类型（载流子电荷大小）、载流子数（载流子密度）n（cm^{-3}）和载流子迁移率 μ［$cm^2/(V \cdot s)$］。研究材料的导电性就是弄清载流子种类、来源和浓度，以及它们在材料本体中迁移方式及迁移率的大小。

1. 载流子

电流是电荷在空间的定向运动。任何一种物质，只要存在电荷的自由粒子——载流子，就可以在电场作用下产生导电电流。载流子可以是电子、空穴，也可以是正、负离子。金属导体中的载流子是自由电子，高分子材料和无机非金属材料中的载流子可以是电子、空穴、离子（正、负离子，空位）。载流子为离子的电导称为离子导电，载流子为电子的电导称为电子导电。电子导电和空穴导电同时存在，称为本征电导。

2. 迁移率

材料的导电现象，其微观本质是载流子在电场作用下的定向迁移。如图 2-2-1 所示，

假设单位截面积为 A（$1m^2$）的材料，其在单位体积（$1m^3$）内载流子数为 n，且每一载流子的荷电量为 q，则单位体积内参加导电的电荷量为 nq。如果介质处在外电场中，则作用于每一个载流子的力等于 qE。在这个力的作用下，每一载流子在 E 方向发生漂移，其平均速度为 v（m/s），则单位时间（1s）内通过单位截面（$1m^2$）的电荷量为：

$$J=nqv$$

J 即为电流密度，单位为库仑/($m^2 \cdot s$)。由于 $J=I/A$，即在单位时间内通过单位截面的电荷量就等于 J，根据欧姆定律及 $R=\rho L/A$，可得：

$$J=E/\rho=E\sigma$$

上式为欧姆定律最一般的形式。因为 ρ、σ 只取决于材料的性质，所以电流密度 J 与几何因子无关，这就给讨论电导的物理本质带来了方便。

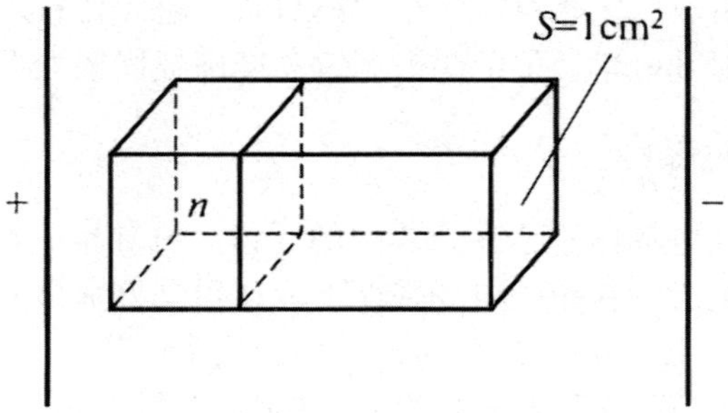

图 2-2-1　导电现象

由式 $J=nqv$ 和式 $J=E/\rho=E\sigma$ 可以得到电导率为：

$$\sigma=J/E=nqv/E$$

令 $\mu=v/E$，并定义其为载流子的迁移率，其物理意义为载流子在单位电场中的迁移速度，于是：

$$\sigma=nq\mu$$

电导率的微观本质，即宏观电导率 σ 与微观载流子的浓度 n，每一种载流子的电荷量 q 以及每种载流子的迁移率 μ 的关系。

拓展阅读

各种材料在室温的电导率

表 2-2-2 所示为各种材料在室温的电导率，金属含有大量自由电子，因而纯金属为导体，电导率高，导电性好；其电导率差不多比绝缘体（例如聚乙烯）高 23 个数量级；硅、锗及类似材料的电导率介于金属占绝缘体之间，故称为半导体；室温下，离子固体即无机非金属，一般为绝缘体，但其电导率随着温度的升高而增大；对高分子材料而言，绝大多数为绝缘体，但当含有杂质时具有一定的导电性。

表 2-2-2　各种材料在室温的电导率

金属和合金	σ/(S/m)	非金属	σ/(S/m)
银	6.3×10^7	石墨	10^5（平均）
铜，工业纯	5.58×10^7	SiC	10

续表

金属和合金	σ/(S/m)	非金属	σ/(S/m)
金	4.25×10^7	锗，纯	2.2
铝，工业纯	3.45×10^7	硅，纯	4.3×10^{-4}
Al-1.2%Mn 合金	2.96×10^7	苯酚甲醛（电木）	$10^{-7}\sim10^{-11}$
钠	2.1×10^7	窗玻璃	$<10^{-10}$
钨，工业纯	1.77×10^7	氧化铝（Al_2O_3）	$10^{-10}\sim10^{-12}$
黄铜（70%Cu-30%Zn）	1.66×10^7	云母	$10^{-11}\sim10^{-15}$
镍，工业纯	1.46×10^7	甲基丙烯酸甲酯（有机玻璃）	$<10^{-12}$
纯铁，工业纯	1.03×10^7	氧化铍（BeO）	$10^{-12}\sim10^{-15}$
钛，工业纯	0.24×10^7	聚乙烯	$<^{10-14}$
TiC	0.17×10^7	聚苯乙烯	$<10^{-14}$
不锈钢，301 型	0.14×10^7	金刚石	$<10^{-14}$
镍铬合金（80%Ni-20%Cr）	0.093×10^7	石英玻璃	$<10^{-16}$

二、影响电导率的因素

影响材料电导率的因素较多，而且在不同的电导类型中，不同因素对电导率的影响也不尽相同。

1. 影响离子电导率的因素

（1）温度

离子电导随着温度的升高呈指数规律增加。图 2-2-2 表示含有杂质的电解质的电导率随温度的变化曲线。从图中可知，在低温下（曲线 1）杂质电导占主要地位，这是由于杂质活化能比基本点阵离子的活化能小许多。在高温下（曲线 2），本征电导起主要作用，这是因为热运动能量的增高，使本征电导的载流子数显著增多。这两种不同的导电机制，使曲线出现了转折点 *A*。

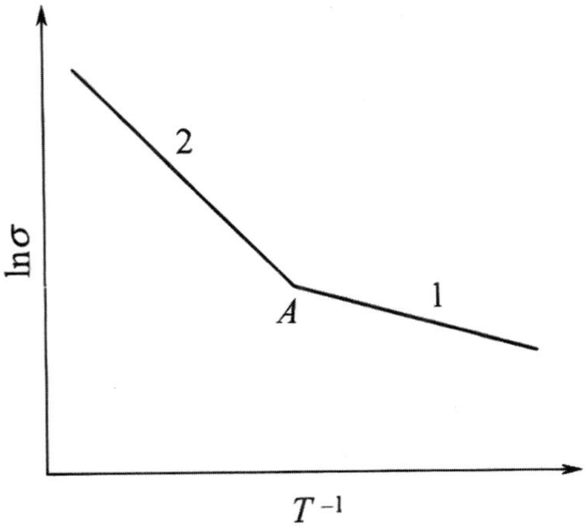

图 2-2-2　杂质离子电导率与温度的关系

但是温度曲线中的转折点并不一定都是由离子导电机制引起的，如刚玉瓷在低温下发生杂质离子电导，高温下则发生电子电导。

（2）晶体结构

活化能反映离子的固定程度，它与晶体结构有关。离子电导率随活化能按指数规律变化。那些熔点高的晶体，晶体结合力大，相应活化能也高，电导率就低。离子电荷的高低对活化能也有影响。一价正离子尺寸小，电荷少，活化能小；高价正离子价键强，活化能大，故迁移率较低。图 2-2-3（a）、（b）分别表示离子电荷、半径与电导率（扩散）的关系。

除了离子的状态以外，晶体的结构对离子活化能也有影响。对于结构紧密的离子晶体，由于可供移动的间隙小，则间隙离子迁移困难，即其活化能高，电导率较低。

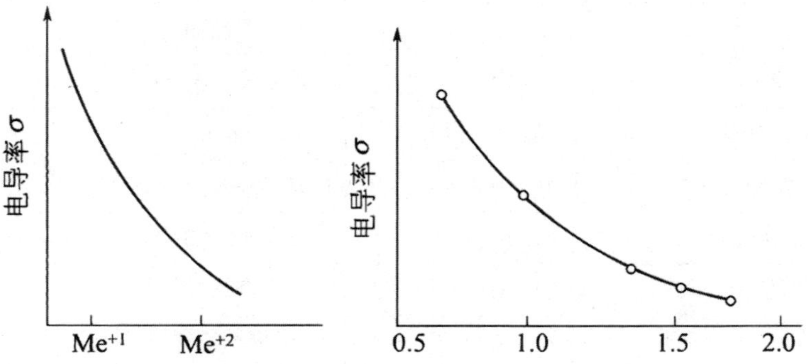

（a）离子电荷　　（b）离子半径 r/nm

图 2-2-3　离子晶体中阳离子电荷和半径对电导率的影响

（3）晶格缺陷

具有离子电导的固体物质称为固体电解质。实际上，只有离子晶体才能成为固体电解质，共价键晶体和分子晶体都不能成为固体电解质。但是并非所有的离子晶体都能成为固体电解质。离子晶体要具有离子电导的特性，必须具备电子载流子的浓度小以及离子晶格缺陷浓度大并参与导电。离子性晶格缺陷的生成及其浓度大小是决定离子电导的关键。

2. **影响电子电导的因素**

（1）温度的影响

在温度变化不大时，电子电导率与温度关系符合指数关系。仿照载流子迁移率 μ_e 的求法，晶格场中的电子迁移率为：

$$\mu = e\tau / m^*$$

上式中，e 为电子电荷；m^* 为电子的有效质量；τ 是载流子和声子碰撞的特征弛豫时间，它除了与杂质有关外，主要取决于温度。总的迁移率 μ 受散射的控制，假设其包括以下两大部分。

声子对迁移率的影响，可写成：

$$\mu_L = aT^{-3/2}$$

杂质离子对迁移率的影响，可写成：

$$\mu_I = bT^{3/2}$$

以上两式中，a、b 为常数，取决于材料性质。由于 $\rho = 1/\sigma = 1/ne\mu$，而总的电阻由声子、杂质两类散射机制叠加而成，因而可求出总迁移率。

图 2-2-4 表示了 μ 与 T 的关系。可以看出，低温下杂质离子散射项起主要作用；高温下，声子散射项起主要作用。比起载流子浓度 n 受 T 的影响，μ 受 T 的影响要小得多，因此电导率对温度的依赖关系主要取决于浓度项。

（2）杂质及缺陷的影响

杂质对半导体性能的影响主要是由于杂质离子（原子）产生新的局部能级。实际应用中研究得比较多的价控半导体就是通过杂质的引入，导致主要成分中离子电价发生变化，从而出现新的局部能级。

反映导体与半导体、绝缘体之间本质的是电导率随温度的变化关系。单质金属中主要的散射机制是电声子相互作用。半导体和绝缘体的电导率随温度变化呈现指数变化：

$$\sigma=\sigma_0 exp\ (-E_c/kT)$$

或

$$\sigma=\sigma_0 exp\ (-E_g/2kT)$$

式中，σ_0 是常数；k 是 Boltzmann 常数；T 是热力学温度；E_c 是电导活化能；E_g 是价带与第一空带（导带）之间的能隙能。绝缘体与半导体之间的区别仅在于此能隙的宽窄。以上结论将由下文固体能带理论得出。

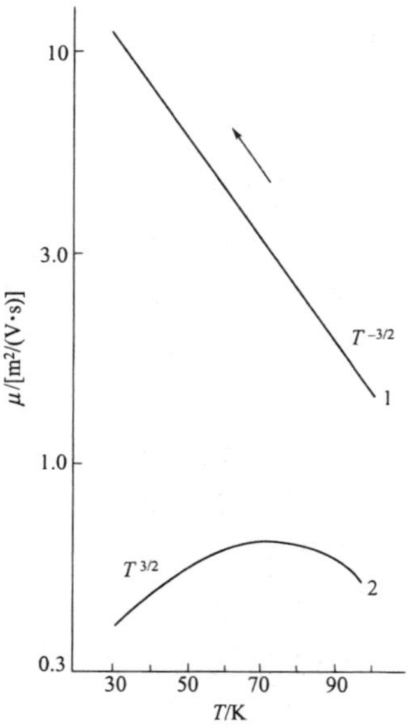

图 2-2-4　迁移率与温度的关系

三、材料的电子结构与导电性

固体的外层有 N 个原子，有 N 个能级。每个能带由许多能级组成，能带间存在能隙（禁带）。由图 2-2-5 可知，能隙的大小随平衡原子距离的变化而变化。随平衡原子距离增加，能隙加宽，最后趋于稳定；随平衡原子距离减小到一定程度，能带会发生重叠。

导体、绝缘体和半导体的区别，正是能带理论发展初期的重大成果。

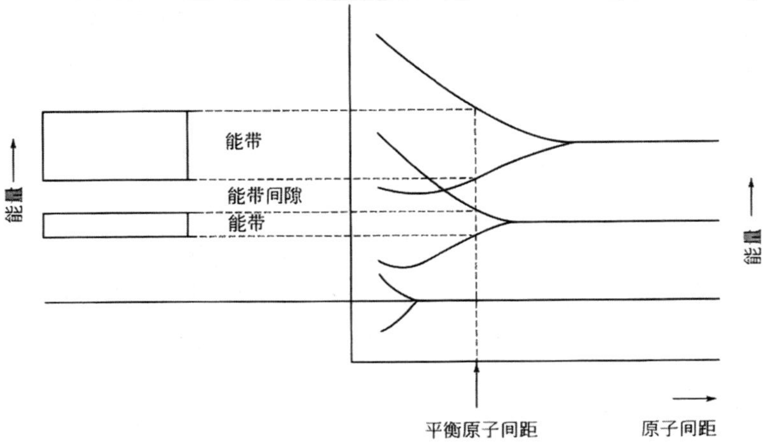

（a）固体在平衡原子分离状态下的电子能带结构　（b）原子聚集体中的电子能量和原子间距的关系

图 2-2-5　原子距离对能带结构的影响

固体理论指出，在无外场作用时，绝缘体、半导体或导体都无电流；在外场作用下，不满带导电而满带不导电。由此可以得出一个区别导体和绝缘体的原则，即固体中虽然有很多电子，但是如果一个固体中的电子恰好充填某一能带及其下面的一系列能带，并且此能带与空导带之间相隔一个较宽能隙，那么它就是绝缘体；如果价带和导带之间的能隙较小，就会形成半导体；如果电子未能填满最高的能带，或者满带和空带之间有部分重叠，就会形成导体。下面分别进行说明。

1. 导体

（1）碱金属

包括锂、钾、钠。以钠（$1s^22s^22p^63s^1$）为例，每个钠原子都有一个 s 价电子，可以提供一个自由电子，*N* 个钠原子可以提供 *N* 个自由电子，故钠属于不满带的情况。众多原子聚合成固体后，s 能级将分裂成很宽的 s 能带，而且是半充满的，因此钠是导体。

（2）碱土金属

由碱土元素形成的晶体，包括铍、镁。以镁（$1s^22s^22p^{63}s^2$）为例，其 3s 能带是满的，但它不是绝缘体而是导体，因为它的 3s 能带与 3p 能带重叠，故能导电。但是重叠程度有差异，例如钙的上、下两个能带重叠的部分很小，因而是不良导体。

（3）贵金属

习惯上常把银、金、铜称为贵金属。以铜（$1s^22s^22p^63s^23p^63d^{10}4s^1$）为例，它有一个 s 态价电子。由于贵金属的价电子数是奇数，本身的能带也没有填满，故为良导体。

（4）过渡金属

过渡金属具有未满的 d 壳层，这是与贵金属原子的主要区别。其 d 壳层的半径比外面 s 价电子层小得多，当金属原子结合形成晶体时，d 壳层的电子云相互重叠较少，而外面价电子壳层的电子云重叠得甚多，故其 d 带又低又窄，可以容纳的电子数多，即可容纳 10*N* 个（*N* 为原子数）。s 带的特点是很宽，上限很高，可以容纳的电子数为 2*N*。因此，过渡金属的 d 层能夺取较高的 s 带中的电子而使能量降低，导致它们的结合能较大，而强度较高，导电性下降。如 Ni、Co、Fe（$1s^22s^22p^63s^23p^63d^74s^2$）的 3d 与 4s 带有交叠现象，有导电性。

但金属电子不是在任何状态下都是导电的。如图 2-2-6 所示，处于 0K 的自由电子不导电，受到升高温度等激发后，自由电子跃迁到费米能级以上，才具有导电性。

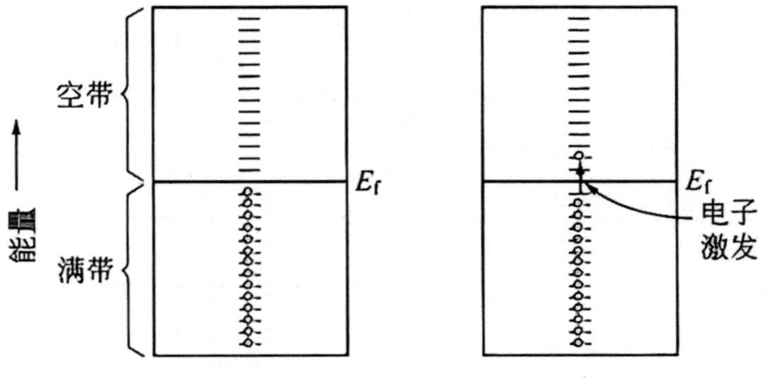

（a）激发前　　（b）激发后

图 2-2-6　金属电子激发前后的电子占有状态

金属的导电性除了取决于电子结构外，还受到温度、杂质和塑性形变的影响。这是由于电子在电场作用下流动时，其流动方向会受到散射源的影响而发生改变，进而影响到电阻率，。假设上述三种影响因素对电阻率的影响分别为 ρ_t、ρ_i 和 ρ_d，则金属的电阻率 ρ_{total} 为：

$$\rho_{total}=\rho_t+\rho_i+\rho_d$$

上式也被称为 Matthiessen 定律。

2. 绝缘体与导电聚合物

(1) 绝缘体

惰性气体的原子中各能级都是满的，结合成晶体时能带也为电子所填满，故为绝缘体。由正、负离子组成的离子晶体，也因正、负离子的各外层轨道都被电子充满，使晶体中相应的能带填满，并且这两个能带本来系由两个能量相差较大的能级分裂而来，能隙宽度较大，因而是典型的绝缘体。

绝缘体的电子局域有离子键和共价键两种类型。绝缘体的能带结构具有下列特征：价带与导带之间的能隙很宽，如图 2-2-7 所示。其中，能隙宽度依物质不同而异，能隙愈宽，绝缘性愈好。若要使绝缘体导电，必须使电子从价带进入导带，为此必须提供足够的能量。当电子从价带进入导带后，导带中存在自由电子，价带中存在空穴。因此对于绝缘体，载流子有两种类型：电子和空穴，且成对出现，这与金属不同。

无机绝缘体对温度的稳定性较好。由于有机绝缘体会随温度升高发生热解，且在多数情况下会生成游离碳，从而使绝缘体变性，如某些有机绝缘体每升高 10℃，寿命减少 1/2。但总的说来，非金属材料的室温电导率较小。

表 2-2-3 所示为 13 种典型非金属材料的室温电导率。

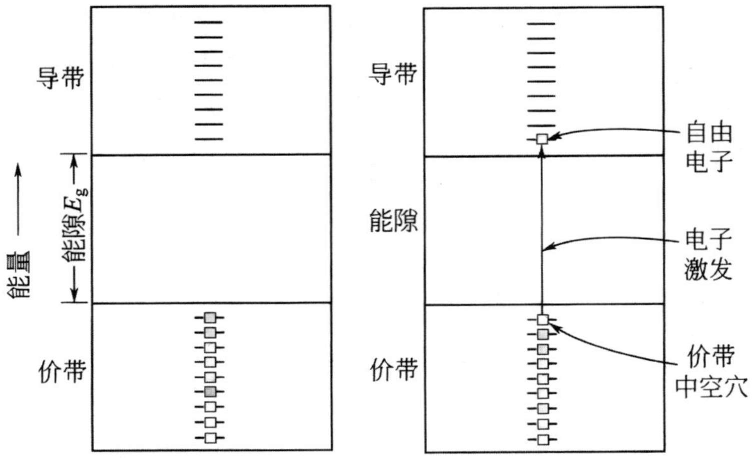

(a) 电子从价带激发至导带前　　(b) 电子从价带激发至导带后

图 2-2-7　绝缘体和半导体在电子从价带激发至导带前后的电子占有状态

表 2-2-3　13 种典型非金属材料的室温电导率

材料	电导率/(S/m)	材料	电导率/(S/m)
石墨	$3\times10^4\sim2\times10^5$	苯酚-甲醛树脂	$10^{-9}\sim10^{-10}$
混凝土（干）	10^{-9}	聚甲基丙烯酸甲酯	$<10^{-12}$
钠钙玻璃	$10^{-10}\sim10^{-11}$	尼龙 66	$10^{-12}\sim10^{-13}$
陶瓷	$10^{-10}\sim10^{-12}$	聚苯乙烯	$<10^{-14}$

续表

材料	电导率/(S/m)	材料	电导率/(S/m)
硼硅酸盐玻璃	约 10^{-13}	聚乙烯	$10^{-15}\sim10^{-17}$
氧化铝	$<10^{-13}$	聚四氟乙烯	$<10^{-17}$
熔融石英	$<10^{-13}$		

绝缘体在一定的条件下也能导电。在离子固体中，负离子和正离子都有电荷，因而在电场作用下，这些离子能够进行迁移和扩散，离子的网络运动形成电流。其中，负离子和正离子的迁移方向相反。因此在离子固体中，既存在电子的导电，又存在离子的导电，总的电导率可以用下式表示：

$$\sigma_{\text{total}}=\sigma_{\text{electronic}}+\sigma_{\text{ionic}}$$

式中，$\sigma_{\text{electronic}}$、$\sigma_{\text{ionic}}$ 分别是电子和离子各自对电导率的贡献。

离子固体的电导性取决于材料种类、纯度、温度，受离子性晶格缺陷的浓度、温度和晶体结构的影响。离子固体的电导率随离子电荷增多和离子半径增大而降低，随晶格缺陷的浓度增大而升高。离子固体的电导率与温度呈指数关系，但与金属不同，其电导率随温度升高而增大。

（2）导电聚合物

有机高分子一般都是优良的绝缘体，能隙很宽。人们非常希望易加工、耐腐蚀、密度小的有机高分子材料成为导体。现在这一愿望已经成为现实。导电聚合物可分为添加型和结构型，前者是在一般通用聚合物中加入各种导电材料；后者则是聚合物本身具有导电性。

目前，已发现的结构型导电聚合物还有聚苯胺、聚吡咯和聚噻吩等，它们均具有如图 2-2-8 所示的共轭结构。

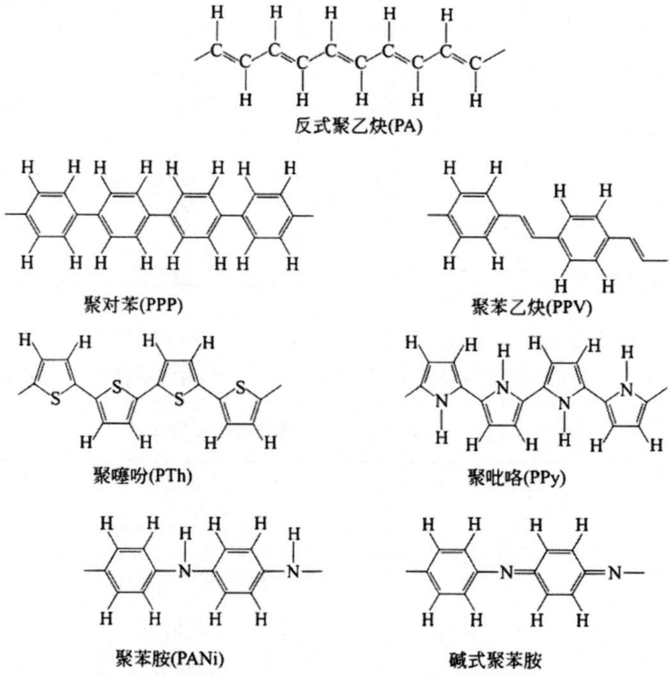

图 2-2-8 部分共轭结构的聚合物

研究表明，能隙随聚合物长度的增加而减小。图 2-2-9 表明，这类聚合物的导电性差别很大，可以在绝缘体与导体的范围内变化。

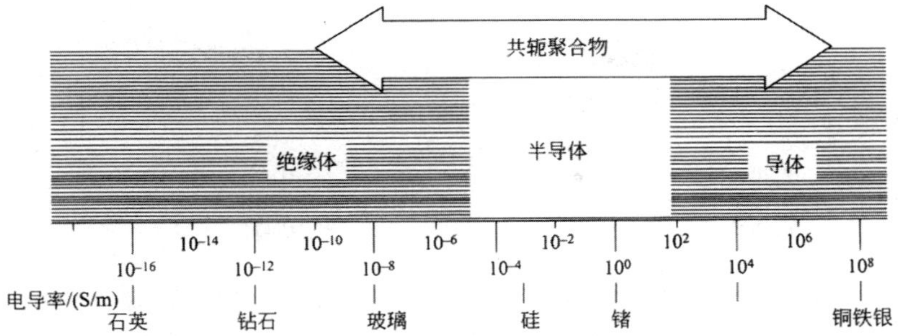

图 2-2-9　共轭结构的聚合物的导电性

图 2-2-10 表明，导电聚合物的电导率随温度升高而增大，与金属明显不同。

在理想情况下，导电聚合物既具有金属导电性，又具有质量轻、易加工、材料来源广等特点，因此具有重要的用途。可用作电极、电磁波屏蔽、抗静电材料；半导体器件和发光器件；聚合物电池、电致变色显示器、电化学传感器、场效应管、聚合物发光二极管（LED）等。

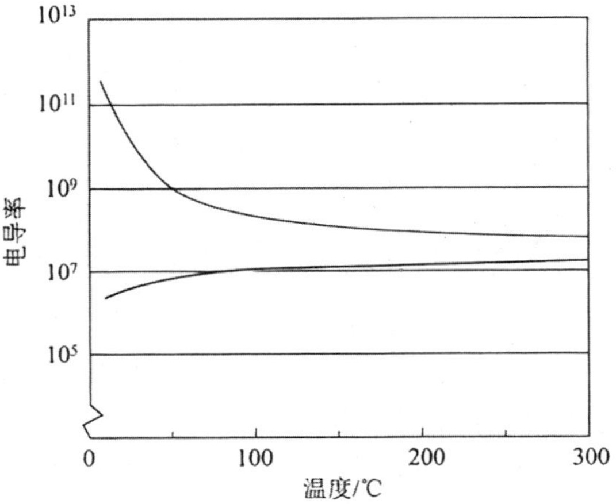

图 2-2-10　导电聚合物电导率与温度的关系

3. 半导体

导电性能介于绝缘体与导体之间的物质称为半导体。升高温度或掺入杂质，都可改变其电阻，因而广泛地应用于晶体管、二极管、整流器、太阳能电池等方面。半导体在电子从价带激发至导带前后的电子占有状态。半导体按其有无杂质，可以分为本征半导体和杂质半导体两类。

（1）本征半导体

表 2-2-4 列举了室温下几种半导体材料的能隙、电子迁移率、空穴迁移率及电导率。

表 2-2-4　室温下几种半导体材料的能隙、电导率、迁移率

材料	能隙/eV	电导率/(S/m)	电子迁移率 / [m^2/(V·s)]	空穴迁移率 / [m^2/(V·s)]
单质				
Si	1. 1	4×10^{-4}	0. 11	0. 05
Ge	0. 67	2. 2	0. 38	0. 18
Ⅲ-Ⅴ化合物				
GaP	2. 25	—	0. 05	0. 002
GaAs	1. 42	10^{-6}	0. 85	0. 45

续表

材料	能隙/eV	电导率/(S/m)	电子迁移率 / [m²/(V·s)]	空穴迁移率 / [m²/(V·s)]
InSb	0.17	2×10^4	7.70	0.07
Ⅱ-Ⅴ化合物				
CdS	2.40		0.03	—
ZnTe	2.26		0.03	0.01

由表2-2-4可见，半导体的能隙宽度较小，约在1eV。故在室温下，由于晶体中原子的振动，就可使少量电子受到激发，从价带跃迁到导带，即在导带底部附近存在少量电子，从而在外电场下显示出一定导电性。半导体在一般条件下就具有一定的导电能力，这是与绝缘体的主要区别。

实际上，半导体在外电场下显示出的传导性能，不仅与激发到导带中的电子有关，还与价带的空穴有关。半导体的一个电子从价带激发到导带上，会产生两个载流子，即形成空穴-电子对，这是与金属导电的最大区别。本征半导体的电导率由下式决定：

$$\sigma=n|e|\mu_e+p|e|\mu_h$$

上式中，n为自由电子的数量；p为空穴的数量；μ_e为自由电子的迁移率；μ_h为空穴的迁移率。对于半导体，μ_h总是小于μ_e。对于本征半导体，$n=p$。

（2）杂质半导体

半导体的电阻对晶体中杂质很敏感，大多数半导体的性质与杂质的种类和含量有关。含有杂质的半导体称为杂质半导体。

在Si、Ge等四价元素中掺入少量五价元素P、Sb、Bi、As等施主杂质，其能级位于能隙中、导带底部，如1-11（a）所示。这种杂质能级与导带之间的能隙很窄（例如p，约为0.01eV），故多余的电子在室温下就可跃迁到导带上去，在导带中产生自由电子，如图2-2-11（b）所示。这类电子型导电的半导体，称为n型半导体。

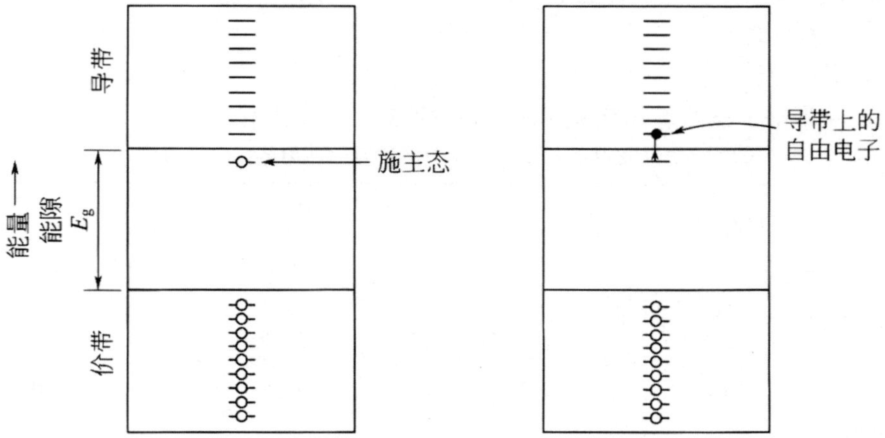

（a）掺入施主杂质的电子能带结构　　（b）从施主态激发，导致导带中产生一个自由电子

图2-2-11　n型半导体电子从施主态激发前后的电子占有状态

p型半导体在四价带附近形成掺入受主杂质的能级（例如Al约为0.01eV），其能级位

于能隙中、价带顶部，如图 2-2-12（a）所示。因缺少一个电子，以少许常温下的能量就可使电子从价带跃迁到掺杂能级上，相应地在价带中则形成一定数量的空穴，如图 2-2-12（b）所示，这些空穴可看成参与导电的带有正电荷的载流子。这种空穴型导电的半导体，称为 p 型半导体。

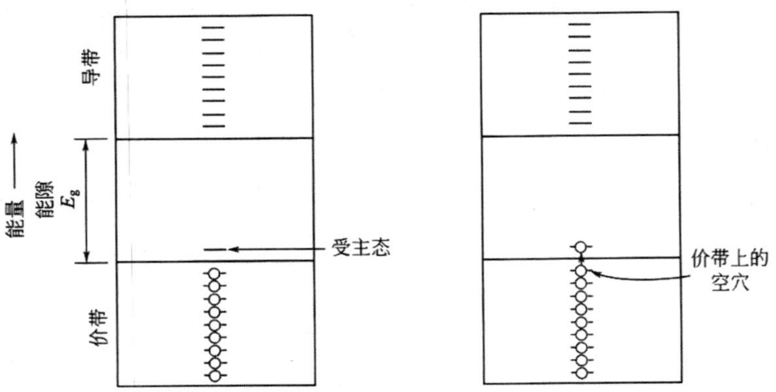

（a）掺入受主杂质的电子能带结构　（b）从施主态激发至受主能级，导致价带中产生一个空穴

图 2-2-12　p 型半导体电子从施主态激发至受主能级前后的电子占有状态

四、材料的电子结构与光导性

不仅热运动可使材料产生电子一空穴对，光照射材料时也可能产生电子-空穴对。当用光照射材料时，若满带中的电子获得足够能量，则可激发到导带，从而产生电子一空穴对，进而导致材料电阻率发生变化，这种由光照而使满带中电子激发到导带的现象称为光电导效应。光电导的实质是对电子电导有贡献的载流子浓度受光激发而增大，几乎所有绝缘体和半导体都有光电导性。在许多材料中已观察到，经光辐照时通过样品的电流显著增加，甚至可以高出几个量级。

1. 分子受激过程与能量交换

吸收光量子后，分子受激到激发态。激发态分子在电场作用下松弛产生电子和空穴，贡献电导电流。与暗电流类同，光电流取决于分子两种状态 E_i 和 E_j 之间的能量差。激活能 ΔE 就是光导吸收带的能量：

$$\Delta E = E_j - E_i = hv$$

分子吸收光量子变为激态分子后可通过图 2-2-13 中列出的各种途径松弛而损失能量。分子受激到单重态后，可经辐射衰减、无辐射衰减回到基态，或是通过体际交叉转变到三重态。

若受激分子直接辐射衰减回到基态，会伴以荧光，松弛时间约为 10^{-8}s。若无辐射衰减，则该过程的松弛时间在 10^{-3}s 左右。

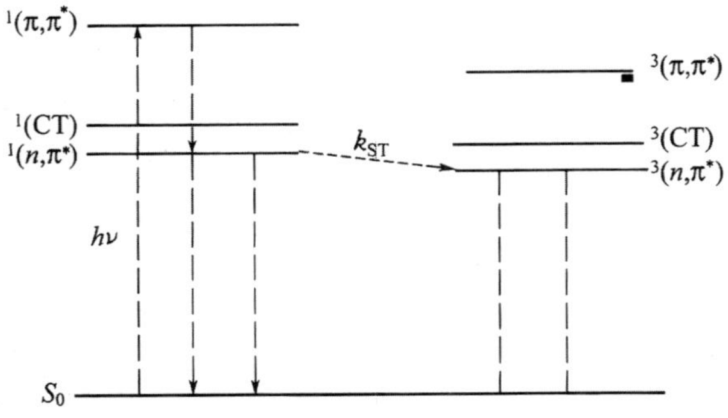

图 2-2-13　分子晶体中受激态

体际交叉是指简并度不同的状态之间的转变，根据 Franck-Conpdon 选择准则，当电子从基态转变到受激态时，总量子数变化不能大于 1，不允许自旋量子数改变，即直接活化到三重态是自旋禁转变。只有处在受激态的电子的自旋量子数可以改变，从单重态转变到三重态，电子自旋发生倒转，达到长寿命准稳态，三重态也会提供载流子。

处于三重受激态的分子，同样可能经历辐射或无辐射衰减松弛到基态。由三重态辐射衰减回到基态的过程（即磷光），松弛时间约为 10^{-4}s。由三重态直接退活化回到单重基态也是受禁的。光导实质上就是分子受激及其退化过程平衡的结果。

2. **光生载流子机理**

材料吸收光量子，获得足够能量激发电子到导带，光生载流子可用图 2-2-14 概括。

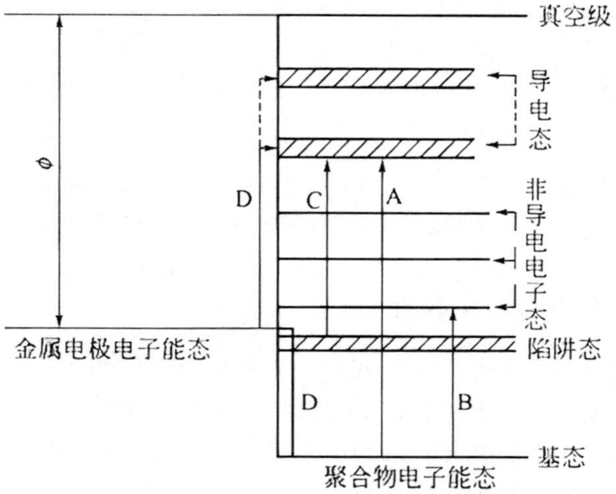

图 2-2-14　光生载流子机理

当光量子足以克服材料的能带禁隙时，电子便从价带直接激发到导带，这是直接带一带转变（机理 A），或叫本征光生载流子过程。因为完成直接带一带转变需要较高的光量子，因此本征光生载流子过程通常发生在真空紫外区。

在机理 B 中，基态电子受激到达最低受激态（单重态），属于初级光吸收。这类受激态本身并不引起电导。单重态激子只有在离解成独立的电子、空穴而达到导电状态后才对光电流有贡献。为此所需能量可从激子表面相互作用中获得，同时也存在单重激子—单重激子、单重激子—三重激子、单重激子—光子、三重激子—光子以及双光子等相互作用提供能量的过程。

电子受激进入单重态的过程会形成电子吸收谱。因此，那些光导谱与吸收谱十分接近的光导体中的光生载流子归属于这种机理，如聚乙烯咔唑、聚乙炔以及吡酮聚合物等，而这些实验现象又验证了聚合物中激子态的存在。

经光辐照，从陷阱态（包括杂质或物理陷阱等）激发被俘获载流子到达导带是俘获电荷的光学退陷阱过程（机理 C）。材料都含有杂质或物理陷阱，载流子常常被这些陷阱所俘获。当光量子等于陷阱级到导带间能差时，如果光辐射渗入材料本体内部较深，就可能有较多的俘获载流子受激。

通过光诱导，电子可能从金属电极的费米级注射进入聚合物导带（光注射电子），或者从聚合物基态注射到电极费米级（光注射空穴）。

光诱导效应通常用初级量子产率 η 作判据，即每吸收一个光量子形成的自由电子一空穴对数目。分子晶体中载流子发生过程与受激态退活化过程（无辐射衰减、辐射衰减、单重-三重态转变）同时存在并相互竞争，其结果使量子产率 η 总是偏离极限值 1。如果分子间相互作用强烈，个别分子的退活化过程效应减弱，η 值就接近于 1；如果材料经光诱导先产生激子，激子又通过无辐射过程松弛退活化，则量子产率将小于 1。这是因为激子作为电子-空穴对在晶格中迁移时，只有当它离解后或吸收补充光量子后才会对电导做出贡献。

五、材料的超导电性

材料在一定的低温条件下突然失去电阻（$<10^{-25}\Omega\cdot cm$）的现象称为超导电性。在正常情况下，电子由于电性相同而相互排斥。而当超导体被冷却到某温度之下时，其中的电子会形成库克对，从而表现出零电阻，并且抵御磁场穿过。但当温度高于一定温度时，则又回到常态。发生这种现象的温度称为临界温度，并以 T_c 表示。

超导体有两种特性。一个特性是它的完全导电性。例如，在室温下把超导体做成圆环放在磁场中，并冷却到低温使其转入超导态。这时把原来的磁场去掉，则通过磁感作用，沿着圆环将感生出电流。由于圆环的电阻为零，故此电流将永不衰减，称为永久电流。环内感应电流使环内的磁通保持不变，称作冻结磁通。

超导体的另一特性是它的完全抗磁性，即处于超导状态的材料，不管其经历如何，磁感应强度 B 始终为零，这就是迈斯纳效应。这说明超导体是一个完全抗磁体。超导体具有屏蔽磁场和排除磁通的性能。当用超导体制成圆球并处在常导态，磁通通过金属球，如图 2-2-15（a）所示。当它处于超导态时，进入金属内部的磁通将被排出球外，使内部磁场为零，如图 2-2-15（b）所示。

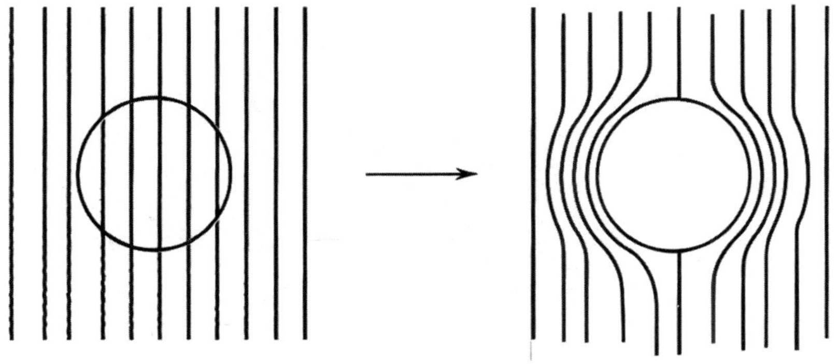

（a）常导态　　（b）超导态

图 2-2-15　超导态对磁通的排斥

超导体有三个性能指标。其一是超导转变温度 T_c：超导体低于 T_c 时，便出现完全导电和迈斯纳效应等基本特性。超导材料转变温度愈高愈好，愈有利于应用。已知有很多金属在极低温度下表现出超导电性，例如 $Nb_3Al_{0.75}Ge_{0.25}$ 的 T_c 是 21K，其他超导合金材料的 T_c 大都在此温度。

超导电的本质是被声子所诱发的电子间引力相互作用，即以声子为媒介而产生的引力克服库仑排斥力而形成电子对。但高于某温度时，热运动使电子对被打乱而不能成对，所以又变成普通导电状态，此温度即为 T_c。在温度足够低时形成的电子对在能量上比单个电子运动要稳定；出现超导电状态，意味着在长距离内显示有序性，熵降低，所以超导电状态的转变是二次相转变。

从理论上看，超导电是声子与电子相互作用，最高 T_c 不会高过40K。为得到高温超导电体，而提出以激发子代替声子的作用，用电子质量替代原子质量的新机制，这样 T_c 可以提高 300 倍。由激发子为媒介去提高导电性的途径，提出了 little 模型、Ginzbunz 模型、Perstein 模型、导电络合物、生物化学合成等，以上这些理论对发现高温超导电的可能性奠定了基础。

存在临界磁场 H_c 是超导体的第二个指标，当 $T<T_c$ 时，将超导体放入磁场中，当磁场高于 H_c 时，磁力线穿入超导体，超导体被破坏，而成为正常态。H_c 和温度的关系是随温度降低，H_c 将增加。

影响导体超导态的第三个因素是输入电流。如把温度从 T_c 往下降，则临界磁场 H_c 将随之增加。若输入电流所产生的磁场与外磁场之和超过临界磁场 H_c 时，超导态将被破坏，此时输入电流为临界电流，或称临界电流密度 J_c，它是超导体的第三个指标。随着外磁场的不断增加，J_c 必须相应地减小，以使它们的总和不超过 H_c 值，从而保持超导态。故临界电流就是保持超导状态的最大输入电流。

影响导体超导态的三个因素相互依存、相互关联，从图 2-2-16 可以得出区分超导和正常导电状态的三个指标的边界，表 2-2-5 是部分已发现的具有超导电性的材料，包括金属元素、合金材料和化合物等。

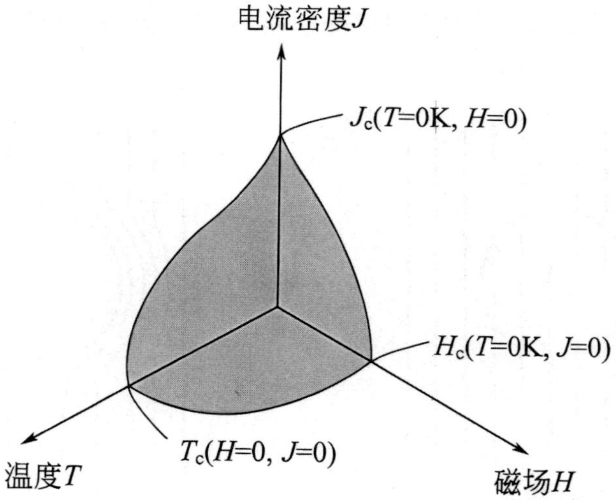

图 2-2-16　区分正常导电状态与超导态转变温度、临界电流密度和临界磁场的边界图

表 2-2-5　部分超导材料的临界温度和临界磁感应强度

材料	临界温度T_c/K	临界磁感应强度T_c/K	材料	临界温度T_c/K	临界磁感应强度T_c/K
元素			化合物和合金		
钨	0.02	0.0001	V_3Ga	16.5	22

续表

材料	临界温度T_c/K	临界磁感应强度T_c/K	材料	临界温度T_c/K	临界磁感应强度T_c/K
钛	0.40	0.0056	Nb_3Sn	18.3	22
铝	1.18	1.0105	NbAl	18.9	32
锡	3.72	0.0305	Nb_3Ge	23.0	40
汞（α）	4.15	0.0411	陶瓷化合物		
铅	7.19	0.0803	$YBa_2Cu_3O_7$	92	
化合物和合金			$Bi_2Sr_2Cs_2Cu_3O_{10}$	110	
Nb-Ti	10.2	12	$Ti_2Ba_2Ca_2Cu_3O_{10}$	125	
Nb-Nr	10.8	11	$HgBa_2Ca_2CuO_8$	153	
$PbMO_6S_8$	14.0	45			

超导材料和超导技术有着广阔的应用前景。人们可以利用超导的原理输电和制造大型磁体，最大限度地降低损耗；制造超导列车和超导船，大大提高它们的速度和安全性，并有效减少机械磨损；制造无磨损轴承，可将轴承转速提高到每分钟 10 万转以上。但现有超导体的临界温度太低限制了其应用，因此探索高临界温度超导体成为研究的热点。

在超导聚合物方面，也有人提出了一些新的结构模型，并已发现线状共轭型高分子，代表性是无机高分子噻吡基（SN）$_x$、（SN）$_x$ 及 Br_2 掺杂物（$SNBr_{0.4}$），它们在室温中表现出相当于金属的导电性，在 0.3K 以下成为超导体。高导电性聚乙炔、聚丁炔等也给人们带来很大希望。此外，有机超导体也存在可能。在生物体内酶不仅能促进物质的合成和转换，许多酶还参与物质的输送和电子的传递。

例如，作为典型输氧体的血红蛋白，除用于人造血液之外，还可以用于酶富集膜，而电子输送体的细胞色素 C3 的典型化合物可用作超导电材料。尽管目前有机超导体 T_c 还低于金属超导体，但有机超导体的变化十分广泛，创造出 T_c 较高的有机超导体或超导系物也是可能的。

任务三　磁学性能

在真空中造成一个磁场，然后在磁场中放入一种物质，可以发现，不管是什么物质，都会使其所在空间的磁场发生变化。以铁为例，它会使磁场急剧增强，铜则相反，它使磁场减弱，而铝虽然使磁场增强，但很微弱。这就是说，物质在磁场中，由于受磁场的作用都呈现出一定的磁性，这种现象称为磁化。

一、材料的基本磁学性质

在普通物理学中，用磁感应强度 B 来定量地描述一个磁场，它和通过单位面积上的磁通量（即磁通密度）有关，B 的单位是 T（特斯拉）。在真空中，磁场强度 H 与 B 的关系为

$$B=\mu_0 H$$

上式中，μ_0 为真空磁导率，或叫作磁常数，令 $\mu_0=4\pi\times10^{-7}N/A^2$（或 H/m），则 H 的单位为 A/m。当磁场内存在介质时，磁感应强度有不同程度地增加，如在 $\mu_0 H$ 项中乘以系数 μ_r，加以修正，则有

$$B=\mu_r\mu_0 H$$

式中，μ_r 为介质的相对磁导率，它与介质的种类有关。$\mu_r\mu_0$ 又常合为 μ，称为介质的磁导率。

引入磁化强度 M，它表征物质被磁化的程度。B、H 与 M 三个磁矢量关系为

$$B=\mu_0\ (H+M)$$

式 $B=\mu_0\ (H+M)$ 清楚地表明，由于在磁场中放进了介质，磁感应强度增大的部分是介质本身被磁化产生了一个附加磁场而做出的贡献。M 的单位也是 A/m。

从式 $B=\mu_r\mu_0 H$

及式 $B=\mu_0\ (H+M)$ 可得磁化强度与磁场强度的关系为

$$M=\ (\mu_r-1)\ H=\chi^H$$

式中，χ 为磁化率。

磁现象的本质在于带电物体的运动状态。在原子内部，电子绕核运动及其本身的自旋运动均会引发磁场的产生。一个分子内所有电子运动所产生的磁场总和被称为分子磁场。由于分子处于不断的热运动状态，分子磁场的取向表现为无序性。当物质被置于外加磁场中时，其内部分子磁场会趋向于更为有序地排列，进而形成介质的附加磁场，从而增强了磁场内的磁感应强度。

根据物质在磁化后对磁场所展现的不同影响效果，可以将其划分为三类：那些导致磁场减弱的物质被归类为抗磁性物质；那些使得磁场略有增强的物质被称为顺磁性物质；而那些能够显著增强磁场的物质则被定义为铁磁性物质。

二、材料的顺磁性和抗磁性

在材料科学领域，对顺磁性和抗磁性的研究具有重要意义。这两种性质不仅影响了材料在磁场中的行为，还决定了材料在电磁设备、传感器以及数据存储等领域的应用潜力。

1. 顺磁体

大多数物质的原子和离子中，全部电子的磁效应（包括电子轨道运动和电子自旋产生的两种磁效应）相互抵消，不存在磁矩，因而不显现磁性。

另外一些物质，本身已存在永久磁矩，当这类介质放入磁场中时，这些永久磁矩随着它所在的离子或原子比较规则地取向，因而形成了附加磁场，这类物质称为顺磁性物质。如含有奇数个电子的原子（如钠原子）或分子；含有未填满内电子壳层的原子和离子，如过渡元素、稀土元素以及锕系元素的离子和原子（Mn^{2+}、Gd^{3+}、U^{4+}等）；由于内部电子的磁效应只是部分地被抵消，因而保留了一个固有的磁矩即永久磁矩。顺磁性物质除上述元素的盐类外，还有铝、铂等金属。顺磁体的相对磁导率比 1 稍大，μ_r-1 的值在 $10^{-5}\sim10^{-8}$ 的范围。

顺磁性物质的磁化强度 M 与 B 的有效值及温度 T 的关系服从居里−外斯定律

$$M=C\neq\frac{B}{T-\Delta}$$

式中，C 为常数；Δ 对某一种材料来说是常数，对不同的材料可大于零或小于零。对于铁磁金属，Δ 为正值，它等于居里点。所谓居里点即金属由铁磁性转变为顺磁性的临界温度。

2. 抗磁体

原子或离子内全部电子的净磁效应为零，无磁矩存在的物质称为抗磁性物质。当抗磁体放入外磁场内，在此介质内感生一个磁矩，按照楞次定律，其方向应与外磁场正方向相反，此种性质称为抗磁性。抗磁性物质有惰性气体、大部分的非金属、绝大多数的有机化合物以及多种金属（如铜、锌、铋、银、金等）。

抗磁体的相对磁导率比 1 稍小，$1-\mu_r$ 的值在 $10^{-4}\sim10^{-8}$ 的范围内。

以上两种都是磁化强度很小的弱磁性物质，其相对磁导率 μ_r 值都非常接近 1。还有一类物质，其 μ_r 值比 1 大得多，其值在 $10^2\sim10^4$ 数量级，属于强磁性物质，称它们为铁磁性物质，其磁性的产生有特殊的机理。

三、材料的铁磁性与反铁磁性

1. 材料的铁磁性

自然界中有五种元素及其合金有特别强的相对磁导率 μ_r，它们是铁、钴、镍和稀土元素钆（Gd）、镝（Dy）。它们的原子有很大的固有磁矩，能排列到很高的整齐程度，并达到在某一温度范围之内基本上不受粒子热运动的干扰。这一类物质就是铁磁性物质。

（1）磁化曲线和磁滞回线

铁磁性金属的磁化曲线如图 2-3-1 所示。从曲线可以看到，在微弱的磁场中，磁感应强度 B 与磁化强度 M 均随外磁场强度的增大缓慢地上升，B 与 H 之间近似地呈直线关系，并且磁化是可逆的。这个阶段的磁导率称为起始磁导率，用 μ_a 表示，它接近于一个恒定值。

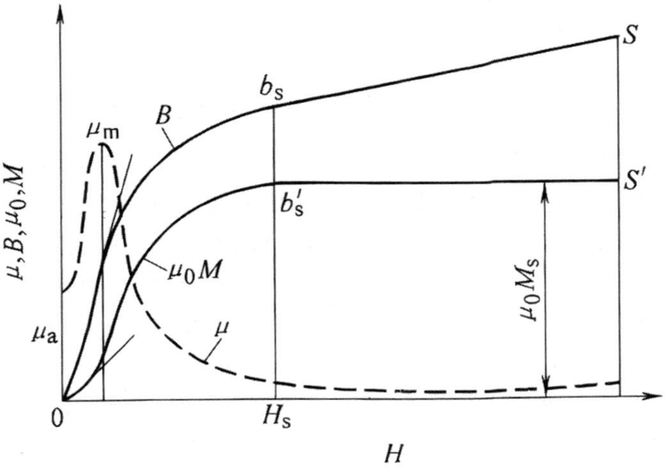

图 2-3-1　铁磁金属的磁化曲线

当 H 继续增大到一定值后，B 和 M 急剧增高，磁导率增长得非常快，并出现极大值 μ_m。这个阶段的磁化是不可逆的，即去除磁场后仍保留着部分磁化。磁场强度再进一步增大，B 和 M 增大的趋势逐渐变缓，磁化进行得越来越难，磁导率变小，并趋向于 0。

当磁场强度达到 H_s 时，磁化强度便达到饱和值，磁化强度的饱和值称为饱和磁化强度，用 M_s 表示，它与材料有关。与 M_s 相应的磁感应强度称为饱和磁感应强度，用 B_s 表示。由于 $B=\mu_0H+\mu_0M$，故当磁场强度大于 H_s 时，B 受磁场强度 H 的影响仍要继续增大。

如将试样磁化到饱和状态后逐渐减小磁场强度，则 B 也将随之减小，当 $B=0$ 时，B 并不减小到零，而是保留一定的值，如图 2-3-2 中的 Oc 线段，这就是铁磁金属的剩磁现象。去掉外加磁场后的磁感应强度称为剩余磁感应强度，用 B_r 表示。要使 B 值继续减小，则必须加一个反向磁场。当 H 等于 H_c 时，如图 2-3-2 中的 Od 线段，B 值才等于零。H_c 为去掉剩磁的临界磁场，它表示铁磁金属保持剩余磁化的能力，称为矫顽力。

将反向磁场强度继续增大，B 将沿着 de 变化为 $-B_s$。从 $-B_s$ 改为正向磁场，随着磁场强度的增大，B 将沿着 $efgb$ 曲线变化为 $+B_s$。从图 2-3-2 可以看到，磁感应强度的变化落后于磁场强度的变化，这种现象称为磁滞效应，它是铁磁金属的特性之一。由于磁滞效应的存在，磁化一周所得到的闭合回线称为最大磁滞回线。回线所包围的面积相当于磁化一周所产生的能量损耗，称为磁滞损耗。

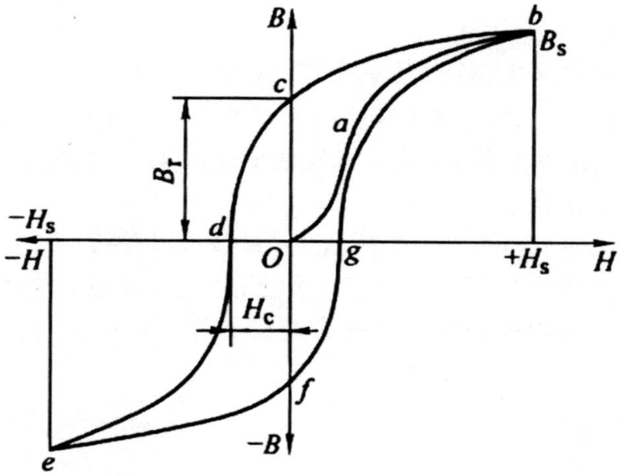

图 2-3-2　铁磁金属的磁滞回线

综上所述，铁磁金属磁化有如下特点：磁化率不是定值，而且变化很大，存在着磁滞现象，很容易磁化并达到饱和状态。铁磁金属磁化之所以有上述表现，现已清楚，是由于在它们内部存在着磁畴。所谓磁畴是指未加磁场时铁磁金属内部已经自发磁化到磁饱和状态的小区域。磁畴的存在已经由磁粉纹图的观察得到了证明。磁畴的尺寸约为 $10^{-6}mm^2$。在未加磁场时，它的磁化矢量呈无序分布，因此铁磁体在宏观上并不呈现铁磁性。

（2）磁畴结构

在没有外加磁场时，铁磁晶体内磁畴的磁矩沿易磁化方向排列，并呈封闭状态，如图 2-3-3a 所示。通常磁畴呈细小扁平的薄片状或细长的棱柱状，在两个相邻而不同取向的磁畴之间有一个过渡层，通常称为磁畴壁。磁畴壁内自旋磁矩的方向从一个磁畴逐渐过渡到另一个磁畴，如图 2-3-3b 所示。

由于磁畴壁的自旋磁矩偏离了晶体的易磁化方向，使畴壁处于高能状态。磁畴的大小约为 $10^{-6}mm^3$。在多晶体中，一个晶粒内可有数个磁畴。磁畴与晶粒不同，它指晶粒内部自发磁化了的微小区域，在磁场的作用下，它的大小和磁矩方向都可发生变化。

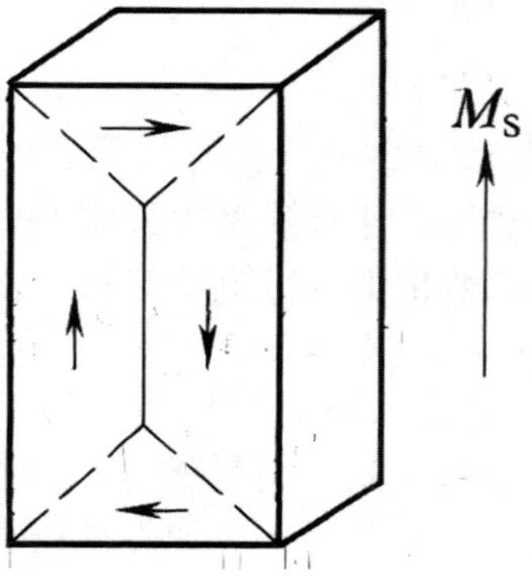

（a）磁畴结构

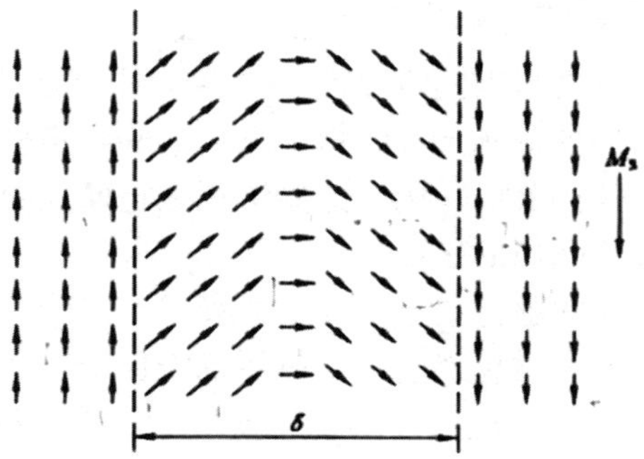

（b）磁畴壁

图 2-3-3　磁畴结构示意图

2. 材料的反铁磁性

反铁磁性是材料的一种特殊磁性表现，其特点在于磁矩的反平行交错有序排列，但并不展现出宏观上强烈的净磁矩。这种磁有序状态使得反铁磁性材料在磁场中的反应与典型的铁磁性材料截然不同。

1932 年尼尔发现铂、钯、锰、铬等金属和某些合金的磁化率随温度的变化很小，但数值却相当高，这些物质称为反铁磁性材料。

在温度高于某一温度 T_N（尼尔温度）时，反铁磁性体的磁化率与温度的关系为

$$X=\frac{C}{T+\theta}$$

上式中，θ 为常数（不等于 T_N 的温度值，一般比 T_N 大）。

而当在 T_N 以下温度时，X 随温度的降低而减小，且几乎与磁场强度无关。

尼尔提出了双次点阵的反铁磁性理论，他假设晶体中顺磁离子的点阵可以分为相互穿插的两个“次点阵”A 与 B，次点阵 A 中每一个离子的任何一个最邻近的离子均位于次点阵 B 上，这就使得相邻的两个次点阵的磁矩全部反平行取向，因而在晶体内存在两种内场的相互作用。等轴简单点阵与等轴体心点阵可以满足这种条件。

于是，在极低温度下，由于相邻原子的自旋完全反向，其磁矩几乎完全抵消，故磁化率 X 几乎接近于“0”。当温度上升时，使自旋相反的作用减弱，X 增加。而当温度升至尼尔点以上时，热骚动的影响较大，此时反铁磁体与顺磁体有相同的磁化行为。

氧化锰（MnO）是展示这种特性的一种材料。氧化锰是一种由 Mn^{+2} 和 O^{-2} 构成的离子型特征陶器材料。

反铁磁性材料在多个领域具有广泛的应用价值。例如，在数据存储领域，由于其磁矩随外部磁场的变化而变化，反铁磁性材料可以用于读取和写入磁性媒体，实现高密度、高速度的数据存储。此外，在磁敏传感器领域，反铁磁性材料因其对磁场变化的敏感性，可以被用于制造高灵敏度的磁敏传感器，用于检测外部磁场的变化。

四、铁氧体的磁性

铁氧体是含铁酸盐的陶瓷质磁性材料。按材料的结构分类，目前已有尖晶石型、石榴

石型、磁铅石型以及钙铁矿型、钛铁矿型和钨青铜型六种，新的类型还陆续出现。但从研究详尽、生产和使用普及程度的角度来看，重要的是前面三种。

1. **铁氧体的磁性原理**

铁氧体之所以具备磁性，归因于其内部蕴含的大量微小磁矩，宛如无数微小的指南针。在无外界磁场干扰的情形下，这些磁矩呈现无序状态，使得铁氧体整体不显磁性。然而，一旦外部磁场作用，这些微小磁矩便如同受到魔法般指引，纷纷朝向同一方向，进而赋予铁氧体强烈的磁性。

铁氧体的磁性更具备一种独特的“记忆”特性。它能“铭记”曾经施加于其上的磁场。即便外界磁场消逝，铁氧体仍能保持一段时间的磁性，这一特性被称作“剩磁”。正是得益于这种“记忆”功能，铁氧体在磁存储领域得以广泛应用，诸如硬盘和磁带，便是利用铁氧体的磁性实现数据存储。

此外，铁氧体的磁性与其温度之间存在着紧密联系。随着温度的升高，铁氧体内部磁矩运动趋于剧烈，导致磁性减弱，此现象称为“热退磁”。而温度降低时，铁氧体的磁性则逐渐增强。这种温度与磁性之间的关联，使得铁氧体在温度传感器和磁制冷等领域也展现出重要的应用价值。

2. **亚铁磁性的表现**

为了解释铁氧体的磁性，尼尔认为铁氧体中 *A* 位与 *B* 位的离子磁矩应是反平行取向的，这样彼此的磁矩就会抵消。但由于铁氧体内总是含有两种或以上的阳离子，而这些离子各具有大小不等弱磁矩（或有些离子完全没有磁性），加以占 *A* 位或 *B* 位的离子数目也不相同，因此，晶体内由于磁性的反平行取向而导致的抵消作用，通常并不一定会使磁性完全消失而变成反铁磁体。

这就往往保留了“剩余磁矩”，表现出一定的铁磁性，这称为“亚铁磁性”或“铁氧体磁性”。图 2-3-4 表示在居里点或尼尔点以下时铁磁性、反铁磁性及亚铁磁性的自旋排列，可以比较形象地作出说明。

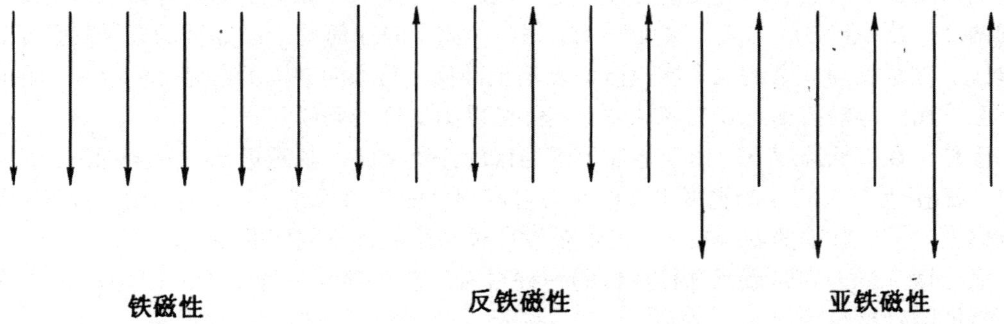

图 2-3-4　铁磁性、反铁磁性及亚铁磁性的自旋排列

任务四　光学性能

光学性能是光学设备或材料在光波传播和处理过程中的一系列重要特性。这些特性直接决定了光学系统的功能、效率和精度。在深入探究光学性能时，不仅要考虑光学设备的基本参数，如焦距、透光率等，还需关注其在不同环境条件下的稳定性和可靠性。

在实际应用中，光学性能往往受到多种因素的影响。例如，光源的亮度、光谱分布以及稳定性都会直接影响光学系统的成像质量和色彩表现。此外，环境因素如温度、湿度和振动也会对光学性能产生不可忽视的影响。因此，在设计和制造光学设备时，需要充分考虑这些因素，以确保其在实际使用中具有优良的光学性能。

为了优化光学性能，科研人员不断探索新的光学材料和制造技术。新型光学材料如高性能玻璃、光学塑料和晶体等，具有更高的透光率、更低的色散和更好的热稳定性，为提升光学性能提供了有力支持。同时，随着精密加工和微纳制造技术的发展，光学元件的加工精度和表面质量也得到了显著提升，进一步提高了光学系统的性能。

一、光学原理

19 世纪末，经典光学的发展达到了顶峰，其标志是从理论上和实践上证实了光是一种电磁波，光的本性和传播特性，可以用电磁学的理论来解释。

现在已知的电磁波谱，包括电力长波、无线电波、微波、红外线、可见光、紫外线、X 射线、γ 射线和宇宙射线。因此，整个可见光谱只不过是电磁波谱中的一段窄小的组成部分。各种电磁波的差别仅仅在于波长的不同，也就是产生的方法和测量的技术和设备各不相同。所有电磁波的传播速度（在真空中）都相同，都等于光在真空中的传播速度 $c=2.997925\times10^8 m/s$。在计算中用 $3\times10^8 m/s$ 已够精确。太阳光是从红外线到紫外线包括了整个可见光在内的连续光谱。

光在真空中的传播速度 c 是真空相对介电常数 ε_0 与真空磁导率 μ_0 乘积的平方根成反比，即

$$c=\frac{1}{\sqrt{\varepsilon_0\mu_0}}$$

进一步讲，电磁辐射的频率 ν 和波长 λ 的乘积等于光速，即

$$c=\lambda\nu$$

光电效应的实验不能用光的波动说来解释，爱因斯坦的光子理论指出光也有粒子性，光的能量是量子化的，光子的能量 E 为

$$E=h\nu=h\frac{c}{\lambda}$$

式中 h 是普朗克常数。

光子的能量转移给了原子外层的电子，使光电子逸出，这就是光电效应。

当光从一种介质进入到另一种介质中时（如空气进入到固体材料中），几种情况会随之发生。在通过媒介时有些光被传播，有些被吸收，还有些会在两介质界面处被反射。发生在固体介质表面的强度 I_0 等于传播、吸收、反射光束强度之和，分别表示为 I_T、I_A 和 I_R，即

$$I_0=I_T+I_A+I_R$$

辐射强度单位为 W/m^2。上式也可以写成等价形式，即

$$T+A+R=1$$

式中，T、A 和 R 分别表示透光度（I_T/I_0）、吸光度（I_A/I_0）、反射率（I_R/I_0），或者表征材料对部分光的渗透、吸收及反射，总和等于各部分之和，因为光只发生传输、吸收和反射三种现象。

能够透射光、具有相对少的吸收及反射的材料是透光的——人用肉眼能看到。半透明的材料是光通过时发生漫散射，也就是说，光被分散在内部，不能完全地透过材料。不能透射可见光的材料是不透光的。

绝大多数金属是不透光的，包括整个可见波谱，即所有辐射不是被吸收就是被反射了。非金属材料像玻璃、琥珀、松香等可以透过可见光。另外，有些物质如疏松的木炭等则可把入射光线大部分吸收掉了。

图 2-4-1 示意地表示了光照射到物体上时发生的几种现象。

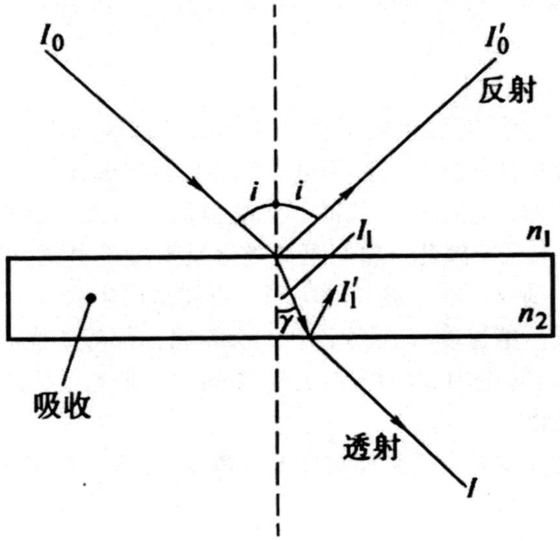

图 2-4-1　光照射到物体时的现象

二、折射

当光线依次通过相邻的两个折射率不同的介质时，光的行进方向发生改变，称为“折射”。其关系由折射定律确定：折射线在入射线通过入射点的法线所决定的平面上，折射线和入射线分别处于法线的两侧，入射角的正弦与折射角正弦之比，对一定的介质来说是一个常数，即

$$n_{2/1}=\frac{\sin i}{\sin\gamma}$$

式中，i 为入射角；γ 为折射角；$n_{2/1}$ 为相对折射率，即介质 2 对介质 1 的折射率。并且有

$$n_{2/1}=\frac{n_2}{n_1}$$

光的折射率还可以用光在真空中的速度 c 与在介质中的速度 v 之比表示，即

$$n=\frac{c}{v}$$

n 值的大小由光波长决定，这个结果类似于通过玻璃三棱镜将白光光束分离成各色光，当通过棱镜时，每种光在不同方向上折射，这样就完成了各色光的分离。折射率不仅影响光的路径，也影响光在表面的反射。折射并未吸收光的能量，只是改变了光线的

方向。

根据光速的定义，在介质中光速表达式为

$$\nu=\frac{1}{\sqrt{\varepsilon\mu}}$$

式中，ε 和 μ 分别是特定物质的介电常数和渗透率。由式 $n=\frac{c}{v}$ 可以得到

$$n=\frac{c}{v}=\frac{\sqrt{\varepsilon\mu}}{\sqrt{\varepsilon_0\mu_0}}=\sqrt{\varepsilon_r\mu_r}$$

式中，ε_r 和 μ_r 分别表示介电常数和相对渗透率。大多材料是可轻度磁化的。

对于透光材料，光的折射率和介电常数之间存在一定关系。对于可见光，在相对高频情况下，折射现象与电子的极化有关。在介质中由于电磁辐射受阻导致电子的极化。

通常，原子或离子越大，电子极化越强，速度越慢，光的折射率越大。碱石灰玻璃的折射率近似于 1.5. 大量钡和铅离子（如 BaO 和 PbO）的存在使玻璃的折射率大大增加。例如，含 PbO 质量分数 90%的高铅玻璃其折射率近似为 2.1。

对于透明陶瓷材料有立方晶系结构，其折射率与玻璃晶向各向同性有关。另一方面，非立方晶系的折射率为各向异性，也就是说，离子浓度越高，折射率值越大。

三、反射

当光投射到两种介质的界面时，会有一部分“反射”而折回原介质中。其关系由反射定律确定，反射线在入射线和通过入射点的法线所决定的平面上，反射线和入射线分别在法线的两侧。反射角 i' 等于入射角 i。反射改变了光线的方向，但仍然保持着光能的形式而没有转变为其他的能量形式。

理论上，光通过两个折射率不同的介质的界面上时，都会或多或少地发生反射，只是程度不同。发生了反射，虽然光能仍然存在，但对于直接透射的光线来说，光的强度减弱了，所以也是一种损失。

如果定义界面反射损失 m 为在界面处的反射强度 I'_0 与入射强度 I_0 之比，其与相邻两介质的相对折射率有关，相应的关系式为

$$m=\frac{I'_0}{I_0}=\frac{(n_{2/1}-1)^2}{(n_{2/1}+1)^2}=\frac{(n_1-n_1)^2}{(n_2+n_1)^2}$$

因此，进入介质 2 的光强度为

$$I_1=I_0-I'_0=I_0\left(1-\frac{I'_0}{I_0}\right)=(1-m)I_0$$

在离开介质 2 重新进入介质 1 时，又再发生一次界面反射，因此透过介质 2 后光的强度（不计吸收的损失）为

$$I=(1-m)^2I_0$$

四、吸收

除了真空环境，光在通过任何介质时，其强度均会表现出不同程度的减弱，这即能量损失的现象。即便是对于不产生光散射的透明介质，如玻璃、水溶液等，也同样会发生此

种现象。

当介质在可见光范围内对所有波长的光的吸收程度保持一致时，称之为“均匀吸收”或“一般吸收”。在此情况下，随着吸收程度的逐渐增强，其颜色变化将呈现从黄色到黑色的过渡。然而，若介质对某一特定波段的光表现出强烈的吸收特性，则称之为“选择性吸收”。此时，介质将呈现出特定的颜色，该颜色为吸收后剩余光波长的混合色。

严格来说，所有介质均表现为选择性吸收的特性。例如，尽管无色透明介质在可见光范围内呈现均匀吸收，但在红外及紫外波段却表现为不透明。又如，透紫外线的黑玻璃几乎完全吸收了可见光，却允许大量紫外线通过。此外，某些硫化物和半导体（如硅、锗）的晶体，虽然它们不透明甚至带有金属光泽，但在红外光的某些波段内，却具有很高的透过率。

因此，对于介质是均匀吸收还是选择性吸收的判断，实际上是基于特定光波段的相对评价。为了便于比较，通常将这一范围限定在可见光波段内。

介质对光吸收的程度（即光能减弱的程度）与介质的特性及吸收层（即物体被光通过的那部分）的厚度有关，其规律为

$$I=I_0 e^{-\alpha d}$$

式中，α 为吸收系数；d 为吸收层厚度；I 为吸收后光的强度；I_0 为吸收前光的强度。

不同物质的吸收系数 d 可以有巨大的差异，即透明物质与不透明物质显著不同，如空气与金属的吸收系数 a 可以相差达十个数量级以上。

五、散射

光射进均匀介质如澄清的水、酒精、玻璃（无机的和有机的）、水晶、冰洲石等单晶时，除了发生折射即引起整个光束改变方向外，不会出现散射的现象。但若其中含有不均匀结构，则在光到达这部分时将引起散射，使光线偏离原来行进的方向而向各个方向偏折。

散射使光改变了方向，减少了透射方向的强度并使材料变得不透明。散射使光沿着前进方向强度减弱的规律与吸收相同，可用下式来表示

$I=I_0 e^{-Sd}$

式中，S 为吸收系数。

事物总是一分为二的，散射的存在未必尽是坏事，它往往会给人们带来好处，如乳白玻璃、白珐琅、乳浊釉（盖地釉）就是利用这种原理制成的。

拓展阅读

材料的光学性能应用

材料光学性能在现实中有着广泛的应用。

在光通信领域，高透过率的光学材料可以用于制造光纤，实现光信号的传输和通信。

而在激光技术中，材料的折射率和色散性能决定了激光束的聚焦和调制特性，影响着激光器件的性能。

在太阳能领域，材料的吸收性能决定了光能的转换效率，因此寻找具有高透过率和低吸收性的材料对于提高太阳能电池的效率至关重要。

在光学传感器中，材料的折射率和反射率决定了传感器的灵敏度和检测范围，从而应

用于环境监测、生物医学等领域。

此外，在光学镜头和光学器件制造中，对材料的光学性能要求严格，以确保设备的性能和稳定性。

因此，材料光学性能的现实应用涵盖了多个领域，对技术和科学的发展都具有重要意义。

项目实训

学习完本项目的内容后，认真完成表 2-4-2 的实践清单。

表 2-4-2　实践清单

光学材料性能测试与应用实践	
实训目的	通过实践操作，让学生深入了解光学材料的性能特点及其在实际工程中的应用，提高学生的实验操作能力和数据分析能力
实训步骤	(1) 学习光学材料的基本性能指标，包括透射性、折射率、光学吸收等； (2) 了解实验所需的光学仪器设备，并进行设备的准备和调试； (3) 根据实验要求，制备不同材料的样品，如玻璃、塑料、晶体等，并进行表面处理； (4) 利用光学仪器对样品进行透射率、折射率、光学吸收等性能测试，并记录实验数据； (5) 对实验数据进行分析和比较，评估不同材料的光学性能特点，并探讨其在实际应用中的优缺点； (6) 根据实验结果，设计并制作一个简单的光学器件或装置，并进行性能测试和评估
实训要求	(1) 了解光学材料的基本性能指标和测试方法； (2) 具备基本的实验操作能力，能够独立进行实验设备的操作和样品制备； (3) 具备数据处理和分析能力，能够对实验结果进行准确的数据记录和分析； (4) 需按时完成实训报告，对实验过程、结果和分析进行清晰的总结和展示

思考练习

1. 根据电阻率或电导率数值大小，材料可以分为哪些种类?
2. 磁现象的本质是什么?
3. 列举反铁磁性材料的应用领域。

项目三

材料的力学性能

项目导读

材料的力学性能是评价材料承载能力和变形行为的重要指标。综合了解材料的力学性能，包括弹性变形、塑性变形、静载力学性能、冲击载荷下的力学性能、失效相关原理，有助于预测材料在不同工程和应用场景下的表现，并指导材料的选择和设计，以确保工程结构的安全性和可靠性。

学习目标

知识目标

(1) 了解材料在受力作用下的弹性变形特性，如胡克定律等。

(2) 了解材料在超过弹性限度后的塑性变形特性，如屈服点、拉伸强度等。

(3) 了解材料在静态载荷下的力学性能，如承载能力、变形性能等。

(4) 了解材料在冲击载荷下的应力应变特性，如冲击韧性、断裂韧性等。

(5) 了解材料在受力过程中可能发生的失效模式和机制，如疲劳、断裂等。

技能目标

(1) 能够使用相应的实验设备和仪器对材料的力学性能进行测试和分析。

(2) 能够对实验数据进行分析和解释，评估材料的性能优劣。

(3) 能够设计合适的实验方案，针对特定的材料性能进行测试和验证。

素质目标

(1) 培养综合分析不同性能之间的关系，理解材料性能的综合影响。

(2) 培养发现和解决问题的创新意识，探索材料性能的新应用和发展方向。

(3) 培养动手能力和实验操作技能，将理论知识应用到实际中。

(4) 培养在团队中协作的能力，共同完成实验和解决问题。

思政目标

（1）树立科学态度，注重科学道德和学术规范，遵循科学方法进行研究和实践。

（2）强化对于材料应用在社会中的责任感，关注材料科学对社会、经济和环境的影响。

（3）培养对国家荣誉和民族精神的认同，为国家的科技发展和进步贡献力量。

任务一 弹性变形

弹性变形，作为物理学中的一个重要概念，描述的是物体在受到外力作用时，形状或体积发生暂时改变，但去除外力后又能恢复到原始状态的现象。这种变形特性使得弹性材料在诸多领域都有着广泛的应用。

通过对弹性变形的深入研究和应用，可以更好地利用材料的性能，提高机械部件的可靠性，保障建筑物的安全，推动科技的进步和发展。

一、弹性的物理本质

弹性的物理本质是物质内部原子、分子或更大尺度结构之间的相互作用力的一种表现。在不受外力作用时，这些结构处于相对稳定的平衡状态。一旦受到外界力的作用，它们会发生形变，即偏离原来的平衡位置。但是，由于结构间的相互作用力，物质会产生恢复形变的趋势，力图回到原来的平衡状态。这种恢复形变的能力，就是通常所说的弹性。

1. 弹性的物理应用

弹性不仅存在于日常生活中的固体材料中，如橡胶、弹簧等，还广泛存在于液体和气体中，只是表现形式和程度有所不同。例如，气体在受到压缩后会产生压力，力图恢复到原来的体积，这也是一种弹性表现。

在物理学中，弹性可以通过一系列的力学参数来定量描述，如弹性模量、弹性极限等。这些参数反映了物质的弹性特性，为弹性的应用提供了重要的工具。例如，在工程设计中，需要根据材料的弹性特性来选择合适的材料和结构，以保证工程的安全和稳定。

此外，弹性还与许多物理现象和过程密切相关，如声波的传播、地震波的传递等。通过研究这些现象和过程，可以更深入地理解弹性的物理本质，并探索其在更广泛领域的应用。

2. 弹性产生的原因

自由焓随距离的变化导致的变化是弹性产生的根本原因。仿照势能函数的导数是力函数，可求出弹性回复力的表达式为

$$f=\left(\frac{\partial H}{\partial l}\right)_{T,V}-T\left(\frac{\partial S}{\partial l}\right)_{T,V}$$

式中，第一项为能弹性回复力，第二项为熵弹性回复力。金属材料，陶瓷材料和玻璃化温度以下的高分子材料属于能弹性，弹性回复力是键长和键角的微小改变所引起的焓变所引起的，而熵的变化所引起的弹性回复力可忽略。

处于高弹态的橡胶则属于熵弹性。无应力作用时大分子链呈无规则线团状，构象数最大，因此熵值最大。拉伸时，大分子链的伸展使构象数减少，熵值下降，自由焓增高，有自发回复到自由焓低的原始卷曲状的趋势，这是弹性回复力产生的主要原因。

能弹性也称普弹性，能弹性材料弹性模量大，弹性变形量小，其应力-应变关系符合胡克定律。与能弹性材料不同，具有熵弹性的材料弹性模量小，弹性变形量大，例如天然橡胶，其弹性模量仅为一般固体材料的万分之一左右，而伸长率高达500%~1000%。

二、弹性比功

弹性比功表示材料吸收弹性变形功的能力，又称弹性比能或应变比能。一般用材料开始塑变前单位体积吸收的最大弹性变形功表示。拉伸时，应力-应变曲线上弹性变形阶段下的面积代表弹性比功的大小。

$$a_e = \frac{1}{2}\sigma_e \cdot \varepsilon_e = \frac{\sigma_e^2}{2E}$$

式中，a_e 为弹性比功，σ_e 为弹性极限，ε_e 为最大弹性应变。弹性极限 σ_e 是材料由弹性变形过渡到弹性塑性变形的应力，工程上难以准确测定。实际测量时用规定残余伸长应力代替，例如规定残余伸长率为0.01%时所对应的应力为弹性极限。因此弹性极限是材料抵抗微量塑变的抗力。弹性极限是对组织十分敏感的力学性能指标。

生产中，弹簧元件的主要功能是储能减振，要求材料应有尽可能大的弹性比功。由上式可知，理想的弹性材料应该具有高的弹性极限和低的弹性模量。

对于不同钢种弹性模量差异不大，弹性比功的大小主要取决于弹性极限高度。其中冷轧弹簧钢采用加工硬化提高弹性极限，以提高弹性比功；淬火+中温回火的合金弹簧钢丝具有较高的碳含量，兼有Si、Mn的固溶强化作用，所获得回火托氏体具有更高的弹性极限，可获得更高弹性比功。青铜的弹性极限虽然远低于钢，但弹性模量约为钢的1/2，所以弹性比功也较大，特别是铍青铜适于用作要求无磁性的重要仪表用软弹簧。此外，尽管橡胶的弹性极限极低，但由于弹性模量也极低，所以弹性比功也较高。

三、弹性的不完整性

完全弹性变形仅受载荷大小的影响，而与加载方向和时间无直接关联。然而，在实际情况下，弹性变形往往不仅取决于应力因素，同时也受时间因素影响。在弹性变形过程中，应变往往滞后于应力，导致加载曲线与卸载曲线并不重合，此外还表现出滞弹性和包申格效应等特性，这些特性共同构成了弹性变形的非完整性。

1. 滞弹性

在弹性范围内，快速加载或卸载后，随时间的延长产生附加弹性应变的现象被称为滞弹性，也称为弹性后效。金属材料拉伸时产生的滞弹性，如图3-1-1所示。突然施加一低于弹性极限

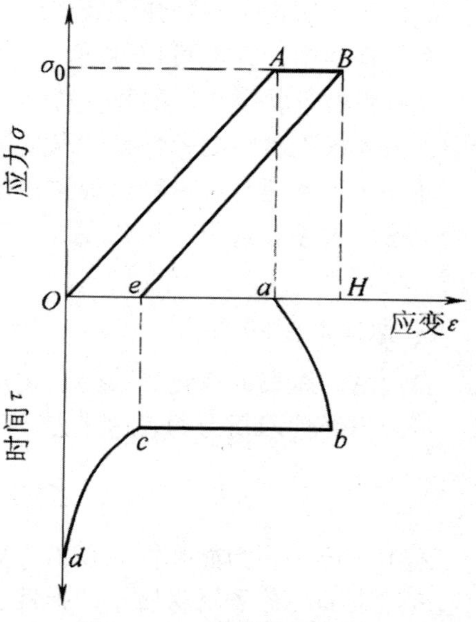

图3-1-1　滞弹性示意图

的应力 σ_0，立即产生瞬时应变 Oa，Oa 为完全弹性变形。若应力保持 σ_0，随时间延长，还会逐渐产生应变 aH，应变 aH 显然与时间有关，被称为滞弹性变形。同样道理，去除应力，立即回复的应变 $eH=Oa$ 为完全弹性变形。应变 $Oe=aH$ 随时间延长逐渐消失，所以 Oe 也是滞弹性变形。

滞弹性应变量与材料的成分和组织有关。材料组织越不均匀，滞弹性越明显。例如，密排六方结构与立方结构相比，其对称性较低，故具有较大的结晶学上的不均匀性，导致金属镁有强烈的弹性后效。

材料的服役条件也影响弹性后效的大小和进行速度。随温度升高，滞弹性变形量增加，其进行速度也加快。此外，应力状态也强烈影响弹性后效，一般应力状态越软，滞弹性变形量越大。所以扭转的弹性后效现象比弯曲和拉伸更明显。

由于金属材料具有滞弹性，因此在弹性范围内快速加载、卸载时，加载线与卸载线不重合，形成一封闭回线即弹性滞后环，如图 3-1-2a 所示。存在滞后环说明加载时消耗于金属的弹性变形功大于卸载时金属恢复所释放出的弹性能。变形功的一部分为金属所吸收，其大小用滞后环面积度量。金属材料在交变载荷作用下的弹性滞后环，如图 3-1-2b 所示。滞后环面积越大，材料吸收不可逆变形功的能力越强。

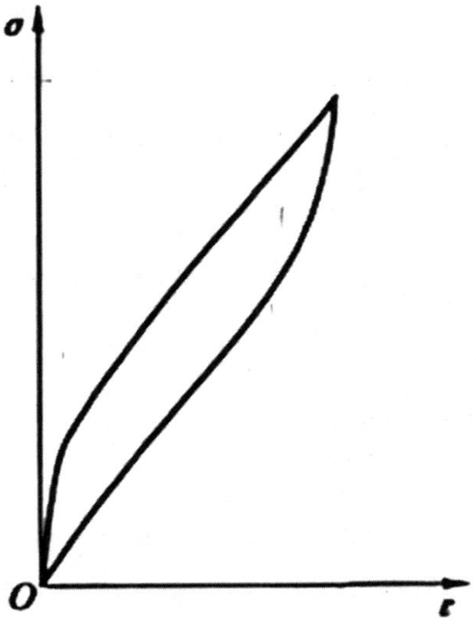

（a）单向加载

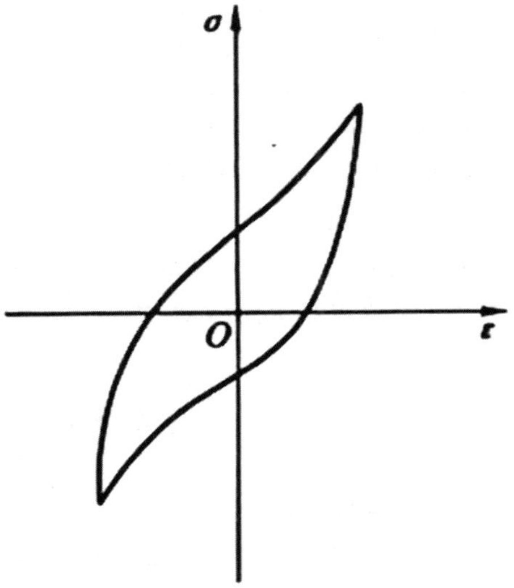

（b）交变加载

图 3-1-2　弹性滞后环的类型

吸收不可逆变形功的能力也叫金属的内耗。金属材料的内耗越大减振性越好。内耗大的灰铸铁是很好的消振材料，适合制作机床床身、动力机械的底座及支架等，以达到机器稳定运转的目的。12Cr13 型不锈钢也具有较高内耗，用来制作汽轮机叶片，除具有较高耐热性外，还具有优良的减振性，防止共振导致疲劳断裂。但弹簧、音叉等元件则要求内耗越低越好，使仪器仪表具有高精度、高灵敏度。同时由于振动的每个周期所消耗的能量小，可保证振动时间延续得更长。

2. 包申格效应

正火 35 钢的拉伸曲线如图 3-1-3 中曲线 1 所示，屈服强度约为 320MPa。若加工成 $d_0 : h_0 = 1 : 8$ 的圆柱压缩试样，进行 3% 压缩预变形，卸载后，再重新拉伸，其条件屈服强度 $\sigma_{0.2}$ 降至约 210MPa。这种经预先少量塑变，卸载后再同向加载，规定残余伸长应力增高，反向加载规定残余伸长应力降低的现象，称为包申格（Baoschinger）效应。大多数钢材和非铁合金等都具有包申格效应。

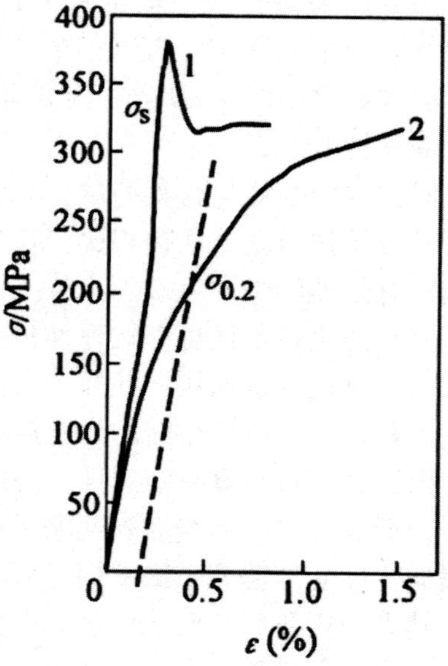

图 3-1-3　35 钢的包申格效应

包申格效应与位错运动所受阻力的变化紧密相关。在经历少量的预变形过程中，位错源会不断产生新的位错，这些生成的位错会在晶界、第二相粒子等障碍物处发生塞积，并因此产生与外力方向相反的应力。若在卸载后施加同向的加载力，则需要克服这些位错塞积所产生的反向应力，这会导致位错滑移的阻力增加，进而使得规定残余伸长应力增大。相反地，若在预变形后施加反向的加载力，此时外力与位错塞积所产生的应力方向相同，因此使得位错反向运动所需的外加应力减小，进而导致规定残余伸长应力降低。

包申格效应对于在交变载荷作用下的机械部件的寿命具有显著影响。对于经过轻微冷变形的工件，在其服役期间，当承受与原加工过程加载方向相反的载荷时，应充分考虑其屈服强度的降低情况。为了消除包申格效应，可采取预先进行较大塑性变形的方法，或在使用前进行回复或再结晶退火处理。

任务二　塑性变形

当应力高于弹性极限时，金属材料在产生弹性变形的同时还将产生塑性变形。塑性形变与形变强化是金属材料区别于其他工程材料的重要特征。金属室温塑变主要以滑移和孪生两种方式进行。实际金属材料为多晶体，但多晶体的塑变与组成它的各晶粒的变形有关，所以需要首先研究单晶体的塑变。

一、单晶体塑变机制

单晶体塑变机制是指在单晶材料中，塑性变形主要由晶格滑移和位错运动引起，其中晶格滑移是晶格中原子沿着特定晶面方向滑动的过程，而位错则是晶格中的缺陷线，通过位错的运动来实现晶体的塑性变形，这些过程在单晶体中呈现出复杂的晶体学特征，影响着材料的力学性能和加工性能。

1. 滑移

滑移是在切应力作用下，金属材料的一部分相对另一部分沿一定晶面和晶向产生相对位移。位错在切应力作用下发生运动，依靠位错的逐步运动完成了滑移过程。

（1）滑移的位错机制

大量位错的滑移，就会产生宏观的塑性变形。将抛光的纯铜试样进行适当的塑性变形，在光学显微镜下观察，发现在抛光的表面出现许多互相平行的线条，这是由于发生滑移后试样表面产生高低不平的滑移台阶造成的，称为滑移带。实际上滑移带是由许多密集的滑移线构成的，如图 3-2-1 所示。

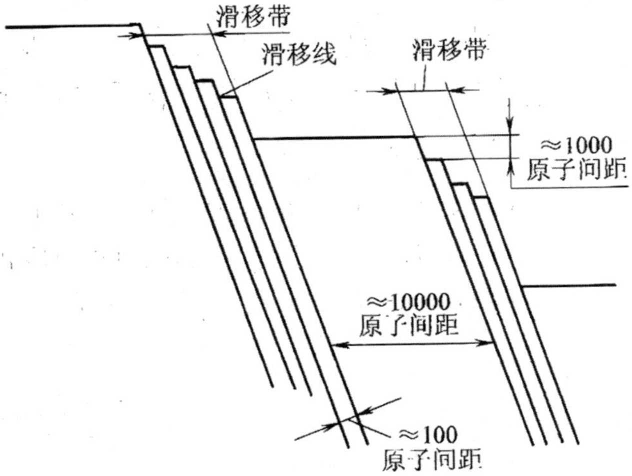

图 3-2-1　滑移带与滑移线示意图

（2）滑移系

滑移总是沿一定晶面和晶向发生，它们分别称为滑移面和滑移方向。一个滑移面和其上的一个滑移方向组成一个滑移系。首先开动的滑移系必定是滑移阻力最小的。晶体的滑移依靠位错运动来实现，所以塑变的阻力来自第二相粒子、晶界、其他位错等对滑动位错的阻碍。其中最基本的固有阻力是晶格阻力即派-纳力。

$$\tau_{P \cdot N} = \frac{2G}{1-\nu} e^{-\frac{2\pi a}{b(1-\nu)}}$$

式中，G 为切变模量，ν 为泊松比，a 为滑移面间距，b 为滑移方向上原子间距。由上式可知，a 越大，b 越小，派-纳力越小，故滑移面应该是晶面间距最大的密排面，滑移方向应该是原子排列最密排方向。

晶体结构不同，其滑移系也不同。面心立方金属的滑移面属于 {111} 晶面族，共有 4 组，每个滑移面上有 3 个滑移方向，共有 12 个滑移系，如图 3-2-2a 所示。由于面心立方结构排列致密且滑移系多，所以面心立方金属 Cu、Al、Au 等塑性好。密排六方金属的滑移面为（0001），其上有 3 个 $<11\bar{2}0>$ 型滑移方向，共有 3 个滑移系，如图 3-2-2b 所示。

由于滑移系少，滑移时可能采取的空间位向少，所以 Zn、Cd、Mg 等密排六方金属塑性差。体心立方金属的滑移面属于 {110} 晶面族，共有 6 组，每个滑移面上有 2 个滑移方向，也有 12 个滑移系，如图 3-2-2c 所示。由于体心立方结构缺乏密排程度足够高的密排面，所以滑移面不稳定。

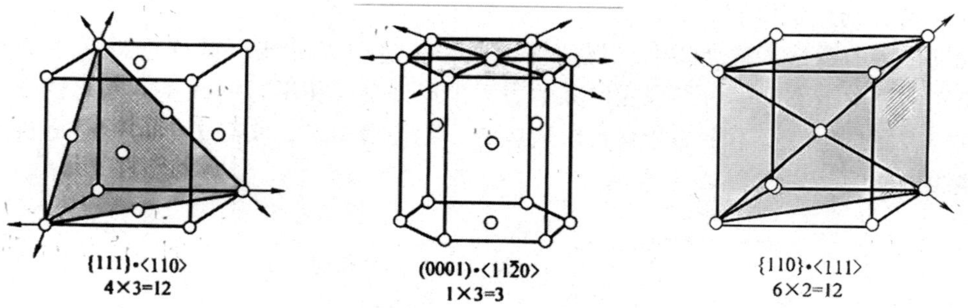

（a）面心立方　　（b）密排六方　　（c）体心立方

图 3-2-2　三种常见金属晶体结构的滑移系

除｛110｝外，｛112｝和｛123｝也可成为滑移面，其滑移方向很稳定，均为<111>方向，所以体心立方结构实际上有 48 个滑移系。由于体心立方金属滑移系多，所以比密排六方金属塑性好。但由于滑移面的致密程度不如面心立方金属，所以其塑性不如面心立方金属。

（3）滑移的临界分切应力

当晶体受外力作用时，可将其分解成垂直某一晶面的正应力与沿此面的切应力。只有外力引起的作用在滑移面上，沿滑移方向的分切应力达到某一临界值时，滑移过程才能开始。

设拉应力 F 作用在截面为 A 的圆柱形单晶上，外力与滑移面法线方向夹角为 ϕ，与滑移方向夹角为 λ，如图 3-2-3 所示，则外力在滑移方向上的分切应力为

$$\tau=\frac{F}{A/\cos\phi}\cos\lambda=\sigma\cos\lambda\cos\phi$$

式中，$A/\cos\phi$ 为图 3-2-3 中的阴影面积。当上式中的 τ 达到临界值 τ_c 时，宏观上金属开始屈服，故 $\sigma=\sigma_s$，将 τ_c 和 σ_s 代入上式得

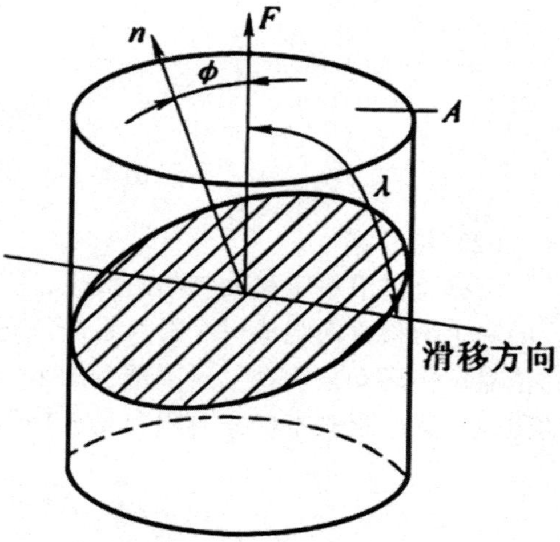

图 3-2-3　临界分切应力分析图

$$\tau_c=\sigma_s\cos\lambda\cos\phi \text{ 或 } \sigma_s=\frac{\tau_c}{\cos\lambda\cos\phi}$$

式中，$\cos\lambda\cos\phi$ 称为取向因子或 Schmid 因子；τ_c 为临界分切应力，其值取决于结合键类型、结构类型、纯度、温度等。

由上式，当 λ、ϕ 都接近 45°时，$\cos\lambda\cos\phi$ 可取得极大值，σ_s 最低，称为软位向，在外力作用下最易滑移。若 λ、ϕ 只要有一个接近 90°时，$\cos\lambda\cos\phi$ 趋近于零，σ_s 趋近于无穷大，此时叫硬位向，不会产生滑移，直至断裂。例如镁单晶在软位向 $\cos\lambda\cos\phi\approx0.5$ 时，其屈服强度约为 2MPa；在 $\cos\lambda\cos\phi<0.1$ 的较硬位向时，其屈服强度上升到 8MPa 以上。

（4）多滑移与交滑移

对于有多组滑移系的晶体，各滑移系与外力轴的取向不同时，处于软位向的一组滑移系首先开动，这便是单滑移。若多组滑移系处于同等有利位向，在滑移时，这些等效的滑

移系可同时开动，或滑移过程中，由于晶体的转动，使两组或多组滑移系交替开动，这便是多滑移。由于多滑移必定造成滑移带的交割，故使滑移阻力增高。发生多滑移时在磨光的晶体表面可看到两组或多组交叉滑移线，如图 3-2-4a 所示。

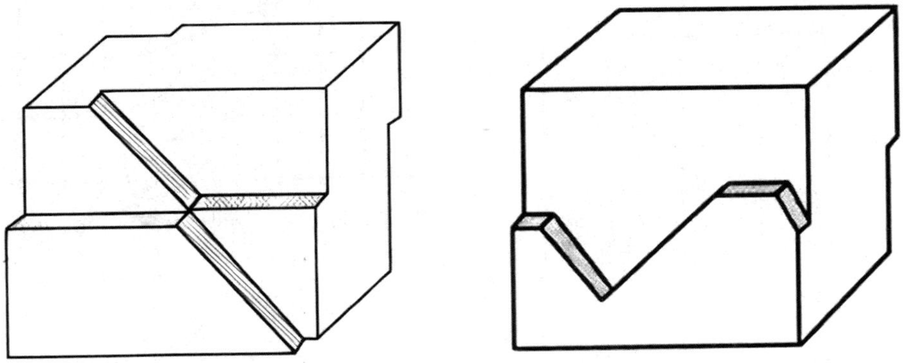

（a）交叉滑移线　　　　（b）波纹状滑移线

图 3-2-4　滑移线形态示意图

交滑移是指两个或多个滑移面沿同一滑移方向滑移。刃型位错柏氏矢量 b 与位错线 t 垂直，滑移面被限定在柏氏矢量与位错线所决定的平面上，故不可能交滑移。纯螺型位错 b 与 t 平行，滑移面可以是任一个含有位错线的密排面，这些密排面可以沿同一个滑移方向滑移。螺型位错交滑移所产生的滑移线呈波纹状。

2. 孪生

孪生是冷塑性变形的另一种重要形式，常作为滑移不易进行时的补充。一些滑移系少的密排六方金属如 Cd、Zn、Mg 等常发生孪生变形。体心立方及面心立方金属在低温、高应变速率下，也会通过孪生方式进行塑变。金相显微镜下，形变孪晶一般呈带状，有时为凸透镜状。

孪生是发生在晶体内部的均匀切变过程，总是沿一定晶面（孪生面）和一定晶向（孪生方向）发生，变形后以孪生面为分界面，已变形部分与未变形部分呈晶面对称的位向关系。面心立方晶体孪生变形示意图如图 3-2-5 所示。孪晶面为（111），孪生方向为 [11$\bar{2}$]，阴影面为 ($\bar{1}$10)，如图 3-2-5a 所示。

孪生变形原子切变过程如图 3-2-5b 所示。图中纸面为 ($\bar{1}$10)，孪晶面为（111），它们的交线为孪生方向即 [11$\bar{2}$] 方向。孪生变形时，变形区域作均匀切变，每层（111）面相对其相邻晶面，沿 [11$\bar{2}$] 方向移动了该晶向原子间距的 1/3。

由图 3-2-5b 可见，已变形部分与未变形部分呈镜面对称的位向关系，对称面即为孪晶面。晶体的孪晶面与孪生方向的组合称为孪生系也叫孪生要素，晶体结构不同，孪生系也不同。例如，面心立方晶体孪晶面为 {111}，孪生方向为 < 11$\bar{2}$ >；体心立方金属孪晶面为 {112}，孪生方向为 < 11$\bar{1}$ >；密排六方金属 Zn 与 Cd 的孪晶面为 {10$\bar{1}$2}，孪生方向为 < 10$\bar{1}\bar{1}$ >。

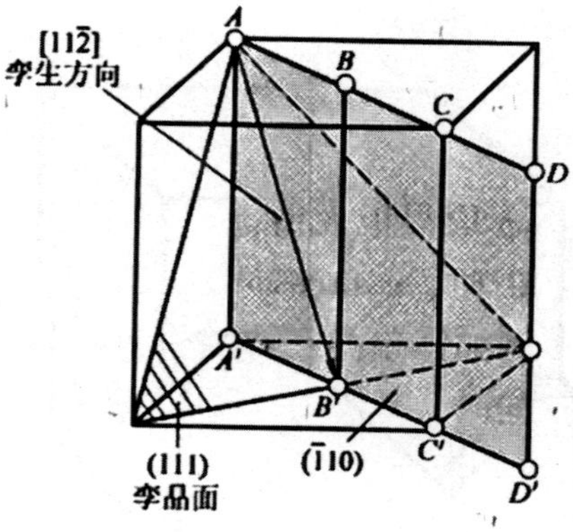

（a）孪生方向与孪晶面

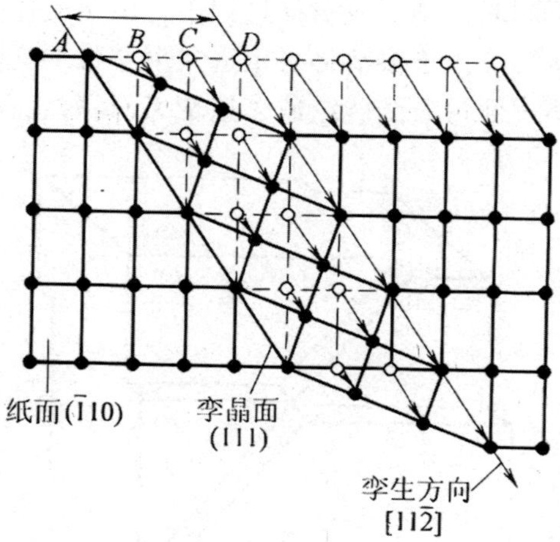

（b）孪生时原子切变过程

图 3-2-5　面心立方晶体孪生变形示意图

拓展阅读

滑移与孪生的区别

孪生与滑移的主要区别如下。

（1）孪生变形后晶体的位向发生改变，滑移不引起晶体位向的变化。

（2）孪生变形位移量小于孪生方向上的原子间距，单位位错的滑移矢量为原子间距的整数倍。

（3）孪生所需临界切应力远高于滑移的临界切应力。密排六方金属滑移系少，故常以孪生方式变形，体心立方金属只有在低温或冲击时才发生孪生变形，面心立方金属一般不发生孪生变形。

虽然孪生对变形的直接贡献较小，但孪生可改变晶体位向，从而激发滑移，这对滑移系少的密排六方金属显得尤为重要。

二、多晶体塑变机制

实际应用的金属材料大多为多晶体。多晶体塑变与单晶体塑变既有相同之处，又有不同之处。相同之处是变形也以滑移和孪生为基本方式。不同之处是多晶体塑变还受到晶界和晶粒位向影响，使变形更为复杂。

多晶体由众多位向各异的晶粒构成。在受到外部力量作用时，仅当晶粒处于优势位向，并且其滑移系中的取向因子达到最大值时，这些滑移系方能率先启动。与此同时，周围处于不利位向的晶粒，其各滑移系所受的分切应力尚未触及临界值，故尚未启动塑性变形过程，仍处于弹性变形状态。一旦有晶粒发生塑性变形，其滑移面上将不断产生位错源，进而生成大量位错。这些位错在切应力的驱动下，在滑移面上进行滑移。值得注意的是，滑动位错无法越过晶界，因此在晶界前会形成位错的平面塞积群。

如图 3-2-6 所示。根据位错线所受的力等于 τb，设塞积群顶端所受的应力为 τ，塞积群作用于顶端领先位错上的力应为 τb，方向与外加切应力 τ_a 相反，若有 n 个位错塞积，则由整个塞积群受力平衡可得

$$n\ (\tau_a b)\ -\tau b=0$$

$$\tau=n\tau_a$$

上式，塞积顶端有严重应力集中，当位错源到障碍距离 L 越长，塞积的位错数目 n 越多，应力集中越严重。

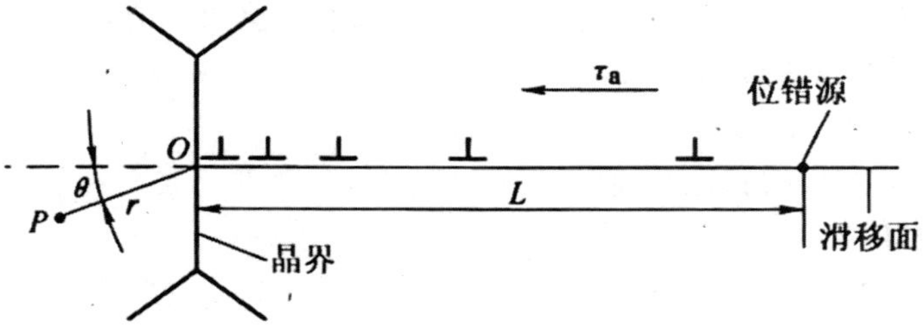

图 3-2-6　位错的平面塞积群

有人计算在塞积顶附近，离 O 点为 r 处的 P 点，作用于 OP 面（过 OP 线，垂直于纸面）的切应力为

$$\tau=\beta\tau_a\left(\frac{L}{r}\right)^{\frac{1}{2}}$$

式中，β 为取向因子，接近 1。由上式，外加切应力 τ_a 一定时，L 越大，r 越小，应力集中可达很高程度。应力集中和外加应力叠加使相临晶粒某滑移系上的临界分切应力达到临界值时，于是该滑移系启动，开始塑变。所以多晶体塑变时具有不同时性和不均匀性，随塑变的进行、晶体的转动，变形趋于均匀化。

多晶体的每个晶粒都处于其他晶粒的包围之中，由于变形的不同时性，为保持金属的连续性，要求邻近晶粒的配合。为协调已发生塑变的晶粒的形状改变，周围晶粒必定是多系滑移。面心立方与体心立方滑移系多，协调性好，因此塑性也好；密排六方滑移系少，协调性差，所以塑性差。

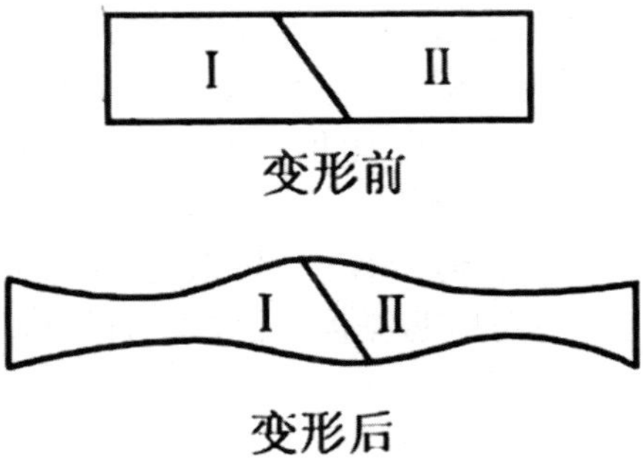

图 3-2-7　拉伸时双晶的竹节变形

室温变形时，由于晶界强度高于晶内，使每个晶粒的变形也不均匀。拉伸时双晶的竹节状变形，如图 3-2-7 所示。所以室温变形时晶界具有明显强化作用。金属材料晶粒越细小，单位体积的晶界面积越多，晶界强化作用越明显。同时晶粒越细小，变形协调性越好，塑性也越好。

三、金属的强化机制

强度，作为衡量材料在外力作用下抵抗塑性变形和断裂的能力的关键指标，其提升对于充分发掘材料潜力具有重要意义。对于金属材料而言，其屈服强度或断裂强度受到多重

复杂因素的共同作用。其中，金属自身的固有属性，如切变模量、滑移面间距、滑移矢量以及滑移系数目等，均对强度产生显著影响。此外，合金成分、第二相、晶粒尺寸、形变温度、变形速率以及变形方式等外部因素也不可忽视，它们通过调控位错运动进而对材料强度产生深远影响。因此，在材料研发与应用过程中，需综合考虑这些因素，以实现材料强度的优化与提升。

1. 细晶强化

如前所述，由于室温下晶界强度高于晶内，所以晶粒越细小，单位体积所包含的晶界越多，其强化效果越好。这种利用细化晶粒提高金属材料强度的方法叫细晶强化。

$wC=0.15\%$的低碳钢的屈服强度与晶粒尺寸的关系如图 3-2-8 所示。屈服强度与晶粒直径平方根的倒数呈直线关系，这就是著名的霍尔-派奇关系。利用位错塞积理论可导出霍尔-派奇（Hall-Petch）关系

$$\sigma_s=\sigma_i+k_y d^{-\frac{1}{2}}$$

式中，σ_i 为一常数，相当于位错在晶内运动的摩擦力；k_y 为常数，与滑移“越过”晶界传播需要的临界应力有关；d 为晶粒直径。霍尔-派奇关系描述了金属的屈服强度与晶粒尺寸的关系，这已为许多实验所证实。进一步的实验结果表明材料屈服强度与亚晶粒尺寸的关系也满足上述关系。所要说明的是体心立方金属 k_y。值比面心立方和密排六方金属的大，细晶强化更显著。细晶强化的优点在于提高材料强度的同时还可提高材料的塑性。

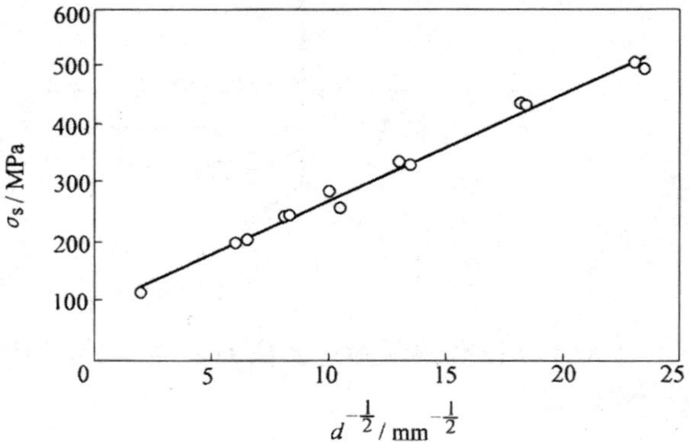

图 3-2-8　低碳钢的屈服强度与晶粒尺寸的关系

细晶强化的主要原因是材料晶粒越细小，位错源到晶界距离 L 越小，相同外加切应力 τ_a 作用下，塞积的位错数目 n 越小，作用于塞积顶的切应力 $\tau=n\tau_a$ 也减小，即应力集中减轻。由于应力集中和外加应力叠加使相邻晶粒某滑移系上的临界分切应力达到临界值时，该滑移系才能启动，因此需要更大外加切应力，才能使相邻晶粒的滑移系开动，发生塑变，故晶粒越细小，屈服强度也越高。霍尔-派奇公式是一个普遍关系式，如果是塑性材料，它表示屈服强度或流变应力与晶粒尺寸的关系；如果是脆性材料，表示的是断裂强度与晶粒尺寸的关系。

2. 固溶强化

合金元素溶入基体金属中可得到单相固溶体合金，如能有效提高其屈服强度，则被称为固溶强化。固溶强化的实质是溶质原子的长程应力场与位错产生交互作用，导致位错运动受阻。

固溶体的屈服应力与溶质浓度大体呈线性关系，即随溶质含量增加而直线提高。如果用单位溶质原子浓度引起的切应力增量（$d\tau/dc$）表示强化效应，根据强化效果可将溶质原子分为两大类。一类为弱硬化的溶质，主要是置换型溶质和面心立方晶体中的间隙型溶质。这些原子在晶体中造成的点阵畸变是球形（立方）对称的，强化效应较弱，仅为切变模量的 1/10（$G/10$）。

另一类是强硬化的溶质，如体心立方晶体中的间隙原子，这类原子在晶体中造成的点阵畸变是非球形（四方）对称的，强化效应强，比弱硬化的溶质高出一个数量级。不同合金元素对低碳铁素体的固溶强化效果如图3-2-9所示。间隙型溶质原子C、N、P固溶强化铁素体作用显著，置换型溶质原子强化铁素体作用较弱。

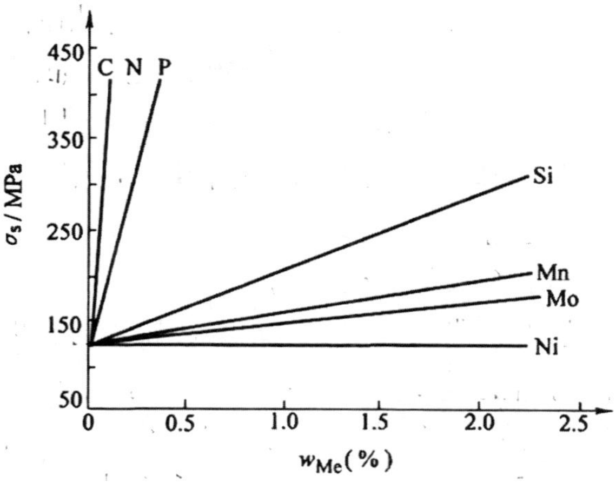

图3-2-9　低碳铁素体固溶强化效果示意图

固溶强化的核心机制在于位错钉扎机制。溶质原子对位错的钉扎作用可划分为四种不同的形式，即弹性作用、化学作用、电学作用以及近程有序作用。其中，弹性作用，也被称为柯垂尔作用，对阻碍位错运动的作用尤为显著。

举例来说，C、N等间隙原子与刃型位错之间存在着交互作用。为了降低这种交互作用能，在适宜的温度和时间条件下，间隙原子会倾向于在刃型位错的拉应力区发生偏聚，进而形成柯氏气团。这一过程有助于降低固溶体的总弹性应变能。

要使含有柯氏气团的位错发生运动，必须首先克服气团的束缚作用，即所谓的“脱钉”过程，或者是在移动过程中拖动气团一同前行。无论是哪种情况，都会导致位错滑移阻力的增加，进而提升固溶体合金的整体强度。

任务三　静载力学性能

力学性能指标是机械设计、选材和制造的重要依据。静载是相对交变载荷和高速载荷而言的。以下主要学习拉伸、压缩、扭转等各种静载下的力学性能。

一、单向静力拉伸

单向静力拉伸试验是工业上应用最广泛的力学性能试验方法之一。通常采用标准光滑圆柱试样进行试验。除可测定弹性变形阶段的力学性能指标外，还可测定材料的强度指标和塑性指标。

1. 工程应力—应变曲线与拉伸力学性能

单向静力拉伸光滑圆柱试样有两种。标距原始长度为 l_0，原始直径为 d_0。单向静力拉伸的加载轴线与试样轴线重合，载荷缓慢施加，拉伸的应变速率小于等于 $10^{-1}/s$，测得的工程应力-应变曲线（σ-ε）如图3-3-1所示。纵坐标为工程应力，用 σ 表示，$\sigma=F/A_0$，F 为载荷，A_0 为原始截面面积，应力单位为MPa；横坐标为工程应变，用 ε 表示，$\varepsilon=\Delta l/l_0$，Δl 为试样两标距间绝对伸长，l_0 为试样原始标距长度。

其中，图3-3-1a为塑性材料低碳钢的应力—应变曲线。由图可知，应力低于 σ_p，σ 与 ε 呈直线关系，即 $\sigma=E\varepsilon$。超过 σ_p，σ-ε 曲线开始偏离直线，故 σ_p 被称为比例极限。

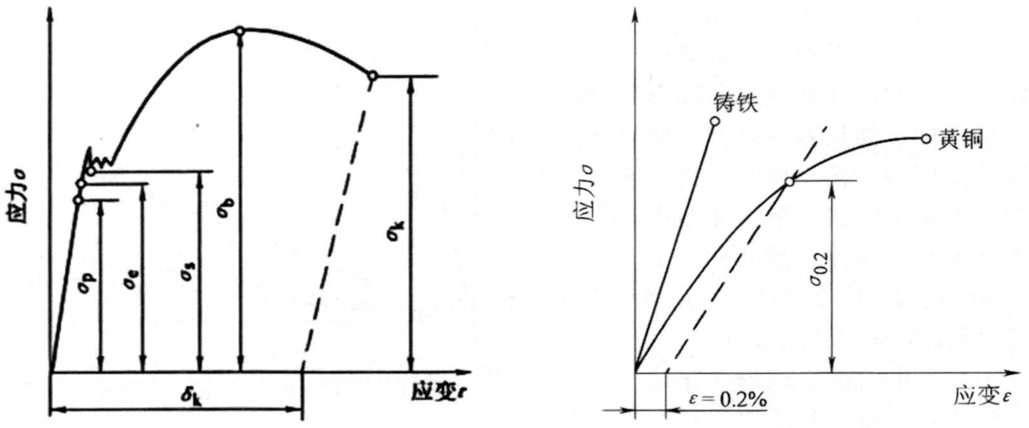

（a）低碳钢　　　（b）铸铁和黄铜

图 3-3-1　材料的应力-应变曲线

应力超过 σ_p，σ-ε 曲线将偏离直线，但只要应力低于 σ_e，卸载后变形能完全恢复，试样仍处于弹性变形阶段。当应力大于 σ_e，试样在产生弹性变形的同时还发生塑性变形。所以弹性极限 σ_e 是表征材料对微量塑性变形的抗力。弹性极限不易精确测定，生产中常根据机件服役要求，规定产生一定量残余变形的应力作为“规定弹性极限”。例如，规定以残余伸长为 0.01% 的应力作为规定残余伸长应力，并记为 $\sigma_{0.01}$，$\sigma_{0.01}$ 即为规定弹性极限。

当应力大于弹性极限时，试样由弹性变形向塑性变形过渡，低碳钢的过渡十分明显。当应力达到上屈服点时，应力不增加，甚至有所下降（出现下屈服点），试样仍可持续变形，这就是低碳钢的屈服现象。试样在外力不增加仍能继续伸长时的应力被称为屈服强度，用 σ_s 表示。屈服强度是表征材料对微量塑性变形的抗力。

材料屈服后，继续拉伸，会产生均匀塑性变形，同时产生加工硬化，使应力持续增加，直达 σ_b。σ_b 是材料所能承受的最大应力，叫抗拉强度或强度极限，表征材料对最大均匀塑性变形的抗力。超过该点后，试样开始出现缩颈，进入不均匀塑性变形阶段，由于承载面积急剧减少，导致应力下降，当应力为 σ_k 时发生断裂，σ_k 为断裂强度。

对于无明显屈服点的塑性材料，需用条件屈服强度来表示其抵抗微量塑性变形的能力。如图 3-3-1b 中黄铜的应力一应变曲线，无明显屈服现象，此时常以 0.2% 残余变形时的应力作为条件屈服强度，并用 $\sigma_{0.2}$ 表示。$\sigma_{0.2}$ 与 σ_s 都是表征材料对微量塑性变形的抗力。屈服强度是应用最广的性能指标，机械设计中把屈服强度作为强度设计和选材的依据。

图 3-3-1b 中脆性材料铸铁的应力—应变曲线，σ 与 ε 呈线性关系，只有弹性变形，不发生塑变，在最高载荷点处发生断裂，即抗拉强度与断裂强度相同，塑性指标为零。

单向静力拉伸除可测定正变弹性模量、弹性极限、屈服强度和抗拉强度外，还可测定材料的塑性指标。塑性是材料的塑性变形能力，可用断后的总伸长率 δ_k 和断后总断面收缩率 Ψ_k 来表示。

$$\delta_k = \frac{l_k - l_0}{l_0} \times 100\%$$

式中，l_k 为断后的标距长度。对于形成缩颈的材料，其 l_k 由均匀伸长和集中伸长两部分组成，而集中伸长远大于均匀伸长。其中颈缩造成的集中伸长与 $\sqrt{A_0}/l_0$ 成正比，显然 l_0 越大，集中变形对伸长率 δ_k 的贡献越小。为了排除试样几何形状的影响，工程上规定了两种标准试样，其 l_0/d_0 分别为 5 和 10。相应的伸长率分别用 δ_5 和 δ_{10} 表示，显然对于同一材料来说 $\delta_5>\delta_{10}$。

断面收缩率用 Ψ_k 表示，即

$$\Psi_k=\frac{A_0-A_k}{A_0}\times100\%$$

式中，A_k 为断口处的最小截面积。根据均匀塑变阶段体积不变，可得到塑性指标之间的关系为

$$\delta=\frac{\psi}{1-\psi}$$

上式表明在均匀变形阶段，δ 恒大于 Ψ。

2. **真应力—真应变曲线**

拉伸到某一时刻的真实应力 S 等于该时刻的载荷 F 除以该时刻的截面面积 A，即 $S=\frac{F}{A}$。若试样原始标距为 l_0，拉伸到某一时刻时，标距变为 l，又过了微小时间间隔 dt，此时标距变为 l+dl，如图 3-3-2 所示。定义 d$e=\frac{\mathrm{d}l}{l}$，两边积分可得到真实线应变

$$e=\int_0^e \mathrm{d}e=\int_{l_0}^{l}\frac{\mathrm{d}l}{l}=\ln\frac{l}{l_0}=\ln\frac{l_0+\Delta l}{l_0}=\ln(1+\varepsilon)$$

对于低碳钢拉伸结果，如果采用真实应力和真实线应变绘制拉伸曲线，可得到真应力-真应变曲线（S-e 曲线），如图 3-3-3 所示。

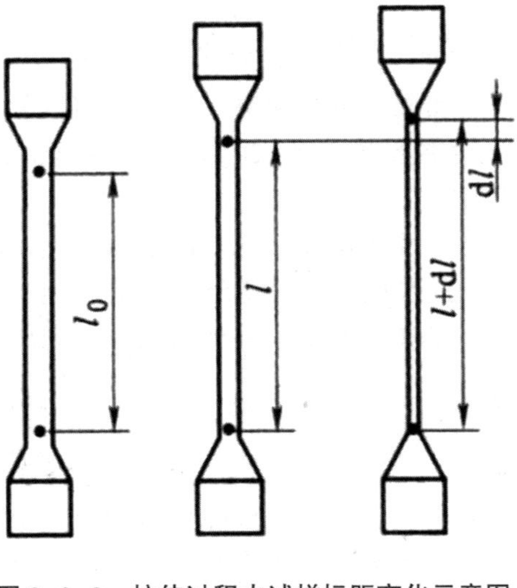

图 3-3-2　拉伸过程中试样标距变化示意图

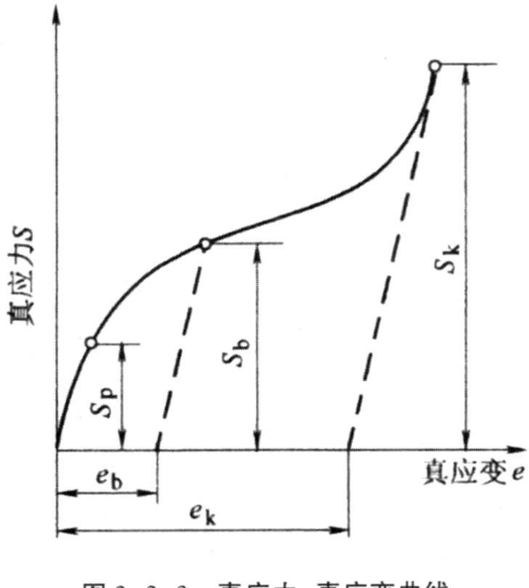

图 3-3-3　真应力-真应变曲线

此外，由于真实断裂强度是断裂时的载荷除以发生颈缩断裂后的截面积，尽管断裂载荷较小，但由于断面面积的急剧减小，导致真实断裂强度 S_k 远高于 S_b（最大均匀伸长所

对应的真应力）。图 3-3-3 中的 e_k 为断裂真实线应变，e_b 为均匀塑变阶段的真实线应变。仿照真实线应变，用面积表示的真应变为

$$\Psi_e = \ln\frac{A}{A_0} = \ln(1-\Psi)$$

对于均匀塑性变形，测得工程线应变 ε 或 Ψ，可求出真应变 e 或 Ψ_e。此外，利用体积不变，可证明 $e=-\Psi_e$。

3. 屈服现象的本质

屈服现象首先在低碳钢中发现。早期理论认为低碳钢中溶质原子碳与位错交互作用可形成柯垂尔气团，使位错钉扎。要使钉扎的位错运动，所需切应力增高，于是出现上屈服点。一旦脱钉，在较低应力水平下，位错可持续运动，于是出现下屈服点。然而，该理论解释不了其他金属和合金的屈服现象。后来研究指出当材料变形前可动位错密度 ρ 很小，塑性变形时位错增殖速度很快，位错运动速度与外加应力有强烈依赖关系时，屈服现象明显。

金属材料塑性变形的应变速率 $\dot{\varepsilon}$ 与可动位错密度 ρ、位错运动平均速率 ν 和位错柏氏矢量模 b 成正比，即

$$\dot{\varepsilon} = b\rho\bar{v}$$

恒速拉伸时，由于变形前可动位错密度 ρ 小，为维持一定的应变速率 $\dot{\varepsilon}$，由上式可知必须增大位错运动平均速率 $\bar{v}$。$\bar{v}$ 取决于切应力大小，它们之间的关系为

$$\bar{v} = \left(\frac{\tau}{\tau_0}\right)^{m'}$$

式中，τ 为滑移面上的切应力；τ_0 为位错以单位速率运动所需的切应力；m' 为位错运动速率应力敏感性指数。由上式可知，提高 $\bar{v}$，必须增加切应力 τ，这便出现了上屈服点。一旦塑变，位错大量增殖，位错密度 ρ 迅速增加。由式 $\dot{\varepsilon}=b\rho\bar{v}$ 可知，为维持一定的应变速率，$\bar{v}$ 将迅速下降，导致 τ 突然下降，于是出现下屈服点，因此产生了屈服现象。

m' 值越低，为使 $\bar{v}$ 变化所需切应力的变化越大，屈服现象越明显，反之屈服现象不明显。例如，体心立方金属的位错运动速率应力敏感性指数低，$m'<20$，故具有明显屈服现象；面心立方金属 $m'\approx 100\sim 200$，故屈服现象不明显。

屈服强度是一个对成分、组织结构十分敏感的力学性能指标。凡是影响位错运动的因素均对屈服强度有影响。除金属的本性与晶格类型、晶粒的大小及亚结构、第二相形态及分布等内在因素影响屈服强度外，变形温度、变形速率和应力状态等外部因素对屈服强度也有重要影响。

二、其他静载下的力学性能

在不同的加载方式下，同一材料所处的应力状态具有差异性，进而导致其展现出的力学行为也各不相同。在单向静力拉伸过程中，试样会处于单向拉应力状态。然而，实际构件在使用过程中往往还会受到扭转、弯曲或压缩等多种应力的作用。因此，针对不同用途的材料，在多种载荷作用下的力学性能指标进行测定显得尤为重要，这有助于为设计和选材工作提供有力的数据支持。

1. 应力状态软性系数

机件受力后任一点的应力状态可用单元体上的6个应力分量来表示。各应力分量的大小取决于单元体的取向。单元体的取向不同，正应力分量与切应力分量的相对大小是不同的。切应力引起塑性变形并导致韧性断裂，正应力导致脆性断裂。为了表征不同应力状态下材料的力学行为特点，引入应力状态软性系数 α

$$\alpha=\tau_{max}/S_{max}$$

式中，最大切应力 τ_{max} 由第三强度理论给出，$\tau_{max}=\frac{1}{2}(\sigma_1-\sigma_2)$；最大正应力 S_{max} 由第二强度理论给出，$S_{max}=\sigma_1-\nu\ (\sigma_2+\sigma_3)$。其中，$\sigma_1$、$\sigma_2$、$\sigma_3$ 分别为三个主应力，ν 为泊松比。取 $\nu=0.25$ 时应力状态软性系数为

$$\alpha=\frac{\sigma_1-\sigma_3}{2\sigma_1-0.5(\sigma_2+\sigma_3)}$$

应力状态软性系数的大小表征应力状态的软硬。α 值越大，应力状态越软，其切应力分量越大，材料先塑性变形，然后才发生韧性断裂。反之，α 值越小，表征应力状态越硬，材料不易塑性变形，易产生脆性断裂。

2. 单向压缩

单向压缩与单向拉伸仅仅是受力方向相反。因此拉伸的力学性能和相应的计算公式在压缩试验中基本适用，但两者也具有显著差别。单向压缩应力状态软性系数为2，故适合测定脆性材料的塑性，以反映这些材料塑性指标的微小差别。压缩不会产生缩颈现象，压缩的应力—应变曲线一直呈上升状态。此外压缩试验更接近接触表面承受压应力的机件如滚动轴承的滚动体和套圈的服役条件。鉴于压缩试验的特点，压缩试验主要用于脆性材料。

常用压缩试样一般为圆柱体，也可用立方体或棱柱体。为防止压缩时失稳，试样高度与直径的比 $h_0/d_0\approx1.5\sim2$。压缩试样的端面与压头之间往往存在很大摩擦力，这会影响实验结果。为减少摩擦力，试样两端要光滑平整，互相平行，并采用涂润滑剂进行润滑。h_0/d_0 越大，测得的抗压强度越低，为使试验结果便于对比，必须使试样 h_0/d_0 为定值。

金属材料的压缩曲线如图3-3-4所示。图中曲线1为脆性材料，根据压缩曲线可求出压缩的一系列强度指标，对于脆性材料一般只求抗压强度 σ_{bc}、相对压缩率 ε_{ck} 和相对断面扩张率 Ψ_{ck}。

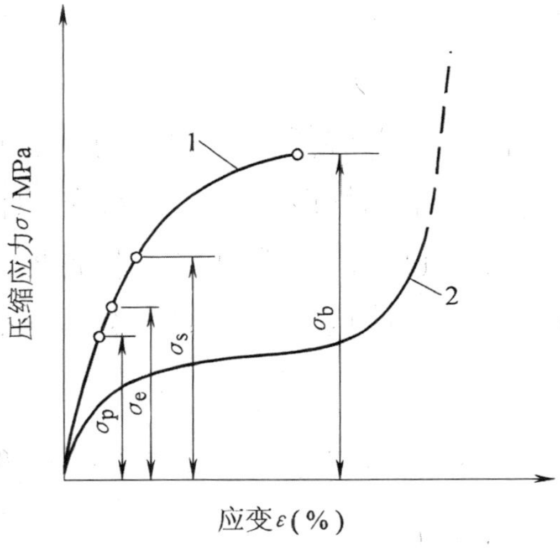

图3-3-4　压缩曲线

$$\sigma_{bc}=F_{bc}/A_0$$

$$\varepsilon_{ck}=[(h_0-h_k)/h_0]\times100\%$$

$$\Psi_{ck}=[(A_k-A_0)/A_0]\times100\%$$

式中，F_{bc} 为压缩断裂时的载荷；A_0、A_k 分别为试样原始截面积和断裂时的截面积；h_0、h_k 分别为试样原始高度和断裂时的高度。式 $\sigma_{bc}=F_{bc}/A_0$ 给出的是条件抗压强度，若要测定真实抗压强度，只要用断裂时的载荷除以断裂时的截面积即可。由于 $A_k>A_0$，所以真实抗压强度小于条件抗压强度。图 3-3-4 中曲线 2 为韧性材料，$A_k>A_0$，承载面积急剧增加，导致压缩载荷也急剧升高，甚至会发生断裂。

3. 弯曲

弯曲试验时，试样上表面为压应力，下表面为拉应力。因为最大拉应力出现在下表面，故弯曲力学性能对表面缺陷十分敏感。采用弯曲试验可检验表面热处理的质量。此外，脆性材料拉伸时，对偏心十分敏感，利用拉伸不易准确测定抗拉强度。若采用压缩试验可稳定测定其抗弯强度。

弯曲试验可采用三点弯曲或四点弯曲，所用试样截面为矩形或圆形，其加载方式如图 3-3-5 所示。三点弯曲采用集中加载，如图 3-3-5a 所示。试样最大弯矩 $M_{max}=\dfrac{FL}{4}$，位置在试样 $L/2$ 处。三点弯曲试样总是在最大弯矩（$L/2$）附近断裂。四点弯曲加载方式如图 3-3-5b 所示。两加载点之间受到等弯矩作用，最大弯矩 $M_{max}=\dfrac{FK}{2}$，试样在两加载点之间具有组织缺陷处发生断裂。

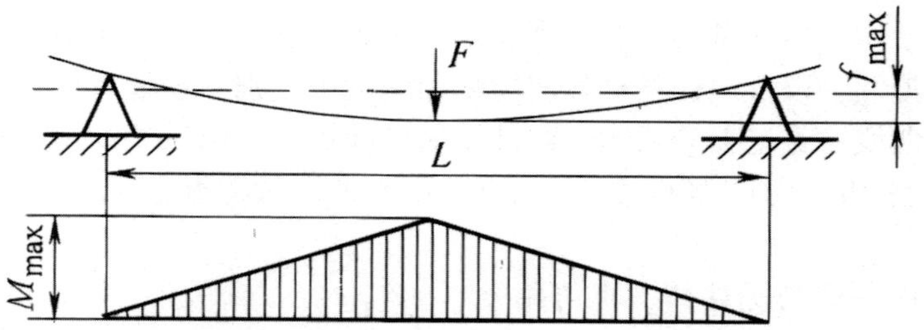

（a）集中加载

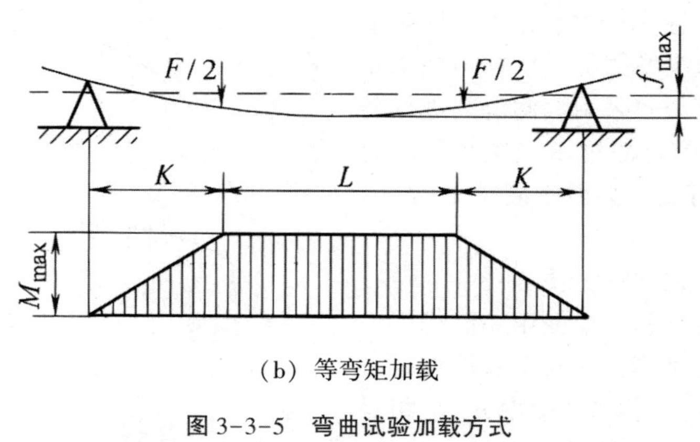

（b）等弯矩加载

图 3-3-5　弯曲试验加载方式

对于脆性材料，可用夸曲试验测得最大挠度 f_{max}，用 f_{max} 表征脆性材料的塑性好坏，其值可用百分表或挠度计直接读出。由于挠度的大小与试样跨距有关，一般要加以标注，例如对于铸铁弯曲试验，f_{300} 代表 ϕ30mm×340mm、$L=300$mm 浇注试样的最大挠度。对于同一材料，显然 $f_{600}>f_{300}$。

由载荷 F 和最大挠度 f_{max} 可作出 F-f_{max} 曲线，称为弯曲图，如图 3-3-6 所示。图 3-3-6b 为韧性材料的弯曲图。弯曲试验不能使试样发生断裂，其曲线最后部分可延伸很长，难以测定韧性材料的强度，故韧性材料一般不采用弯曲试验。图 3-3-6a 为脆性材料的弯曲图，可由式求得抗弯强度 σ_{bb}

$$\sigma_{bb}=\frac{M_b}{W}$$

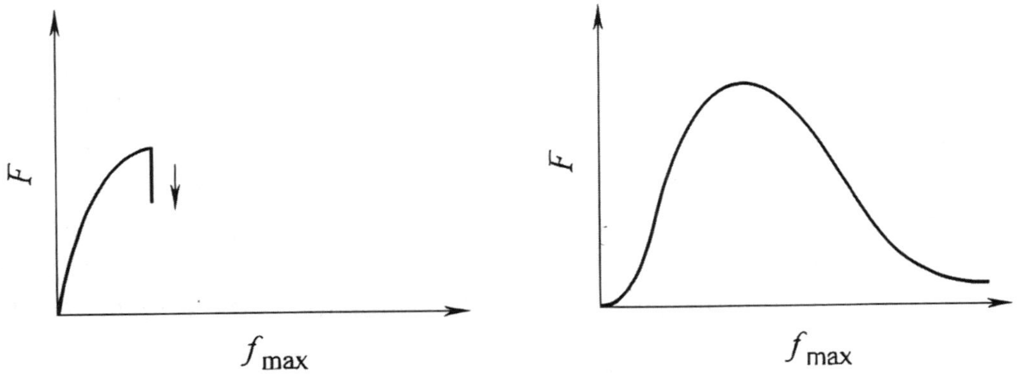

（a）脆性材料　　（b）韧性材料

图 3-3-6　典型的弯曲图

式中，M_b 为试样断裂时的弯矩（三点弯曲时 $M_b=\frac{FL}{4}$，四点弯曲时 $M_b=\frac{FK}{2}$）；W 为截面抗弯系数（直径为 d_0 的圆柱试样 $W=\pi d_0/32$，宽为 b、高为 h 拘矩形截面试样 $W=bh^2/6$）。

陶瓷材料、工具钢、硬质合金等常用矩形试样，灰铸铁常用铸造圆棒试样。弯曲试样表面粗糙度及表面缺陷对抗弯强度和最大挠度均有影响。

4. **扭转**

扭转试验相较于单向拉伸试验，其所展现的应力状态较为柔和。针对脆性材料而言，在扭转过程中，材料表现出韧性特征，这为测定塑性指标提供了便利。此外，扭转试验过程中并不会出现缩颈现象，对于拉伸试验中容易出现缩颈的材料而言，扭转试验能够有效排除缩颈的干扰，更真实地反映材料的应力应变关系。

扭转试验中的应力分布并不均匀，试样表面的应力与应变最大，这一特性使其能够灵敏地反映出材料的表面缺陷。同时，扭转试验也适用于测定材料的剪切变形和断裂等力学性能指标。

然而，扭转试验也存在其局限性。由于心部应力相对较小，当表面发生塑性变形时，心部可能仍处于弹性状态，这导致精确测量材料的比例和弹性极限变得相对困难。

（1）扭转的应力与应变

等直径的扭转试样受到扭矩作用，其应力与应变如图 3-3-7 所示。圆杆表面，在切线和平行于轴线的方向上切应力最大，在与轴线成 45°的方向上正应力最大，如图 3-3-7a 所示。由第三强度理论可知最大切应力与最大正应力相等，即

$$\tau=\tau_{max}=\frac{\sigma_1-\sigma_3}{2}=\frac{\sigma_1-(-\sigma_1)}{2}=\sigma_1$$

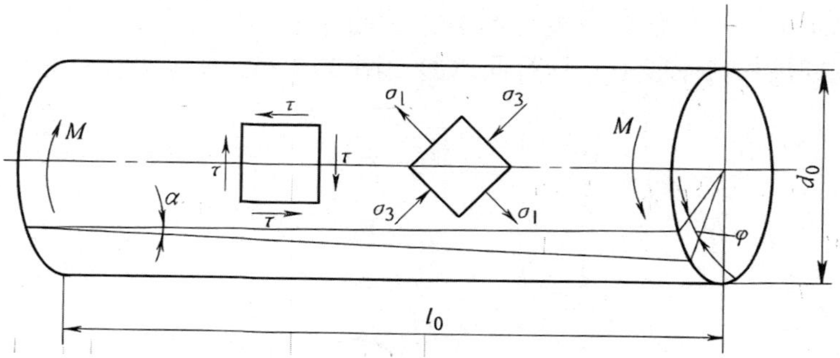

(a) 试样表面应力状态

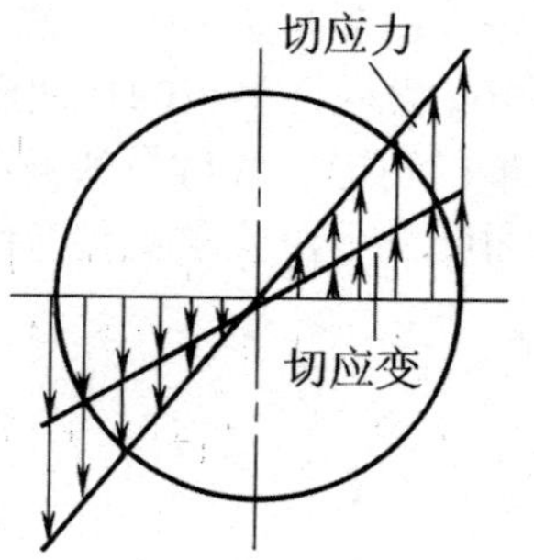

(b) 弹性变形阶段横截面上应力应变分布

图 3-3-7 扭转试样的应力与应变

弹性变形阶段，在横截面上切应力与切应变的分布如图 3-3-7b 所示。横截面上各点的切应力与半径方向垂直，其大小与该点距中心的距离成正比，中心处切应力为零，表面切应力最大。切应力与切应变符合胡克定律。在弹性变形范围，表面切应力计算公式如下

$$\tau = M/W$$

式中，M 为扭矩，W 为抗扭截面系数。对于圆柱试样，$W = \pi d_0^3/16$，对于空心圆柱试样 $W = \pi d_0^3\left[1 - \left(\frac{d_1}{d_0}\right)^4\right]/16$。圆杆表面的切应变为

$$\gamma = \tan\alpha = \frac{\varphi \frac{d_0}{2}}{l_0} = \frac{\varphi d_0}{2l_0}$$

式中，d_0 与 l_0 为圆柱试样的原始直径与原始长度，φ 为扭转角，α 为圆杆表面任意平行于轴线的直线因 τ 的作用而转动的角度。

(2) 扭转试验及测定的力学性能

扭转试验在扭转试验机上进行，主要采用 $d_0 = 10\text{mm}$、标距长度 $l_0 = 100\text{mm}$ 的圆柱试样，有时也采用 50mm 的短试样。随扭矩 M 的增加，扭转角 φ（单位为 rad）不断增加。绘制 M-φ 曲线，也叫扭转图，它表示了材料在扭转载荷下，载荷与形变的关系，如图 3-3-8 所示。

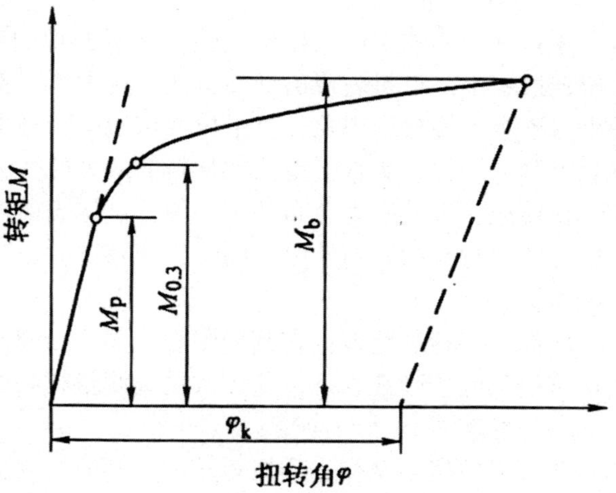

图 3-3-8 扭转图

扭转不产生缩颈，变形一直是均匀的，由于加工硬化，扭矩随扭转角的增加不断增加，直至断裂。

利用扭转图可确定如下力学性能指标。在弹性范围内，由切应力与切应变的比值可求出切变模量 G，即

$$G=\frac{\tau}{\gamma}=\frac{32Ml_0}{\pi\varphi d_0^4}$$

由扭转曲线开始偏离直线时的扭矩 M_p，利用下式可求出扭转比例极限 τ_p

$$\tau_p=\frac{M_p}{W}$$

由残余扭转切应变等于0.3%时的扭矩 $M_{0.3}$，利用下式可求出扭转屈服极限 $\tau_{0.3}$，

$$\tau_{0.3}=\frac{M_{0.3}}{W}$$

由试样断裂前的最大扭矩 M_b，利用下式可求出抗扭强度 τ_p

$$\tau_b=\frac{M_b}{W}$$

扭转时的塑性可由残余扭转相对切应变 γ_k 表示，即

$$\gamma_k=\frac{\varphi_k d_0}{2l_0}$$

式中，φ_k 为试样断裂时标距长度 l_0 上的扭转角。

(3) 扭转试样断口

扭转试样断口主要有两种，剪切断口和正断断口。剪切断口断面与试样轴线垂直，有塑性变形的痕迹，为韧性断口，由切应力 τ 引起，如图3-3-9a所示。正断断口断面与试样轴线约成45°角，呈螺旋形状，为脆性断口，由正应力引起，如图3-3-9b所示。若材料的轴向切断抗力比横向低，如带状偏析严重的轧制合金板，扭转断口可出现层状断口，如图3-3-9c所示。因此可根据断口形貌判断材料的断裂方式。

(a) 切断断口　　(b) 正断断口　　(c) 木纹状断口

图3-3-9　扭转断口形态

三、硬度

硬度试验与单向静力拉伸试验同为应用最为普遍的力学性能试验方法。硬度作为评估

材料软硬程度的关键指标，其物理内涵因试验方法的差异而有所区别。在硬度试验过程中，材料首先经历弹性变形阶段，随后进入塑性变形及应变硬化阶段。因此，硬度值能够全面反映材料的弹性性能、微量塑性变形抗力、形变硬化能力以及大量塑性变形抗力等多方面的力学特性。

压入法是最常见的硬度试验方法，这里主要介绍布氏、洛氏、维氏和显微硬度。压入法硬度试验的应力状态软性系数 $\alpha>2$，绝大多数材料都能发生不同程度的塑性变形。

1. **布氏硬度**

布氏硬度试验是目前最常用的硬度试验方法。布氏硬度试验原理如图 3-3-10 所示。将直径为 D 的硬质合金球，以一定载荷 F 压入试样表面，保持一定时间后卸载，测量试样表面的压痕直径 d，求得球冠形压痕面积 A。定义试样的布氏硬度为

$$\mathrm{HBW}=\frac{0.102\times 2F}{\pi D(D-\sqrt{D^2-d^2})}$$

式中，πDh 为球冠形压痕面积，其中 $h=\frac{D}{2}-\frac{1}{2}\sqrt{D^2-d^2}$，布氏硬度的单位为 MPa，但一般不标单位。

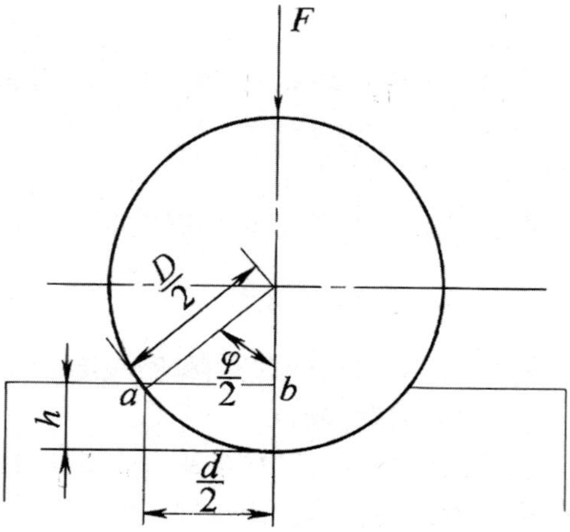

图 3-3-10 布氏硬度试验原理

布氏硬度值表示方法如下：符号 HBW 之前的数字为硬度值，符号之后的数字为压头球体直径、载荷大小、载荷保持时间。例如 150HBW10/1000/30 表示压头为 10mm 硬质合金球，载荷为 9.8kN（1000kgf），保持时间 30s 所测得的硬度值为 150。

为测定软硬或厚薄不同的工件的布氏硬度，必须选用不同载荷和不同的压头直径。测试条件的不同对布氏硬度值会产生明显影响。如何得到统一的、可以互比的硬度值呢？为解决此问题，首先先了解压痕相似原理。图 3-3-11 表示用两个直径不同的球形压头，采用不同的载荷，压入试样表面的情况。为保证压痕几何相似，则两个压痕的压入角 φ 应该相同。由图 3-3-11 可知，压痕直径 d 与压头直径 D 关系为

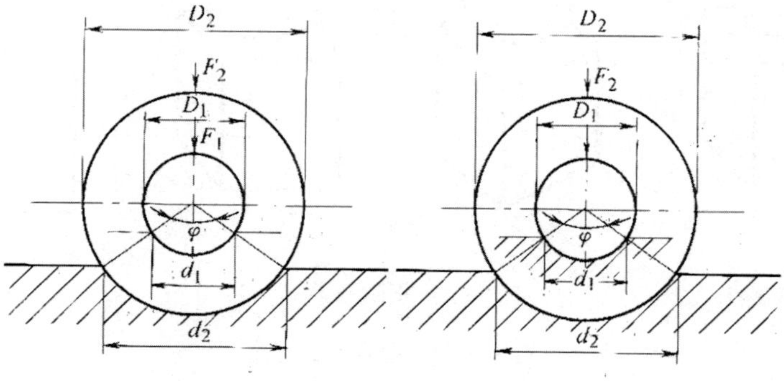

图 3-3-11 布氏硬度试验原理

$$d=D\sin\frac{\varphi}{2}$$

将上式代入式 $HBW=\frac{0.102\times 2F}{\pi D(D-\sqrt{D^2-d^2})}$ 得到

$$HBW=\frac{F}{D^2}\frac{2}{\pi\left(1-\sqrt{1-\sin^2\frac{\varphi}{2}}\right)}$$

由上可知，当布氏硬度值相同时，必须满足 $\frac{F}{D^2}$ =常数，此时所得压痕的压入角保持不变。

国家标准 GB/T231.1-2002 规定，球形压头直径有 10mm、5mm、2.5mm、1mm 四种；$\frac{0.102F}{D^2}$ 有 30、15、10、5、2.5、1 共六种。为顺利完成布氏硬度试验，国家标准给出 $\frac{0.102F}{D^2}$ 选用表，如表 3-3-1 所示。

表 3-3-1 $\frac{0.102F}{D^2}$ 选用表

材料	布氏硬度	$0.102F/D^2$
钢及铸铁	<140 >140	10 30
铜及其合金	<35 35~130 >130 <35	5 10 30 2.5（1.5）
轻金属及其合金铅、锡	35~80 >80	10（5 或 15） 10（15） 1.25（1）

测试布氏硬度的试样厚度至少应该为压痕深度的 10 倍，一般根据试样厚度选压头直径，当厚度足够时，D 尽可能选 10mm。钢铁材料载荷保持时间为 10~15s，非铁金属 30s，硬度小于 35 的材料为 60s。试验后压痕直径 $d=(0.25\sim0.6)D$，否则试验结果无效，应考虑改变试验条件。

在实际生产中，对于无法切取试样的工件，锤击式简易布氏硬度计可用于测量，但误差较大，不适合作为成品验收依据。布氏硬度计压痕面积大，能反映材料各组成相的平均硬度，稳定可靠，适用于铸铁、轴承合金等晶粒较粗大的金属材料。但操作较复杂，需更换压头和改变载荷，且不适合在成品上进行试验。

2. 洛氏硬度

洛氏硬度试验法也是目前常用的硬度试验法之一。洛氏硬度试验原理与布氏硬度不同。它是以所测量的压痕深度大小来表示硬度值的。

洛氏硬度试验所用压头为圆锥角 $\alpha=120°$ 的金刚石圆锥或直径 $D=1.588$mm 的淬火钢

球。用金刚石圆锥测试硬度的示意图如图 3-3-12 所示。为统一试验条件，使压头保持在恒定位置上，首先加初载荷 $F_0=98.1N$（10kgf），试样表面产生压痕，其深度为 h_0；再加主载荷 $F_1=1373N$（140kgf），压痕深度又增加了 h_1，h_1 包括弹性变形和塑性变形两部分；将主载荷卸除，弹性变形部分 h_2 恢复，于是得到试样在有初载荷 F_0 下的压痕深度残余增量 e，$e=h_1-h_2$。如果以 e 的大小计算硬度值，e 越大硬度越低，反之越高。为适应习惯上数值越大硬度越高的概念，故用一个常数 k 减去 e 表示硬度值，并规定 0.002mm 为一个硬度单位。于是得到洛氏硬度值的计算公式为

$$HR=\frac{k-e}{0.002}$$

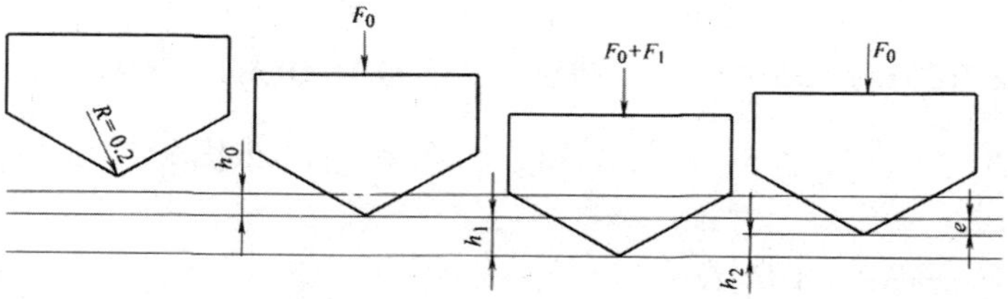

图 3-3-12　洛氏硬度试验原理

使用金刚石压头时，多用于较硬的材料，$k=0.2mm$。使用淬火钢球时，多用于较软的材料，一般压痕较深，为防止硬度值出现零或负值，取 $k=0.26mm$。

实际测定洛氏硬度时，硬度计的压头上方装有百分表，可直接测出压痕深度，并按上式刻度标出相应的硬度值，测试时可由表盘直接读出硬度值。为能使用一种硬度计测定不同软硬的材料，可采用不同的压头与载荷，组成不同的洛氏硬度标尺。我国常用的有 HRA、HRB、HRC 三种。洛氏硬度试验的标尺、试验规范及应用范围见表 3-3-2。

表 3-3-2　洛氏硬度试验的标尺、试验规范及应用范围

标尺	硬度符号	压头类型	初载荷 F_0/N	主载荷 F_1/N	测量硬度范围	应用举例
A	HRA	金刚石圆锥	98.07	490.3	20~88	硬质合金、硬化钢板等
B	HRB	ϕ1.588mm 钢球	98.07	882.6	20~100	非铁金属、软钢等
C	HRC	金刚石圆锥	98.07	1373	20~70	热处理工具钢和结构钢

由于洛氏硬度试验载荷较大，所以不宜测定极薄工件和化学热处理渗层浅的表层硬度。表层硬度的测定可采用轻洛氏硬度计或后面将要介绍的显微硬度计。

洛氏硬度试验操作简便，硬度值可从表盘上直接读出，压痕小，可在工件表面进行，所以广泛用于热处理质量的检验。其缺点是压痕小，代表性差，尤其当材料组织不均匀时，所测硬度值重复性差。

3. 维氏硬度

维氏硬度试验原理与方法和布氏硬度相同。所不同的是维氏硬度试验的压头不是球体，而是两相对面间夹角均为 136°的金刚石四棱锥，如图 3-3-13a 所示。压头加一定载荷 F，并保持一定时间后卸除载荷，压头将试样表面压出一四方锥形压痕，如图 3-3-13b 所示。

测量出压痕对角线平均长度 d（$d=\frac{d_1+d_2}{2}$），计算出压痕面积 A，则

$$H\nu=\frac{F}{A}=\frac{1.8544F}{d^2}\times 0.102=\frac{0.1891F}{d^2}$$

式中，F 单位为 N，d 单位为 mm。

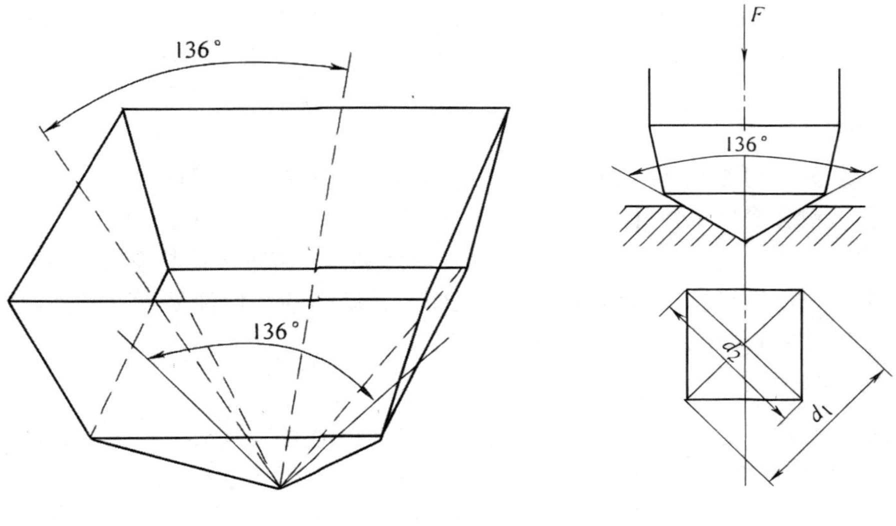

图 3-3-13 维氏硬度试验压头及压痕示意图

与布氏硬度相同，维氏硬度也不标单位。维氏硬度用符号 Hν 表示，Hν 后的数字为载荷、载荷保持时间，如 510Hν30/20 表示载荷为 294N（30kgf），载荷保持时间 20s，测得的维氏硬度值为 510。由于维氏硬度与布氏硬度测试原理相同，均用 F/A 表示硬度，所以在材料硬度小于 450 时，维氏硬度值与布氏硬度值大体相等。

维氏硬度试验载荷用得最多的有 5、10、20、30、50、100（kgf）六种。若试样厚度较厚、硬化层深度较深、材料的预期硬度较高，应尽可能选较大载荷，以减少测量压痕对角线的误差。

维氏硬度试验与布氏硬度相比不存在 F/D^2 的限制，测量范围宽，可以测量由极软到极硬材料的硬度。维氏硬度试验测定薄层硬度比洛氏硬度试验更准确，也不存在洛氏硬度不同标尺的硬度无法统一的问题。维氏硬度试验缺点是硬度值的测定较麻烦，工作效率不如洛氏硬度高。

4. **显微硬度**

因为布氏硬度、洛氏硬度和维氏硬度加载的载荷较大，只能测定材料组织的平均硬度，无法测定极小范围内物质的硬度，例如淬火组织中残留奥氏体与马氏体的硬度。由于维氏硬度试验力大小对硬度值无影响，所以选用小的试验力就可以测定微区的硬度和极薄硬化层的硬度，这便是显微硬度。显微硬度的试验力很小，压痕尺寸也很小，对角线长度以微米（μm）为单位，需配显微放大装置。为了清楚显示压痕，提高测量精度，硬度试样要进行电解抛光或化学抛光。

在 GB/T4342-1991 中显微硬度表达式为

$$Hv=0.1981\frac{F}{d^2}$$

显微硬度的表示方法与维氏硬度相同。

5. 努氏硬度

努氏硬度试验属于低载荷压入硬度试验，试验原理与维氏硬度试验相同，所不同的是金刚石四棱锥压头的两个相对面间夹角不等，分别为172.5°和130°。菱形压痕的长对角线是短对角线的7.11倍，测量时只测定长对角线l，按下式计算努氏硬度

$$HK=14.22\frac{F}{l^2}$$

式中，载荷F可在0.49~19.6N（0.05~2kgf）内选取。努氏硬度试验压痕对角线较长，因此测量精确度较高，可用于薄层硬度检查及测定硬度分布等。

肖氏硬度试验原理与压入法不同，其测定原理是将一定重量的具有淬火钢球或金刚石圆球的标准冲头从一定高度自由落到试样表面，靠试样的弹性恢复力使其回跳到一定高度，回跳高度越大硬度值越高。用HS表示肖氏硬度。

6. 肖氏硬度

肖氏硬度的刻度是将具有淬火钢球的标准冲头在淬火工具钢表面上回跳的高度定为100，然后将此高度等分100格，并将刻度向上延伸到140格，每格为一个肖氏硬度单位。其优点是，使用方便，可带到现场进行无损检测。其缺点是，试验结果受操作人员的人为因素影响较大。此外肖氏硬度试验不能用于测定弹性模量不同的工件，否则就会出现橡胶的硬度值高于钢件的错误结论。

硬度试验简便迅速，利用硬度值判定材料的强度指标无疑是十分重要的。虽然至今在理论上仍不能确定金属的硬度与强度指标的内在关系，但由大量试验得出许多经验公式。例如对于钢铁材料抗拉强度$\sigma_b\approx3.3HBW$，对称应力循环下的弯曲疲劳极限$\sigma_{-1}\approx1.6HBW$。

任务四　冲击载荷下的力学性能

在工程领域，冲击载荷下的力学性能是一个备受关注的研究方向。冲击载荷是指物体在短时间内受到的大幅度、快速变化的力，这种载荷往往会对材料的力学性能产生显著影响。因此，深入了解冲击载荷下的力学性能对于工程设计和应用具有重要意义。

一、冲击载荷的特性

冲击载荷通常具有突然性、短暂性和高能量等特点，这些特点使得材料在受到冲击时容易发生形变、断裂或失效。因此，对于冲击载荷下的材料性能研究，需要重点关注其抗冲击性能、韧性以及能量吸收能力等关键指标。

现代机器中，由于各种构件在服役时的加载速率不同，使条件应变速率$\dot{\varepsilon}$处在10^{-6}~10^6s^{-1}范围之间。条件应变速率为

$$\dot{\varepsilon}=\frac{d\varepsilon}{dt}=\frac{d(l-l_0)/l_0}{dt}=\frac{l}{l_0}\cdot\frac{dl}{dt}=\frac{v}{l_0}$$

上式中，l_0 为试样原始长度；l 为试样即时长度；v 为变形速度；t 为时间。由上式可知，变形速度 v 越大，试样原始长度 l_0 越小，$\dot{\varepsilon}$ 越大。

静力拉伸的应变速率在 $10^{-5} \sim 10^{-2}s^{-1}$，在此应变速率范围，金属力学性能无明显变化。应变速率大于 $10^{-2}s$ 时力学性能将产生显著变化。随应变速率的提高金属材料变脆的倾向增大。所以有必要研究高应变速率下材料的力学行为。

此外，大多数零部件往往存在截面的急剧变化，如螺纹、退刀槽、键槽、轴肩等。这些截面急剧变化的部位可视为缺口。缺口会引起应力集中，并改变应力状态，这使材料应力状态软性系数减小，使材料变脆。生产中广泛采用的缺口试样冲击弯曲试验就是为了显示加载速率和缺口效应对金属材料韧性的影响。

二、缺口试样冲击弯曲试验

缺口试样冲击弯曲试验所用冲击载荷的应变速率在 $10^2 \sim 10^4s^{-1}$，可测定材料的冲击韧度。根据国家相关规定，金属材料冲击试验标准试样为夏比 U 形缺口试样和夏比 v 形缺口试样。

摆锤式冲击试验原理如图 3-4-1 所示。试验在摆锤式冲击试验机上进行。试样水平放在试验机支架上，缺口位于冲击相背方向，如图 3-4-1a 所示。然后使位于一定高度（H_1）的质量为 m 的摆锤冲击缺口试样，打断试样后摆锤抬起的高度为 H_2，如图 3-4-1b 所示。打断试样所消耗的能量被称为冲击吸收功，即

$$A_K = mgH_1 - mgH_2$$

根据所用试样缺口形状不同分别记为 A_{KU} 和 A_{Kv}，单位为 J。铸铁、工具钢等脆性材料的冲击试验常采用 10mm×10mm×55mm 无缺口冲击试样。冲击吸收功包括裂纹形成功和裂纹扩展功，它表示在一定条件下，冲断试样所消耗的功，可相对比较材料承受冲击载荷的抗力和对缺口的敏感性。还可利用冲击断口上结晶区所占的面积比例表示材料的脆性倾向。

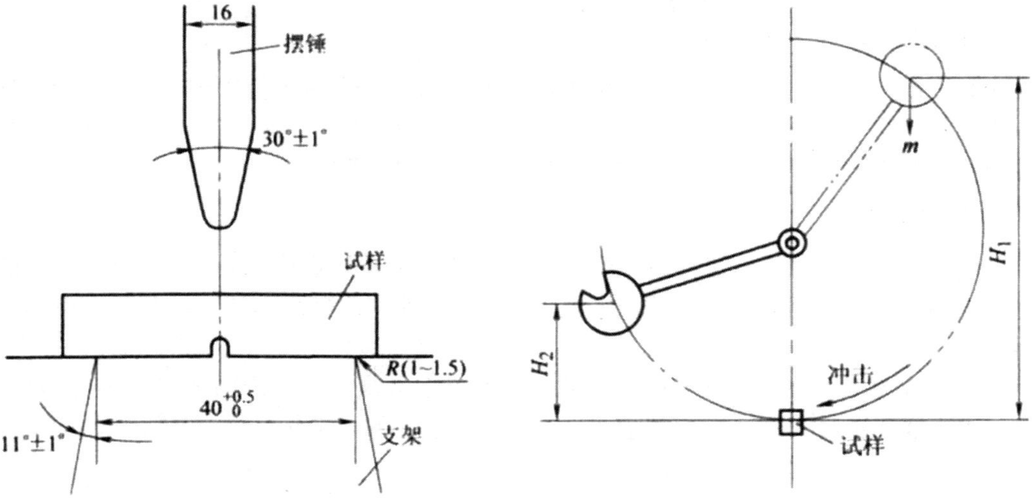

图 3-4-1　摆锤式冲击试验原理

三、影响韧脆转变温度的因素

除了物质组成、结构以及加热速率等因素，韧脆转变温度还受冶金因素和外部因素的影响。

1. 冶金因素

金属的晶体结构各异，导致其冷脆倾向的显著程度也有所不同。面心立方金属具备较多的滑移系，且滑移过程所需的临界分切应力相对较小，使其在低温及高应变速率的条件下仍能保持足够的变形能力，从而避免了冷脆现象的出现。

相对而言，体心立方金属的滑移临界分切应力显著高于面心立方金属。随着温度的逐渐降低，位错运动所遭遇的晶格阻力会急剧增大，进而导致其屈服强度随温度的下降而急剧上升。这种特性使得体心立方金属在低温环境下更容易发生冷脆现象。

合金元素与杂质对冷脆也有显著影响。高纯铁即使在 4.2K 的低温下也有很高的塑性，这说明钢的冷脆现象主要是由杂质或合金元素所引起的。钢中含有 C、N、H、P 等易发生冷脆。

细化晶粒可使材料韧性增加，并降低韧脆转变温度。图 3-4-2 为低碳马氏体钢的板条束宽度与韧脆转变温度的关系。由图可知板条束宽度越小，韧脆转变温度越低。铁素体-珠光体钢以及低合金高强度钢也具有此规律。

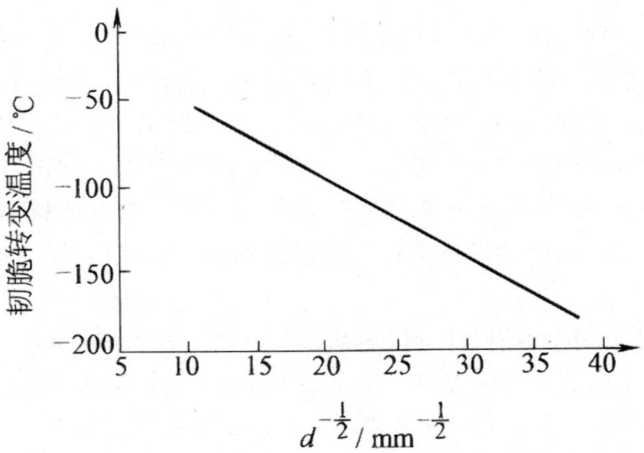

图 3-4-2　低碳马氏体钢的板条束宽度与韧脆转变温度的关系

显微组织也是影响冲击吸收功和韧脆转变温度的重要因素。对钢而言，强度相等而组织不同的钢的冲击韧性和韧脆转变温度不同。较低强度水平时，马氏体高温回火组织（回火索氏体）最佳，贝氏体回火组织次之，片状珠光体组织最差。

较高强度水平时，对于中、高碳钢来说，下贝氏体组织与等强度的回火马氏体相比，具有更高的冲击吸收功和更低的韧脆转变温度。钢中夹杂物、碳化物、第二相质点的形态、数量、分布对钢的冲击吸收功和韧脆转变温度有重要影响。

2. 外部因素

如前所述，温度的降低是材料产生脆化的根本原因。随温度的降低，材料的脆化倾向增加。提高变形速率与降低温度的作用类似，随变形速率的提高断口中纤维区所占的面积减少。

试样尺寸的增大也会降低韧性，使韧脆转变温度升高。这是因为随试样尺寸的增大，应力状态发生了改变，由小试样的主要是平面应力状态的力学状态过渡到以平面应变为主的力学状态，这有助于脆性断裂的发生。

此外，随尺寸的增大试样内部出现缺陷的概率增高，这也会进一步使冲击韧度下降，冷脆转变温度升高。缺口形状和尺寸对冲击吸收功能和脆化倾向有重要影响。缺口越尖锐，应力集中越严重，应力状态越硬，所测得的冲击功越低，冷脆转变温度越高。

任务五　失效

装备和构件在运用过程中，由于应力作用、时间累积、温度变化、环境介质影响以及操作失误等多重因素的共同作用，导致其原有功能丧失的现象，称之为失效。通常情况下，整个装备的失效往往源于某一关键构件的失效。失效作为一种随机事件，其发生具有不可预测性，目前尚无法做到完全预防。

在实际运用中，失效的表现形式多种多样，其中变形失效、断裂失效、腐蚀失效以及磨损失效是最为常见的几种形式。在这些失效形式中，断裂失效尤为突出，其不仅发生频率高，而且潜藏的风险极大，因此，以下重点围绕断裂失效进行详细介绍。

值得注意的是，实际中的失效现象往往并非单一因素所致，而是多种因素相互交织、共同作用的结果。因此，不仅需要了解各种失效形式的名称，更应深入掌握其各自的特征以及产生的原因，从而针对性地制定有效的预防措施，确保装备和构件的安全稳定运行。

一、变形失效

变形失效是指材料在外力作用下发生的塑性变形达到一定程度后，不能再承载更多的载荷，从而导致结构或部件功能失效的现象。变形失效可以分为以下几种不同的形式。

1. 金属构件的弹性变形失效

当构件产生的弹性变形量超出其匹配所规定的允许范围时，该情况被界定为过量弹性变形失效。针对弯曲变形的轴类零件，若其弹性变形量显著增大，具体表现为挠度或扭转角超过合理限度，将引发轴上啮合零件的严重偏载、啮合功能异常，乃至咬死现象，最终导致传动失效。

此外，还存在一种失效形式，即弹性元件丧失其弹性功能。在服役过程中，弹性元件应当具备可逆性、单值性和小变形量的特性。以弹簧秤上的弹簧为例，若其在较小的拉力作用下发生过度伸长，将导致称重结果不准确，进而造成失效。弹性变形失效的主要原因包括过载、超温以及材料组织结构的变化。这些原因往往源自构件设计得不合理性、计算错误或选材不当等因素。

2. 金属构件的塑性变形失效

金属构件在服役期间，若产生的塑性变形量超出设定的允许范围，则称之为塑性变形失效。鉴于金属的塑性变形具有不可逆的特性，因此相较于弹性变形失效，其判定更为明确与直观。以液氨钢瓶为例，若充入过量的液氨，并因阳光直射导致瓶内压力显著上升，使得周向切应力超越材料的屈服强度，钢瓶便会发生塑性变形，进而呈现出腰鼓状的外观。一旦液氨耗尽，钢瓶的形态将无法恢复，从而宣告其报废。

塑性变形失效的主要原因在于过载。为有效预防塑性变形失效，需采取以下措施：一是合理选择材料，确保材料组织状态及冶金质量达到标准，以提升金属材料的塑变抗力；二是进行精确的应力计算，合理设定安全系数，减少应力集中现象，并降低设备在工作过程中的应力水平；三是充分关注腐蚀环境介质对材料强度和尺寸可能产生的影响，确保材料在恶劣环境下的稳定性与安全性。

3. 高温作用下金属构件的变形失效

（1）蠕变变形失效

金属构件在长时间的恒温、恒应力作用下，即使应力小于屈服强度，也会产生缓慢的塑性变形，这种现象称为蠕变。当温度高于 $0.3T_m$（T_m 为以热力学温度表示的熔点）时蠕变变形才较为明显。蠕变变形主要通过位错滑移与攀移、晶界的滑动、原子与空位的定向迁移来实现。

金属的蠕变过程可用蠕变曲线来描述，典型的蠕变曲线如图 3-5-1 所示。图中 Oa 为加载后产生的瞬时应变 ε_0，如果所加应力 σ 大于该温度的屈服强度，则 ε_0 除包括弹性变形部分外，还包括塑性变形部分，这一应变还不是蠕变。随时间 t 的增长，在恒应力 σ 作用下，逐渐产生的应变即为蠕变。图中 $abcd$ 曲线即为蠕变曲线。蠕变曲线上任一点的斜率表示该点的蠕变速率（$\dot{\varepsilon}=\frac{\mathrm{d}\varepsilon}{\mathrm{d}t}$）。

蠕变曲线并非都如图 3-5-1 那样具有明显的三个阶段。相同条件下，不同金属材料的蠕变曲线往往不同。即使同一种材料，由于温度和应力不同，蠕变曲线三阶段的长短也不同，甚至没有三个阶段。

高温承载构件在长期服役中将经历上述蠕变过程，当蠕变量超过允许数值时，构件产生蠕变失效。压力容器一般规定在 10^5h 为 1%，即蠕变速率 $\dot{\varepsilon}=1\times10^{-5}\%h^{-1}$。

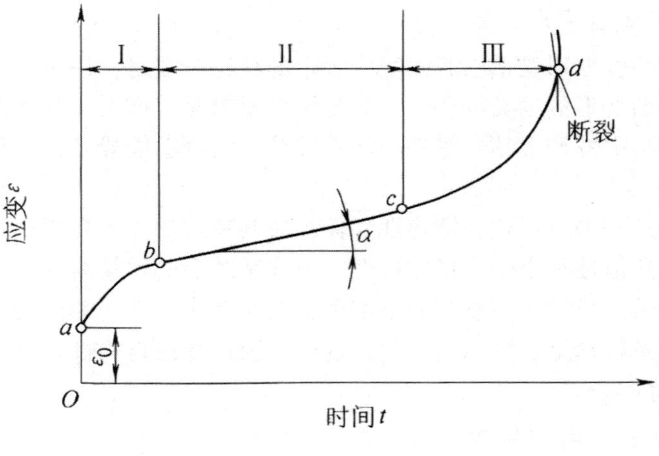

图 3-5-1　典型蠕变曲线

防止高温蠕变失效的措施是选用抗蠕变性能好的材料。耐热合金的基体材料一般选熔点高，自扩散激活能大，层错能低的金属及合金。基体金属中加入 Cr、Mo、W、Nb 等进行合金化，形成固溶体，产生固溶强化和降低层错能，可提高蠕变极限。

（2）应力松弛变形失效

金属的蠕变是应力不变的条件下，构件不断产生塑性变形的过程。而应力松弛是变形量恒定条件下，随时间的延长，构件的弹性变形不断转为塑性变形使应力不断降低的过程。

保持初始变形量恒定，随时间的延长测定试样上的剩余应力 σ_{sh}，作 $\lg\sigma-t$ 曲线即为应力松弛曲线。金属的应力松弛曲线如图 3-5-2 所示。图中的 σ_0 为初始应力，σ_{sh} 叫剩余应力。曲线第一阶段持续时间较短，应力随时间急剧下降；第二阶段持续时间较长，应力缓慢下降。剩余应力 σ_{sh} 是评定金属材料应力松弛稳定性的指标，相同实验条件下，剩余应力 σ_{sh} 大者有较好的松弛稳定性。

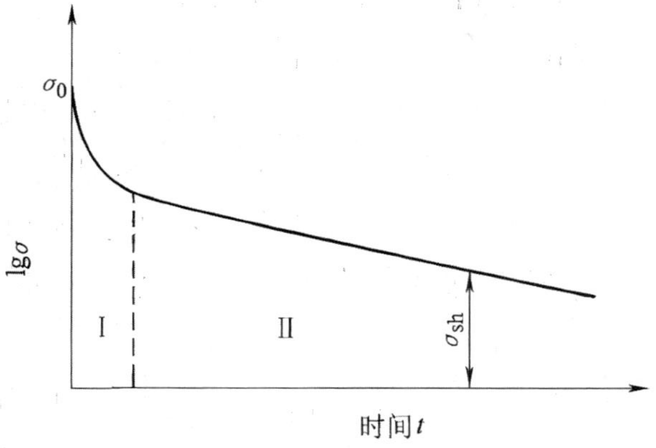

图 3-5-2　金属的应力松弛曲线

在高温环境下使用的紧固件，经过长期使用后，普遍会表现出应力松弛现象。一旦残余应力降低至影响其预定功能的程度，便会引发应力松弛失效或应力松弛变形失效的问题。

为有效防范应力松弛失效的发生，应优先选择具备优异应力松弛稳定性的材料。对于已投入使用的紧固件，应进行至少一次或多次的再紧固操作。然而，须特别关注，每次紧固操作均会使材料经历应变硬化过程，进而使得残余应力有所减少。随着塑性变形总量的不断累积，材料最终可能面临断裂的风险。因此，在实施再紧固措施时，必须严谨操作，确保避免对材料造成过度损伤。

二、断裂失效

断裂作为工程材料的主要失效形式之一，其发生往往会对工程构件的性能产生严重影响。具体而言，完全断裂是指材料在受到应力作用时，被彻底分割为两个或多个独立部分。而当材料内部仅出现裂纹而未完全分离时，则被称为不完全断裂。

工程构件的断裂事件不仅可能导致巨大的经济损失，更有可能引发严重的人员伤亡事故。因此，深入探究材料断裂的宏观与微观特征、断裂的机理及其力学条件、影响断裂的内外部因素，以及提升材料抗断裂能力的方法，对于预防断裂事故的发生具有极其重要的意义。

一般而言，断裂过程是一个逐步发展的过程，包括裂纹的初始萌生、裂纹的亚稳扩展阶段、裂纹的失稳扩展阶段，以及最终的完全断裂阶段。每一阶段都对材料的整体性能和安全性产生深远影响，因此，对断裂过程的全面理解和有效控制是确保工程材料安全使用的关键所在。

1. 断裂的类型

(1) 韧性断裂与脆性断裂

根据断裂前有无明显塑性变形，可将断裂分为韧性断裂与脆性断裂。韧性断裂是指金属材料在断裂之前产生明显塑性变形，裂纹的扩展过程中要消耗大量能量。

软钢的光滑圆柱试样的静力拉伸断裂是典型的韧性断裂。其宏观的断口为杯锥状，由纤维区、放射区和剪切唇区组成，如图 3-5-3 所示。

杯锥状断口的形成过程，如图 3-5-4 所示。当载荷达到拉伸曲线最高点后，试样局部产生缩颈，应力状态变为三向拉应力。试样中心在三向拉应力下，塑性变形困难，导致第二相质点和夹杂物碎裂脱离，形成微孔。微孔不断长大和聚合形成显微裂纹，其两端产生较大塑性变形，集中在高变形带内。剪切变形带与径向大致呈 50°~60°角。新的微孔在变形带内形成、长大和聚合。

当相邻显微裂纹连接时，裂纹扩展形成锯齿状纤维区。纤维区中裂纹扩展速率低，消耗大量塑性功。裂纹达到临界尺寸后，发生快速低能量失稳扩展，形成放射区。裂纹扩展至表面附近，应力状态变软，形成剪切唇区。剪切唇表面光滑，呈 45°角，为切断断口。

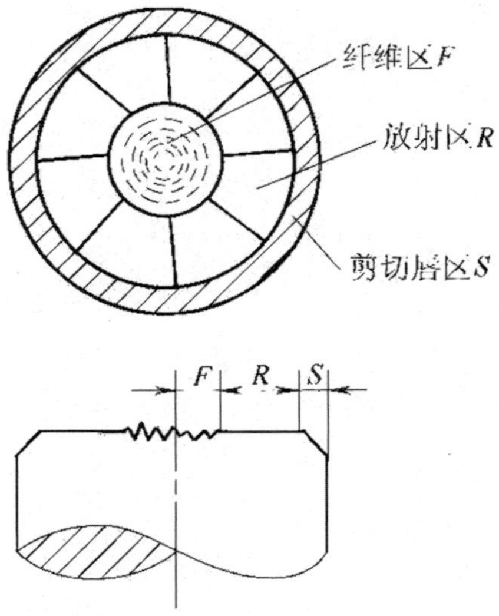

图 3-5-3　拉伸断口三个区域形成示意图

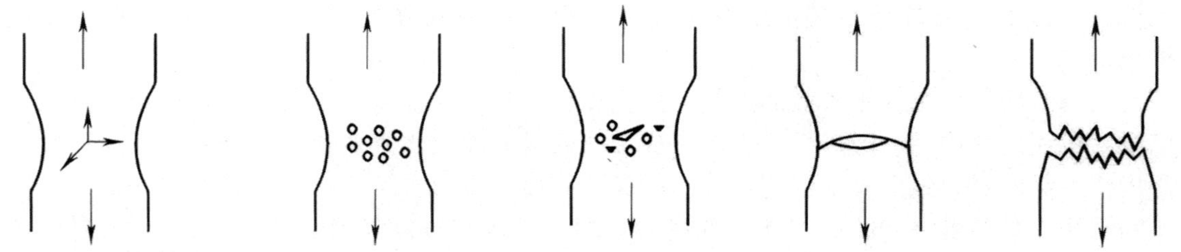

图 3-5-4　杯锥状断口形成示意图

拉伸断口三区的形态、大小和相对位置，因材料的性能、试验温度、加载速度、试样形状等不同而发生变化。对于光滑平板矩形试样，其断口和圆柱试样一样，也有三区，所不同的是各区形态不同。其中纤维区变成“椭圆形”，而放射区变为“人字形”花样。人字的尖端指向裂纹源。最后破坏区仍为剪切唇区。不管是何种试样，若拉伸断口中的纤维区比例很小，放射区比例明显加大，断裂之前无明显塑变，这便是脆性断裂。

脆性断裂的断裂面与正应力垂直，断口平齐光亮，常见放射状或结晶状。一般规定光滑拉伸试样的断面收缩率大于 5% 者为韧性断裂。反之，小于 5% 者为脆性断裂。脆性断裂是在没有任何征兆的情况下突然发生的，所以比韧性断裂危害更大。

（2）沿晶断裂与穿晶断裂

根据断裂过程中裂纹扩展的途径可将断裂分为沿晶断裂与穿晶断裂，如图 3-5-5 所示。裂纹在晶界上形成，并沿晶界扩展直至断裂，

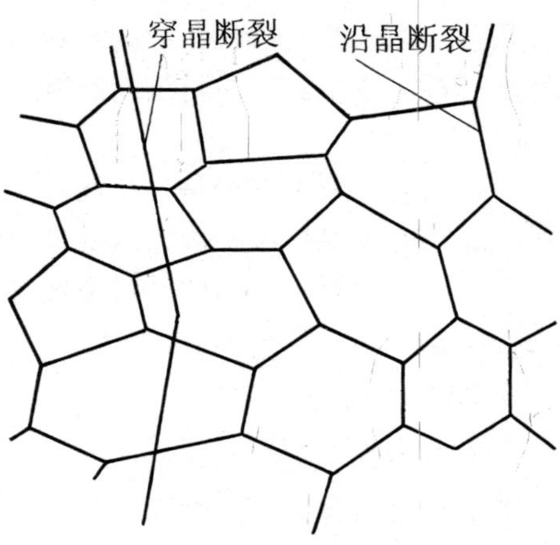

图 3-5-5　穿晶断裂与沿晶断裂

叫沿晶断裂。沿晶断裂，作为一种典型的脆性断裂形式，其发生主要源于晶界处析出的网状或不连续网状脆性相，以及杂质元素在晶界的偏聚等弱化晶界的因素。沿晶断裂的断口形态独特，呈现出类似冰糖状的外观。

当裂纹在扩展过程中穿越晶粒内部时，称之为穿晶断裂。穿晶断裂既可能是韧性断裂，也有可能是脆性断裂，其具体类型取决于材料内部结构和受力条件。除此之外，在实际应用中，还可能观察到穿晶与沿晶的混合断口，这种混合断口的存在，为材料的断裂行为和性能研究提供了更为丰富的信息。

2. **疲劳断裂**

金属构件在交变载荷作用下，虽然应力水平低于材料的抗拉强度，甚至低于屈服强度，但经历一定循环周期后，由于累积损伤，而引起的断裂现象叫疲劳。

疲劳断裂的方式多种多样。按应力状态可分为拉压疲劳、弯曲疲劳、扭转疲劳等；按环境和接触情况可分为大气疲劳、腐蚀疲劳、热疲劳、接触疲劳等；按疲劳寿命和应力高低可分为高周疲劳和低周疲劳。其中高周疲劳是疲劳寿命 $N_f>10^5$ 周次的疲劳破坏，其断裂应力水平较低 $\sigma<\sigma_s$，也称低应力疲劳。

据统计，疲劳断裂占构件各种断裂失效的 80%以上，是脆性断裂的一种重要形式。因此，进行疲劳断裂失效的分析和研究，对提高构件疲劳抗力，防止疲劳断裂十分重要。

（1）变动载荷和循环应力

变动载荷是引起疲劳的外力，其大小甚至方向随时间呈周期性变化或呈无规则的随机变化，其在单位面积上的平均值为变动应力。前者称为周期变动应力或循环应力，后者称为随机变动应力。生产中机件正常工作时，多为循环应力。这些应力可用载荷谱（应力-时间曲线）来描述。循环应力的波形有正弦波、矩形波和三角形波等。其中最常见的为正弦波，如图 3-5-6 所示。

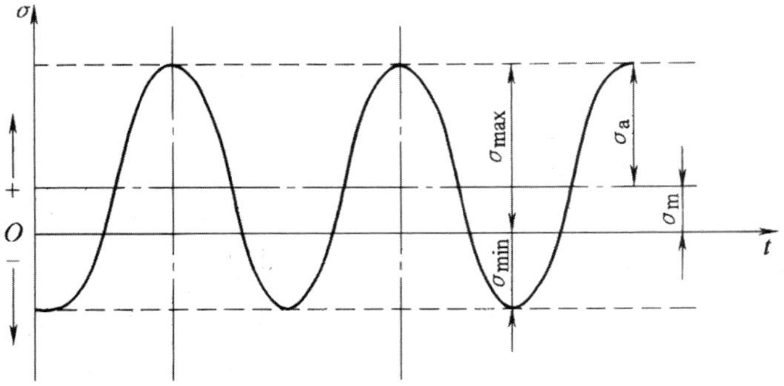

图 3-5-6　波形为正弦波的循环应力

循环应力为正弦波时，其特征可由下述参量来描述，最大应力 σ_{max}，最小应力 σ_{min}，平均应力 $\sigma_m=\dfrac{\sigma_{max}+\sigma_{min}}{2}$，应力半幅 $\sigma_a=\dfrac{\sigma_{max}-\sigma_{min}}{2}$ 和应力循环对称系数（应力比）$r=\dfrac{\sigma_{min}}{\sigma_{max}}$。其中应力循环对称系数 r 表示应力循环不对称程度。

（2）疲劳破坏特征和宏观断口

疲劳断裂与其他形式的断裂相比具有如下特点。疲劳断裂是一种“潜藏”的失效方式，在交变载荷作用下，产生累积损伤的过程，虽然具有一定寿命，但断裂却是突发得无任何征兆，属于低应力脆性断裂。疲劳破坏都是从局部开始的，所以对缺陷有高度选择性，缺口、裂纹或组织缺陷等会引发应力集中，往往成为疲劳断裂的策源地。所以实际构件的疲劳破坏过程总是可以明显分为裂纹萌生、裂纹扩展和最终断裂三个过程。

图 3-5-7 为一带键槽的旋转轴的弯曲疲劳断口。键槽根部由于有应力集中，裂纹在此萌生，称为疲劳源。疲劳源形成后，在循环应力的作用下，在相当长时间内裂纹慢速扩展，该区域叫疲劳裂纹扩展区。此区常可看到“贝纹线”，又称“沙滩花样”。贝壳状条纹是疲劳裂纹前沿线间断扩展的痕迹。

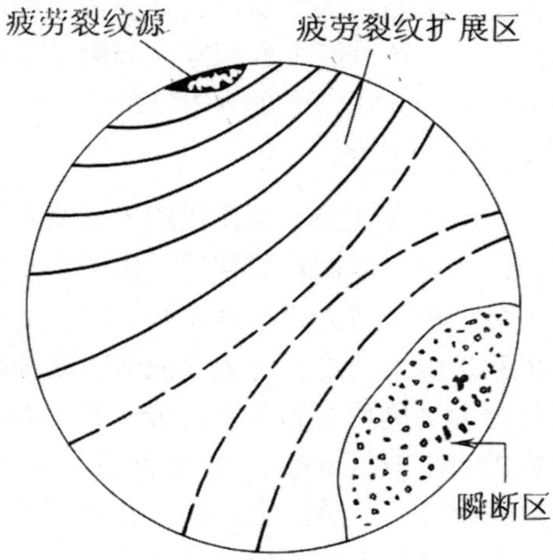

图 3-5-7　疲劳断口三区示意图

在拉应力半周裂纹扩展，在压应力半周裂纹闭合。裂纹两侧反复张合，使疲劳裂纹扩展区成为光滑的磨光区。随疲劳裂纹不断扩展，构件承载面积不断减少，当疲劳裂纹达到临界尺寸 a_c 时，裂纹尖端应力场强度因子 K（K_I）达到材料的 K_C（K_{IC}），裂纹失稳扩展，发生脆性断裂，该区称为瞬断区。瞬断区断口比疲劳裂纹扩展区粗糙，对于脆性材料断口常为结晶状；对于韧性材料中间平面应变区为放射状或人字纹状，在边缘的平面应力区为剪切唇。

随材料的断裂韧度、力学状态、应力集中程度和工作应力的不同，疲劳断口形貌和疲劳裂纹扩展区所占比例也不同。疲劳裂纹扩展区具有贝纹线是高周疲劳断口的重要特征，但在扭转疲劳断口中，一般见不到贝纹线。

拓展阅读

金属的低周疲劳

金属的低周疲劳是指在相对较低的应力水平下，金属材料在循环加载下发生疲劳断裂的现象。与高周疲劳相比，低周疲劳更注重应力幅与寿命之间的关系。在低周疲劳条件下，金属往往以裂纹的形式开始失效，裂纹在加载循环中逐渐扩展直至导致材料断裂。低周疲劳常发生在受到周期性载荷或振动作用的金属结构和零件上，因此对于设计和使用具有重要意义。研究低周疲劳行为涉及理解金属的微观结构、应力集中效应、裂纹萌生与扩展机制等诸多方面，为改进材料设计和制造提供了重要的参考和指导。

三、应力腐蚀开裂

金属构件在服役过程中经常与各种不同介质相接触，环境介质对金属力学性能的影响，称为环境效应。由于环境效应的作用，金属材料所承受的应力即使低于屈服强度，也会发生突然脆断，这便是环境断裂。常见的静载环境断裂有应力腐蚀开裂和氢脆等。

1. **应力腐蚀开裂产生的条件**

金属材料在拉应力和特定的环境介质作用下，经过一定时间，所产生的低应力脆断现象，称为应力腐蚀开裂。应力腐蚀开裂的发生要具备“三要素”，即应力、环境和金属材料，并且必须同时满足三者的特定条件才可发生。

应力腐蚀一般发生在材料表面能形成良好保护膜的环境介质中，保护膜具有耐蚀性，当保护膜在拉应力作用下局部遭到破坏，材料应力腐蚀开裂才得以进行。如果不能生成良好保护膜，就会发生全面腐蚀，不会产生应力腐蚀开裂。

高纯金属对应力腐蚀开裂的敏感性比合金材料低得多。低碳钢、高强度低合金钢、奥氏体不锈钢、高强度铝合金及黄铜等都属于经常发生应力腐蚀开裂的金属材料。组织状态、晶粒大小、杂质的偏聚等材料的内在因素对应力腐蚀开裂均有影响。例如，H68 铜合金（$w_{Cu}=66\%$的黄铜）在氨气氛中，在相同应力水平下，细晶粒合金比粗晶粒合金的使用寿命长得多。

通常情况下，应力腐蚀断裂主要发生在拉应力作用下。拉应力涵盖了由外部载荷产生的拉应力，以及因热处理、焊接、冷成形等工艺过程所产生的残余拉应力等。随着应力水平的提升，构件表面的应力集中现象愈发显著，从而加剧了应力腐蚀开裂的风险。

此外，应力腐蚀断裂的发生还取决于特定金属材料与相应介质之间的相互作用。例如，低碳钢在苛性钠溶液中易发生“碱脆”现象等。环境介质的成分、温度、电极电位、流速等因素均对应力腐蚀开裂具有显著影响。特别是环境介质温度的升高，会加速应力腐蚀开裂的过程。

2. **应力腐蚀抗力指标**

衡量材料抗应力腐蚀的指标有不发生应力腐蚀的临界应力 σ_{scc} 和应力腐蚀临界应力场强度因子 K_{Iscc}。在测定 σ_{scc} 时，在一定条件的化学介质中，用一系列光滑试样，在不同拉应力水平下，测定延滞断裂的时间 t_f，作出 σ-t_f 曲线，如图 3-5-8 所示。从而求出不发生应力腐蚀的临界应力 σ_{scc} 材料的 σ_{scc} 越高，抗应力腐蚀的能力越强。

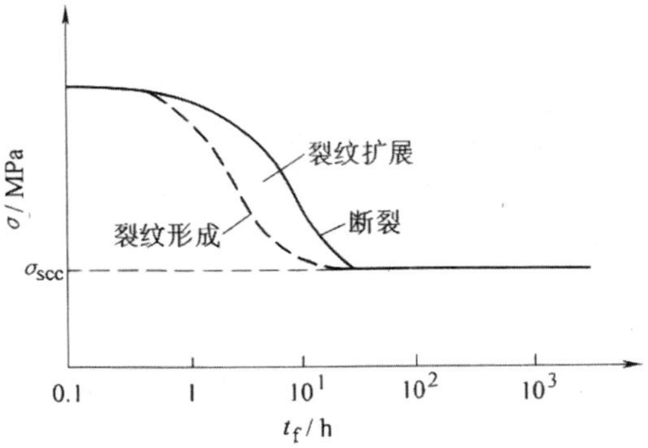

图 3-5-8　应力腐蚀的 σ-t_f 关系曲线

测定 K_{Iscc} 时，必须制备一组试样尺寸和裂纹尺寸均相同的预制裂纹的试样，每个试样承受不同的恒定载荷，使裂纹尖端产生不同大小的初始应力场强度因子 $K_{I初}$，记录在不同 $K_{I初}$作用下的延滞断裂时间 t_f，作出 $K_{I初}$-lgt_f 曲线，如图 3-5-9 所示。曲线水平部分对应的 $K_{I初}$即为 K_{Iscc}（应力腐蚀临界应力场强度因子或应力腐蚀门槛值）。材料的 K_{Iscc} 越高，材料抗应力腐蚀开裂的能力越强。

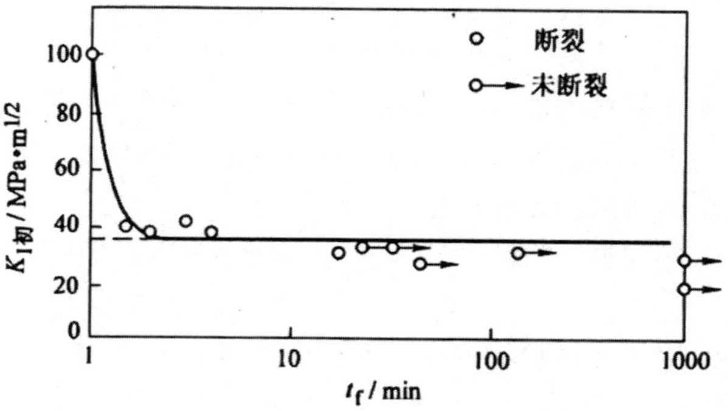

图 3-5-9　预制裂纹试样的 $K_{I初}-\lg t_f$ 曲线

3. 预防应力腐蚀开裂的措施

由于应力腐蚀开裂的发生必须同时满足应力、环境和金属材料“三要素”的特定条件，所以防止应力腐蚀开裂也要从“三要素”着手。

（1）合理选材

尽可能选择 K_{Iscc} 较高的材料。防止敏感金属材料和特定腐蚀环境的特殊组合。例如，在氨气或氨盐介质中服役，不要选用铜合金。可采用合金化、热处理和提高冶金质量等方法改善材料抗应力腐蚀性能。

（2）控制构件工作应力

构件工作应力不但要远低于材料屈服强度，而且要低于 σ_{scc}。同时还要考虑到材料的固有裂纹和缺陷的存在，在腐蚀环境中，测定 K_{Iscc}，以决定使用条件下的应力场强度因子和允许的裂纹尺寸。同时要避免应力集中，对必要的缺口要选用较大曲率半径。尽可能减少热处理、冷加工和焊接等残余拉应力。总之，控制和降低应力是防止应力腐蚀开裂行之有效的方法。

（3）改善构件工作的介质条件

改善构件工作的介质条件可有效防止应力腐蚀开裂。常用的方法如下：减少或消除引起应力腐蚀开裂的有害化学离子，改变介质温度、浓度、杂质含量和 pH 值等；添加缓蚀剂，改变介质的性质：采用阴极保护法或阳极保护法等电化学保护方法；采用防腐涂层、金属镀层等方法以防止金属构件与腐蚀介质直接接触。

四、氢脆

氢脆现象是指由于氢与应力协同作用，导致金属材料发生脆性断裂的一种物理现象。在金属材料的制造和使用过程中，氢的来源具有多样性。具体而言，在冶炼阶段，原料中所含的水分、油垢等杂质在高温条件下会分解产生氢，其中部分氢会溶解于液态金属之中。由于氢在液态金属中的溶解度相对较高，而在固态金属中的溶解度则显著降低，因此在金属凝固之后，氢往往以过饱和状态存在于金属内部。

此外，在金属材料的后续加工工艺中，如酸洗、电镀等处理过程中，金属同样会吸收一定量的氢。此外，处于含氢环境，如氢气氛围或含氢介质中的金属构件，也会不可避免地吸收部分氢。这些氢的存在会对金属材料的性能产生不良影响，特别是在受到应力的作用下，易引发氢脆现象，从而导致金属材料发生脆性断裂。因此，在金属材料的制造、加工和使用过程中，应严格控制氢的来源和含量，以预防氢脆现象的发生。

1. 氢在金属中的存在形式

氢在金属中可有不同的存在形式。一般情况下，氢以原子态固溶于基体金属中，形成间隙固溶体。由于氢的固溶度随温度降低而下降，所以氢可在缺陷处（空洞、气泡、裂纹等处）聚集形成分子态氢。此外，氢还可与一些过渡族元素、稀土元素或碱土金属作用形成氢化物，与第二相如渗碳体作用形成甲烷气体。

2. 氢脆的基本类型及特征

氢蚀碳钢在300～500℃的高压氢气氛中工作，氢与碳化物作用生成甲烷（CH_4）气泡，这些高压气泡在晶界达到一定密度后，产生局部高压，形成微裂纹。随甲烷的进一步生成，裂纹逐渐长大、连接、扩展成宏观裂纹。当裂纹达到临界尺寸就会发生突然脆断。其断裂面呈氧化色，颗粒状。微观断口为沿晶断裂，晶界明显加宽。

（1）白点

钢中含氢量过高，随温度下降，氢溶解度降低，由于氢不能扩散外溢，因而在缺陷处聚集成氢分子，体积急剧膨胀，将钢撕裂，形成裂纹。具有白点的型材或锻件的纵向断口上，可见呈圆形或不规则椭圆的银白色斑点，直径为零点几毫米至数十毫米，所以称之为白点。在酸浸的横向磨面上，则为不同长度锯齿状发裂。

（2）氢化物致脆

在钛及钛合金，钒、铌、锆及其合金中，由于氢与这些金属亲合力强，氢极易形成脆性的氢化物，使金属脆化。氢化物有两类：液态凝固后，随温度下降，固溶度降低，从过饱和固溶体中析出的氢化物为自发形成氢化物；在含氢量较低情况下，不能生成自发形成氢化物，但受拉应力作用，会形成应力感生氢化物。

生成氢化物的形态和分布对金属脆性有重要影响。当基体晶粒较粗大时，氢化物呈薄片状分布在晶界处，易造成应力集中，危害很大。若基体晶粒较细小，氢化物呈块状不连续分布，危害不大。

（3）氢致延滞断裂

高强度钢或$\alpha+\beta$钛合金中含有适量的固溶状态氢，在低于屈服强度的应力持续作用下，经过一段孕育期后，在内部三向拉应力区形成裂纹，裂纹逐步扩展，最后突然发生脆性断裂。这种由氢的作用而产生的延滞断裂现象称为氢致延滞断裂。工程上所说的氢脆多指这类氢脆。

氢致延滞断裂在特定温度范围内出现，高强度钢在室温下最为敏感。提高应变速率时，由于氢原子扩散速度不及位错运动，一般不发生氢致延滞断裂，缓慢加载时易显现脆性。

氢致延滞断裂受环境、力学和材质因素影响。碳含量低、硫磷含量少的钢氢脆敏感性低，高强度钢对氢脆更敏感。防止氢脆的关键是阻断氢进入金属内部途径，可通过表面涂层隔离金属与介质中的氢或在含氢介质中添加抑制剂阻止氢扩散。

机件加工中，要排除产生残余拉应力的因素，相反表面获得一定深度的残余压应力层对防止氢脆是有益的。此外，与应力腐蚀的力学性能指标$K_{\mathrm{I\,scc}}$相类似，金属材料抗氢脆的力学性能指标为氢脆临界应力场强度因子（氢脆门槛值）$K_{\mathrm{I\,HEC}}$。设计时，要求零件的$K_{\mathrm{I}}<K_{\mathrm{I\,HEC}}$，以保证服役过程中不产生氢致延滞断裂。

项目实训

学习完本项目的内容后，认真完成表 3-5-1 的实践清单。

表 3-5-1 实践清单

材料塑性变形实验与分析	
实训目的	通过实验操作，让学生深入了解材料的塑性变形特性，掌握塑性变形的影响因素和测试方法，培养学生的实验操作能力和数据分析能力
实训步骤	（1）理解塑性变形的定义、特征和影响因素； （2）了解实验所需的设备和仪器，并进行设备的准备和校准； （3）根据实验要求，选择合适的材料样品，制备不同形状和尺寸的试样； （4）使用相应的实验设备对试样进行拉伸、压缩或弯曲等加载，记录并分析试样的力学性能数据； （5）对实验数据进行分析和比较，评估塑性变形过程中的材料表现和性能特点； （6）探讨影响塑性变形的因素，如温度、速度、应变率等，分析其对材料塑性行为的影响
实训要求	（1）了解材料的塑性变形机理和影响因素； （2）具备基本的实验操作能力，能够独立进行实验设备的操作和样品制备； （3）具备数据处理和分析能力，能够对实验结果进行准确的数据记录和分析； （4）按时完成实训报告，对实验过程、结果和分析进行清晰的总结和展示

思考练习

1. 弹性的物理应用有哪些?
2. 单向静力拉伸试验的应用范围有哪些?
3. 冲击载荷的特性有哪些?

项目四

金属材料

项目导读

在实际工业生产和日常生活中，金属材料的应用以合金为主，而纯金属则多用于科学研究和工业原料的制备。合金是由两种或多种金属或非金属元素经过熔炼或其他工艺手段合成的具有金属特性的物质。合金元素特指为达到特定性能目标而特意添加到基体金属中的化学元素。

金属材料主要分为两大类：黑色金属和有色金属。广义上的黑色金属涵盖了铁、铬、锰及其合金。钢铁材料因其产量巨大、应用广泛，成为工程结构领域中至关重要的材料。

有色金属，也称非铁金属，是指除铁、铬、锰之外的所有金属及其合金，包括但不限于镁及其合金、铜及其合金、锌及其合金等。相较于钢铁，有色金属具有一系列独特性能，如相对密度小、导电性能优越、耐腐蚀性强等，因此在航空航天、电力电子、石油化工等领域具有广泛的应用价值。

学习目标

知识目标

（1）了解各种金属材料的组成、性能和用途。

（2）掌握结构钢、工具钢、特殊钢、铸铁以及有色金属及其合金的分类、特点和应用领域。

（3）理解金属材料的生产工艺、加工方法和性能测试标准。

技能目标

（1）能够根据工程需求选择合适的金属材料，并理解其在工程中的应用原理。

（2）掌握金属材料的加工工艺，包括切削、焊接、锻造等方法。

（3）具备金属材料的性能测试技能，能够使用相关设备进行金属材料的力学性能测试和化学成分分析。

素质目标

（1）培养实践动手能力和团队协作精神，通过实验和项目实践提高问题解决能力。

（2）培养创新意识和工程实践能力，鼓励他们在材料领域进行研究和创新。

（3）培养环境保护意识和安全意识，引导他们在金属材料的生产和应用过程中注重环保和安全。

思政目标

（1）树立正确的科学技术观，认识到金属材料对于社会发展和人类生活的重要性。

（2）培养社会责任感和职业道德，能够在金属材料领域积极参与社会建设和服务。

（3）树立正确的创新意识和发展观，促进在金属材料领域的持续学习和进步。

任务一　结构钢

一、工程结构钢

工程结构钢，作为现代建筑和工业领域的重要材料，以其卓越的力学性能和稳定的化学性质，广泛应用于桥梁、建筑、机械、车辆等诸多领域，如图 4-1-1 所示。随着科技的进步和工程需求的不断提升，工程结构钢的种类和性能也在不断更新和完善。

图 4-1-1　工程结构钢

1. 工程结构钢的应用领域与工作条件

工程结构钢在各类大型金属结构件的制造中发挥着重要作用，包括但不限于船体、铁塔、桥梁、管道等关键部位。

这些工程构件的工作特性主要体现在长期承受静态载荷，构件间无相对运动，通常在复杂多变的野外或海水环境中使用，需承受一定程度的侵蚀作用。同时，由于使用环境的多样性，工程构件还需满足不同温度条件下的工作要求，如在寒冷地区的户外铁塔需长期承受零度以下的低温环境，而锅炉等高温设备则需在超过 200℃的高温条件下稳定运行。

基于上述工作条件，工程构件用钢须具备一系列关键性能。首先，钢材需具有足够的弹性模量，以确保其在使用过程中保持稳定的刚度；其次，应具备一定的抗拉强度和屈服强度，以抵抗塑性变形和破断的风险；此外，钢材还应具备较低的耐腐蚀性和冷脆倾向性，以适应恶劣环境下的长期使用。同时，为了满足不同尺寸和结构需求，钢材还需具备良好的冷变形性和焊接性，便于加工和制造。

2. 工程构件用钢的材料分类与特点

在材料分类方面，工程构件用钢按成分可分为碳素结构钢和低合金高强度钢两大类。其中，碳素结构钢，简称碳素钢，以其简单的冶炼工艺、低廉的价格以及满足普通工程构件使用要求的性能特点，成为早期工程领域广泛应用的材料之一，其产量一度占据钢材总产量的 60%甚至 80%以上。

3. 低合金高强度钢的优势与发展

随着工业技术的发展和资源的日益紧张，普通碳素钢越来越难满足社会需求，世界各国都在大力发展低合金高强度钢。这类钢是在碳素钢基础上加入少量或微量合金元素，结合现代轧制技术发展而来。“低合金”是指合金元素总量不高于 5%，“高强度”是指屈服强度大于 275MPa。

低合金高强度钢特点为含碳量低，$\omega_C \leq 0.25\%$；合金化以 Mn 为主、多组元添加；大多在热轧空冷后使用，也有少量在正火或正火加回火状态下使用；使用组织为铁素体加珠光体或贝氏体；体现高强度、足够的韧性、良好焊接性、耐蚀性、低的韧脆转变温度。合金元素添加到钢中产生了细晶强化、固溶强化、第二相强化等综合作用，使钢强度显著优于碳素结构钢。

与碳素结构钢相比，低合金高强度钢至少节约 20%～30%的钢材，节省 15%的施工时间和 20%的加工费用。10 余年来，Q345 等低合金高强度结构钢的比重已占到总用钢量的 80%以上，逐步代替了碳素结构钢。

北京奥运会使用的鸟巢体育馆，是当时世界上跨度最大的钢结构建筑，主要采用 Q355D、Q345GJD 和 Q460 钢，如图 4-1-2 所示。其中，承担负重任务的是 Q460，用在 24 根桁架柱上，因为 Q460 钢屈服强度达到 460MPa 后才会发生塑性变形，比普通碳素钢高一倍。

鸟巢体育馆的成功建成，不仅是当时建筑设计上的力学经典，更是材料学上的高端科技成果的体现，体育场外部钢结构用钢总量约为 4.2 万吨，Q460 钢材最大厚度达到了 110mm。我国科研人员历经几千次实验才找到 Q460 钢材最佳配方和最佳工艺，打破了日本、韩国以及欧洲等国的垄断，为国家节约了大量外汇。

图 4-1-2　鸟巢体育馆局部

二、机器零件用钢

机器零件用钢也叫作机械结构钢，主要用于制造各种机器零件，是国民经济各领域，特别是机械制造工业广泛使用和用量最大的钢种。从成分上看，机器零件用钢含碳量从低碳变化到高碳；从结构上看，机器零件几何结构复杂、尺寸变化大；从外加载荷看，机器零件要承受拉伸、压缩、剪切、扭转等作用力，受力复杂且不均匀；从工作环境看，有高温、低温，甚至腐蚀介质。

总之，机器零件用钢工作环境和受力情况远复杂于工程结构钢，不仅要求高的强度、塑性和韧性，而且要求良好的疲劳强度和耐磨性。机器零件用钢合金元素主要有 Cr、Mn、Si、Ni、Mo、W、V、Ti、B 和 Al 等，可单独添加或者几种同时加入。

合金元素的作用为：提高钢淬透性，例如 Cr、Ni、Mn、B；降低过热敏感性和耐回火性，例如 V、Ti、W；抑制高温回火脆性，例如 Mo、W。机器零件形状复杂、尺寸精度要求高，还要求良好的工艺性能，尤其是切削加工性和热处理性能。

根据生产工艺和用途，机器零件用钢分为渗碳钢、调质钢、弹簧钢、滚动轴承钢、氮化钢和易削钢等。各种零件在机械性能上具有上述共性需求外，还由于实际工作条件不同而在性能上侧重点不同。下面介绍各类零件成分及制备工艺。

1. **渗碳钢**

渗碳钢是指经过表层渗碳处理后使用的钢，主要制造各种机器齿轮，如图 4-1-3 所示。渗碳钢成分特点：低含碳量，一般为 0.1%~0.25%；主加合金元素有 Ni、Cr、Mn 等，辅助合金元素有 W、Mo、V、Ti 等。为了得到表层“硬”、心部“软”的组织，渗碳钢通常采取渗碳淬火、低温回火的热处理工艺。一般渗碳温度为 900~950℃，淬火温度为 800~850℃油淬，回火温度为 180~200℃。

图 4-1-3　渗碳钢齿轮

根据淬透性大小或强度级别，渗碳钢分为三大类：σ_b 低于 800MPa 的低淬透性渗碳钢，典型牌号有 20Mn2、20MnV、15Cr 等；σ_b 在 800~1200MPa 范围内的中淬透性渗碳钢，典型牌号有 20CrMnTi、20CrMnMo、20MnVB 等；σ_b 大于 1200MPa 的高淬透性渗碳钢，典型牌号有 20Cr2Ni4A、18Cr2Ni4WA、15CrMn2SiMo 等。其中，20Cr2Ni4A 是我国航空用第一代渗碳齿轮钢材料。第一代渗碳齿轮钢合金化程度较低，材料服役温度不超过 200℃。

随着航空技术发展，到 20 世纪 80 年代，科学家研发了服役温度达到 350℃的第二代航空渗碳齿轮钢，其成分设计上强化了合金化。

由于高速、重载飞行器技术快速进步，对相应的齿轮部件高温承载能力提出了更高技术指标，开发出第三代渗碳齿轮钢 CSS-42L，材料服役温度提升到 500℃。三代航空渗碳齿轮钢性能的提升重点关注材料高温强度，但当运行温度超过 500℃后，齿轮钢材的高温抗氧化性也无法被忽略。

2. **调质钢**

调质处理是指淬火后进行高温回火的热处理，经过调质处理的钢称为调质钢。调质钢是应用最广泛的机械零件用钢，主要用于制造各种轴类、杆类、紧固件等。调质钢成分设计特点为：中碳，w_C=0.30%~0.50%；主加合金元素 Mn、Si、Ni、Cr、B 等，含量介于 2%~6%之间；辅加合金元素 Mo、W、V、稀土等，总量一般小于 1%。

多种合金元素的添加与调质处理相配合，使调质钢获得回火索氏体组织，该组织均匀性好、晶粒细小，基体上含有大量弥散细小碳化物，从而保证了调质钢具有良好的综合力学性能。

调质钢按照淬透性大小分为三类：油淬临界直径 30～40mm，典型牌号有 40Cr、35SiMn、45Mn2、40MnB 等，用于制造较小的齿轮、轴、螺栓等；油淬临界直径 40～60mm，典型牌号有 40CrMn、35CrMo、40CrMnMo、42MnVB 等，用于制造大中型零件：油淬临界直径 60mm 以上，典型牌号有 40CrNiMoA、45CrNiMoVA、38CrMoAlA 等，用于制造大截面重载荷零件。

近几十年来在航天、海洋、军事等领域大放异彩的超高强度钢，其中的低合金中碳马氏体强化型超高强度钢（MART）就是在低合金调质钢基础上发展起来的，典型牌号有 45CrNiMoV、43CrNiSiMoV，30CrMnSiNi2A 等。

3. 弹簧钢

弹簧是机械设备及仪器上重要零部件，其主要作用为储存能量、减少振动、缓和冲击及测量力，如图 4-1-4 所示。弹簧钢是指用于制造弹簧和其他弹性元件的钢。高的弹性极限和高的疲劳极限是弹簧钢的关键性能指标，因此，成分上选择中高碳钢或中高碳低合金钢，且多数含有 Mn、Si 合金元素，采用“淬火+中温回火”的热处理，最后得到回火屈氏体组织。

弹簧钢按成分可分为碳素弹簧钢和合金弹簧钢。合金弹簧钢是在碳素弹簧钢成分的基础上添加合金元素，体现出更高的淬透性与强度。

弹簧钢按成型工艺可分为热成型弹簧和冷成型弹簧。热成型弹簧钢一般用于大中型弹簧和形状复杂的弹簧上，热成型后再进行淬火和中温回火。冷成型弹簧钢适用于小尺寸弹簧，用已强化的弹簧钢丝冷成型后再进行回火或去应力退火。

4. 轴承钢

用于制造滚动轴承套圈和滚动体的专用钢称为轴承钢，如图 4-1-5 所示。滚动轴承是绝大多数传动机械不可或缺的核心零部件，其材料有“钢中之王”的称号，要求很高的强度、硬度和接触疲劳强度，同时具有高的耐磨性，足够的韧性、抗蚀性。

图 4-1-4　弹簧钢制品

图 4-1-5 轴承钢制品

轴承钢中存在大量碳化物，确保了钢的耐磨性与接触疲劳强度，但不利于切削加工，故通过球化退火降低钢的硬度，还可以帮助获得均匀分布的细粒状珠光体，为最终热处理做好组织准备。

根据成分及性能特点，常用轴承钢可分为高碳轴承钢、无铬轴承钢、渗碳轴承钢、高温轴承钢和不锈轴承钢等。高碳轴承钢是应用最广泛的滚动轴承钢。

任务二 工具钢

用以制造各种加工工具的钢种称为工具钢。根据其用途不同，可分为刃具钢、模具钢和量具钢。刃具钢用于制造切削加工工具。模具钢用于制造各种锻造、冲压或压铸成型工件模具。量具钢用于制造卡尺、千分尺、块规等度量工具。不同类型工具钢的工作条件及性能要求都不同，见表 4-2-1。

表 4-2-1 工具钢工作条件及性能要求

工具钢类别	工作条件	主要失效方式	主要性能要求
刃具钢	承受弯曲、扭转、剪切应力及一定的冲击、振动	磨损、卷刃、崩刃和折断	高硬度、高耐磨性、高热稳定性、高弯曲强度和足够的韧性
冷作模具钢	压应力、剪切应力及一定的冲击、振动	磨损、形变和开裂	高硬度、高耐磨性、高强度和足够韧性，良好的工艺性能
热作模具钢	交变热应力、承受一定冲击、长时间接触液相，工作温度在 300℃～1000℃	热疲劳、热磨损和腐蚀	高的热稳定性、高的抗热疲劳强度及抗氧化性，一定的耐磨性和韧性

工具钢共同的性能为高淬透性、高硬度和耐磨性、好的热稳定性和热硬性。此外，工具钢使用寿命还与钢的质量、热处理工艺有关。一般选用优质钢或高级优质钢，减少杂质元素对钢质量的损害。热处理采用淬火加低温回火，以获得回火马氏体加粒状碳化物组织。淬火温度通常选择在碳化物部分溶解的温度范围，以保证淬火组织中有适量的过剩碳化物。低温回火可以消除内应力，而又保持钢的高硬度和高耐磨性。

一、刃具钢

菜刀、剪刀、剃须刀及水果刀等都是生活中常用的刃具，如图 4-2-1 所示。车刀、铣刀、刨刀、钻头、丝锥、板牙及锯条等属于工业上用刃具。刃具钢按成分可分为低合金钢和高速钢。

图 4-2-1 刃具钢制品

低合金钢合金元素总量在 5%以下，热处理工艺通常采用锻造或轧制后进行球化退火及淬火+低温回火，其工艺过程与碳素工具钢基本相同，但体现出更高的硬度和耐磨性、更高的红硬性，一般用在工作温度不超过 250℃的切削场合，主要制造低速切削或耐磨性要求较高的刨刀、板牙、铣刀、丝锥等刃具。

高速钢也叫作锋钢、白钢，用其制造的刀具切削速度可达 60m/min 以上，并因而得名，典型牌号有 W18Cr4V、W6Mo5Cr4V2、W12Cr4V5Co5. W2Mo9Cr4VCo8 等。以 W18Cr4V 为例，其材料主要有两大部分：一部分是金属碳化物（如碳化钨、碳化钼或碳化钒），它赋予材料较好的耐磨性及强度；另一部分是分布在碳化物周围的钢基体，它使材料具有较好的韧性和吸收冲击、防止碎裂的能力。

我国的成都成量工具公司、哈尔滨第一工具制造公司、上海工具厂、株洲钻石切削刀具公司经过几十年技术研发与攻关，实现了部分高端刃具的国产化，年产值在数亿以上。随着我国从制造业大国向制造业强国升级，机床行业被拔高到了战略性位置，发展大型、精密、高速数控设备和功能部件是国家的重要振兴目标之一，而金属切削刀具尤其是数控刀具的发展和应用水平的提升显得尤为重要。

二、模具钢

模具是用来制作成形物品的工具，主要通过所成形材料物理状态的改变来实现物品外形加工，素有“工业之母”称号。不同模具由不同零件构成，不同零件使用不同模具钢，按照工作条件，可分为冷作模具钢、热作模具钢和塑料模具钢。

1. 冷作模具钢

冷作模具是使材料在冷状态下压制成型的模具，其工作方式和刃具相似，都使被加工材料在常温下产生变形，变形抗力很大。用作冷作模具钢的材料范围很广，有碳素结构钢、合金工具钢、高速钢、粉末高速钢、粉末高速合金钢等。

塑料模具钢是指塑料成形时用到的模具钢。早些年我国没有专用的塑料模具钢，一般用正火后的 45 和 40Cr 调质钢来代替。随着塑料制品越来越丰富，目前已发展出预硬型塑料模具钢、时效硬化型塑料模具钢、耐蚀塑料模具钢、易切塑料模具钢、整体淬硬型塑料模具钢、马氏体时效钢以及镜面抛光用塑料模具钢等。

2. 热作模具钢

热作模具钢是使热态金属或液态金属成形的模具用钢，按照工作状况不同，可分为热锻模、热挤压模和压铸模。与冷作模具钢和塑料模具钢相比，热作模具钢工作温度高，通常为 300~600℃，这类材料对高温抗氧化性、抗热疲劳性能、热稳定性要求更高。

热作模具钢典型钢号分为两大类，一类是国内研制的 5Cr4Mo3SiMnVAl、3Cr3Mo3W2V、5Cr4W5Mo2V、4CrMnSiMoV 等；另一类是国外引进的通用钢种，例如 4Cr5MoSiV1（H11）、4Cr5W2VSi（W2）、4Cr3M03SiV（HIO）等。

压铸模是热作模具钢中工况最恶劣的模具，型腔直接与液态金属接触，还要经受反复激冷和激热以及复杂的交变载荷，其材料研发与加工工艺代表了一个国家的模具技术实力，如图 4-2-2 所示。进入 21 世纪，我国在汽车、电子、家电、通信等领域快速发展，使压铸模新材料开发、工艺优化、性能检测等方面取得长足进步，能满足国内压铸行业中低端产品需求并实现出口。

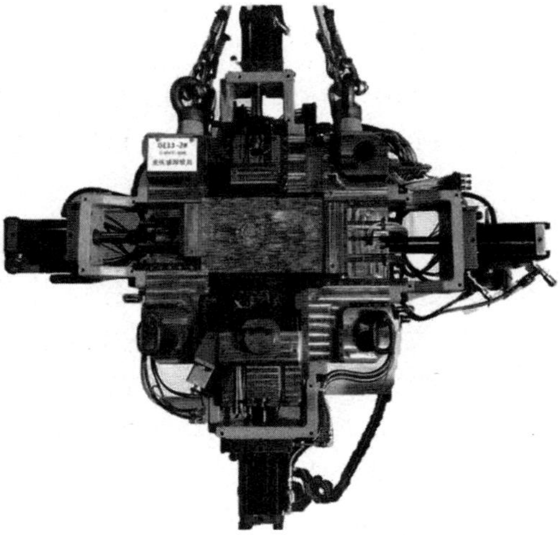

图 4-2-2　压铸模具

随着我国“双碳”计划路线图实施及汽车轻量化的要求，尤其是在 2020 年引入特斯拉，并大力发展比亚迪、小鹏、吉利等国内新能源汽车厂后，汽车一体化大型压铸模具需求暴增，预计 2025 年市场规模达到20000t。这对于高质量压铸模尺寸大型化、材料低偏析、超纯净、高等向性及均匀性指标提出新的要求，这也是未来压铸模研发重点攻克的方向之一。

三、量具钢

量具最基本性能需求是保证其尺寸精度，因此，量具用钢必须具备高的尺寸精度和稳定性，尽量减少钢中不稳定组织与内应力，如图4-2-3所示。量具对力学性能、物理性能、化学性能等方面要求不高，故量具没有专用的钢号，通常选用其他类型钢种来制造。

图4-2-3　量具钢制品

常用量具钢分为：通用量具钢有8MnSi、9SiCr、Cr2、CrWMn等合金工具钢；形状简单、尺寸较小、精度要求不高的量具用T10A、T11A和T12A等钢；金属直尺、钢皮尺、样板及卡规等量具主要用55、65、60Mn、65Mn等中碳钢；高精度形状复杂量具主要用滚动轴承钢GCr15；耐腐蚀量具钢为68Cr17马氏体型不锈钢。

量具钢热处理工艺基本上按照相应钢种热处理规范进行，但为了保证钢的组织稳定性及减小内应力，还会附加一些措施：淬火加热需要预热，保证高硬度、高耐磨性条件下尽量降低淬火加热温度，淬火后油冷、不进行分级或等温淬火，延长回火时间，精度非常高的量具淬火及回火后各进行一次冷处理。

任务三　特殊钢

具有一定机械性能和特殊使用性能，并以特殊性能为主的钢种叫作特殊性能钢，简称特殊钢。特殊性能是指特殊的物理性能、化学性能或者力学性能。特殊钢包括耐热钢、不锈钢、耐磨钢、磁钢、超高强度钢等。工程上最常用的是耐热钢、不锈钢和耐磨钢。

一、不锈钢

不锈钢全称叫不锈耐酸钢，包括不锈钢和耐酸钢。不锈钢能抵抗大气、蒸汽和水等弱腐蚀介质的腐蚀。耐酸钢在酸、碱和盐等强腐蚀介质中耐腐蚀。但是所谓的“不锈”和“耐酸”现象并不是指绝对不发生腐蚀，只是在某一介质中腐蚀速率低而已。

1. 不锈钢发生的腐蚀形式

不锈钢发生的腐蚀形式有化学腐蚀和电化学腐蚀。化学腐蚀是指金属直接与周围介质（非电解质）发生纯化学作用，反应中无电流产生。

电化学腐蚀是金属在电解质溶液中由于原电池作用而产生的腐蚀，反应中有电流产生。电化学腐蚀是工业用不锈钢腐蚀失效的主要方式，因此如何抑制电化学腐蚀，是材料成分设计要考虑的首要因素。

2. 不锈钢的分类

普通不锈钢按照金相组织可分为奥氏体不锈钢、铁素体不锈钢和马氏体不锈钢，基于这三种基本的金相组织，为了特定需求与目的，又发展了双相不锈钢、沉淀硬化不锈钢(超高强度不锈钢)、含铁量低于50%的高合金不锈钢和超低碳不锈钢等。

当Cr含量高于15%，铁铬合金无奥氏体相变，形成铁素体不锈钢，典型牌号有0Cr13Al、10Cr17Ti、Cr25Ti等。铁素体不锈钢耐蚀性和抗氧化性均较好，但脆性大、工艺性能较差，多用于受力不大的耐酸和抗氧化件。

奥氏体不锈钢是以18%Cr-8%Ni为典型成分发展而来，并结合固溶处理、稳定化退火、去应力处理等热处理工艺充分挖掘材料性能，从而体现出很好的耐腐蚀性、优良的抗氧化性和力学性能，是工业上应用最广泛的不锈钢。与奥氏体不锈钢相比，马氏体含碳量更高，其强度、硬度和耐磨性更好，但耐腐蚀性较差，主要用于制造力学性能要求较高、耐蚀性较低的产品，典型牌号有1Cr13、2Cr13、3Cr13、4Cr13和9Cr18等。

近两年来，受国际地缘政治冲突，化学品船用量大幅递增，对应的不锈钢材料用量显著上升，品质也要求更高。化学品船是目前世界上造船界公认的高技术、高附加值船型。能够建造这类船，尤其是带有不锈钢液货舱的化学品船，标志着建造企业的高技术水平，如图4-3-4所示。

图4-3-4　化学品船

二、耐热钢

耐热钢是指在高温下工作并具有一定强度和抗氧化、耐腐蚀能力的钢种，常用于制造锅炉、汽轮机、动力机械、工业炉和航空、石油化工等工业部门中在高温下工作的零部件，如图4-3-5所示。耐热钢工作温度范围一般在450～1100℃，并且暴露在高温空气、蒸汽或燃气介质中，还要承受各种静载荷、动载荷或者疲劳的作用。因此，抗氧化性和热强性是耐热钢关键性能指标。

图4-3-5　耐热钢制品

热强性是指在高温下抵抗蠕变和断裂的能力，热稳定性是指在高温下抗氧化和气体介质腐蚀的能力。耐热钢按性能不同可分为热强钢和抗氧化钢。抗氧化钢一般添加 Cr、Al、Si 和稀土元素 Ce、La、Ir 等，其中，Cr、Al、Si 能形成致密氧化膜覆盖在钢表面，阻止了 Fe 与环境中的氧发生反应，而稀土元素增加氧化膜与基体结合力，使氧化膜不易脱落。

热强钢主要通过加强金属间原子结合力、强化晶界及弥散强化途径来改善热强性。W、Mo 等高熔点金属可溶入钢基体中，增强基体原子结合力。Ti、Zr、稀土等元素与 S、P 及其他低熔点杂质形成稳定的难熔化合物，减少了晶界杂质偏聚，从而净化并强化了晶界。W、Mo、V、Ti、Nb 等元素能形成碳化物或其他金属化合物，细小弥散地分布在钢基体中，阻位错促运动，使钢得到强化。

耐热钢依据其正火组织特性，可细致划分为珠光体耐热钢、马氏体耐热钢以及奥氏体耐热钢等类别。这些优质钢材在火力发电机组中得到了广泛的应用，成为火力发电厂不可或缺的核心材料。随着我国电力行业的快速发展，特别是节能减排和提高发电效率的需求日益迫切，火力发电机组的技术水平也在不断升级，从最初的亚临界机组，逐步演进至临界机组、超临界机组，直至如今的超超临界机组。随着机组技术水平的提升，其运行环境也愈发严苛，这对耐热钢材料的性能提出了更高的要求。

早期火电厂耐热管道主要用 12CrMoV、15CrMo、25Cr2M01V 等珠光体耐热钢，随后使用 TP304、TP347、TP347HFG 等奥氏体耐热钢，到现在主要用 T91、T92 马氏体耐热钢。

三、耐磨钢

耐磨钢，作为一种专门用于制造高耐磨性零件的特殊钢材，并未形成独立的钢种分类。在实际应用中，它通常由高碳工具钢、结构钢以及滚动轴承钢等钢材替代，其中最具代表性的便是高锰耐磨钢，其典型牌号为 ZGMn13。

此类耐磨钢的成分及其热处理工艺特点显著：首先，其碳含量较高；其次，锰与硅的含量也属高水平。其热处理过程采用“水韧处理”技术，即将钢材加热至 1050~1100℃ 并保温一段时间，使碳化物完全溶解于奥氏体中，随后通过水冷方式获得均匀的过饱和单相奥氏体组织。

当 ZGMn13 钢在承受强烈冲击时，其单相奥氏体结构会转变为马氏体，并析出碳化物。这一过程伴随着大量位错和层错的形成，使得钢材表面产生加工硬化现象，从而显著提升其耐磨性能。因此，高锰耐磨钢被广泛应用于制造挖掘机铲齿、坦克履带板、电车轨道等关键部件，以满足对耐磨性要求极高的工作环境，如图 4-3-6 所示。

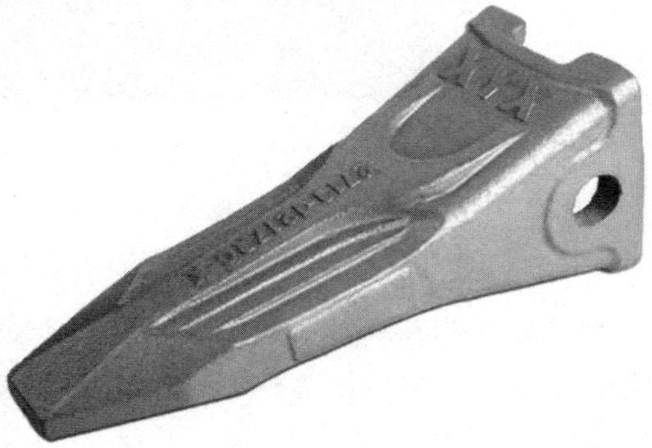

图 4-3-6　挖掘机铲齿

拓展阅读

特殊钢的使用注意事项

特殊钢的使用需要注意一些事项。

首先，要严格按照特殊钢的设计用途和规格进行选择，确保符合实际需求。

其次，在加工和使用过程中，要注意控制温度和加工参数，以确保特殊钢的性能和质量。

另外，特殊钢可能含有特定的合金元素，因此在处理和废弃时需要遵守相关的安全环保规定，以防止对环境造成污染和危害。

最后，定期进行检测和维护，及时发现和处理可能存在的缺陷和问题，以确保特殊钢的安全可靠使用。

任务四　铸铁

铸铁是含碳量在 2.11%~6.69%的铁碳合金，其主要成分是铁、碳和硅，工业中常见的铸铁，其含碳量一般在 2.5%~4.0%范围内。与碳钢相比，铸铁含有较多的锰、硫、磷等杂质，因碳、硅的质量分数较高，使碳大部分以游离的石墨状态存在，其形态和数量决定着铸铁的性能。为了改善铸铁的力学性能或获得某种特殊性能，需加入一种或几种合金元素，如铬、镍、铜、钼、铝、钒等，从而形成合金铸铁。

铸铁由于其强度、塑性、韧性较差，不能采用锻造、轧制、拉丝等方法加工成型。铸铁广泛应用于农业机械、汽车制造、冶金、矿山、石化、机床、重型机械制造及国防工业。据统计，全世界铸铁件的 25%都应用于汽车工业，欧盟有 40%~80%的铸铁用于汽车和机械工业。在不同类型的汽车生产中，铸件所占比例不尽相同，如国产中型载货车铸件占整车自身质量的 21.5%，而轿车仅占 10%左右。

一、灰铸铁

灰铸铁中碳大部分或全部以石墨的形式存在，其断口呈暗灰色。

1. 灰铸铁的组织和性能

灰铸铁中，碳的质量分数为 2.5%~4.0%，硅的质量分数为 1.0%~2.5%，锰的质量分数为 0.5%~1.4%，硫的质量分数不大于 0.15%，磷的质量分数不大于 0.3%。

由于受化学成分和冷却条件的综合影响，灰铸铁的组织有铁素体+片状石墨、铁素体+珠光体+片状石墨和珠光体+片状石墨等类型。由于石墨的力学性能几乎为零，所以灰铸铁的力学性能主要取决于基体的性能和石墨的形态、数量、大小和分布。

灰铸铁的基体是亚共析钢和共析钢，石墨的存在就相当于基体上布满了孔洞和裂纹，其破坏了基体组织的连续性，减少了承载的有效面积，且在石墨的尖角处容易产生应力集中，造成铸件局部损坏，使灰铸铁容易脆断。因此，灰铸铁的抗拉强度、塑性和韧性比同样基体组织的钢低得多，且石墨数量越多、尺寸越大、分布越不均匀，对基体的破坏越严重，铸铁的力学性能就越差。

灰铸铁在承受压应力时，由于石墨不会缩小有效承载面积及不产生缺口应力集中现象，故灰铸铁的抗压强度与钢接近。当石墨存在的状态一定时，铁素体灰铸铁具有较高的塑性，但强度、硬度和耐磨性较低；珠光体灰铸铁的强度和耐磨性较高，但塑性较差；铁素体-珠光体灰铸铁的力学性能则介于上述二者之间。

灰铸铁具有良好的铸造性能，可铸造形状复杂的薄壁零件。片状石墨强度低、脆性大，切削时容易切断，又有润滑作用，对刀具磨损小，因此灰铸铁具有良好的耐磨性和切削加工性能。同时，由于石墨能有效吸收振动能量，又具有良好的减震性，如机床床身、床头箱及各类机器的底座均采用灰铸铁制造，如图 4-4-1 所示。而且，由于灰铸铁中存在石墨，就相当于其内部存在大量的缺口，因而其对表面的小缺陷或小缺口不敏感，即灰铸铁具有较低的缺口敏感性。

图 4-4-1　灰铸铁制品

2. 灰铸铁的热处理

影响灰铸铁力学性能的主要因素是片状石墨对基体的破坏程度，而热处理只能改变基体组织，不能改变石墨的形态、大小和分布，所以热处理对提高灰铸铁的力学性能效果不大，其主要目的是消除铸造内应力和白口组织，稳定铸件尺寸，提高铸件工作表面的硬度和耐磨性。常用的灰铸铁热处理方法有去应力退火、石墨化退火、正火、表面淬火等。

二、可锻铸铁

可锻铸铁俗称马铁，其基体为铁素体或珠光体，具有较高的塑性和韧性，但实际上并不能用于锻造。

1. 可锻铸铁的组织与性能

为了保证铸件在冷却时获得白口铸铁组织，在退火时使渗碳体容易分解，并析出团絮状石墨，必须严格控制铁液的化学成分。与灰铸铁相比，可锻铸铁中碳和硅的质量分数较低，一般碳的质量分数为 2.2%~2.8%，硅的质量分数为 1.2%~1.8%。

将白口铸铁加热到 900~980℃，经长时间保温，组织中的渗碳体分解为奥氏体和团絮状石墨，随后缓慢降温，奥氏体将在已形成的团絮状石墨上不断析出石墨。当冷却至共析转变温度范围（720~770℃）时，如果缓慢冷却，将得到以铁素体为基体的黑心可锻铸铁，也称铁素体可锻铸铁。

与灰铸铁相比，团絮状石墨对基体的破坏作用大大减弱，因而可锻铸铁的力学性能有所提高，但可锻铸铁并不可锻。并且，可锻铸铁的基体组织不同，其性能也有差别：黑心可锻铸铁具有较高的塑性和韧性，而珠光体可锻铸铁则具有较高的强度、硬度和耐磨性。

2. 可锻铸铁的牌号及用途

可锻铸铁的牌号用“KTH+数字-数字”或“KTZ+数字-数字”表示，其中的“KT”是“可铁”二字汉语拼音的首字母，第三个字母代表可锻铸铁的类别：“H”表示“黑心”，即铁素体基体，“Z”表示珠光体基体。后面的两组数字分别表示可锻铸铁的最低抗拉强度（MPa）和最低伸长率（%）。

可锻铸铁既有较好的铸造性，又有较高的强度和一定的塑性与韧性，因此主要用于制造形状复杂、强度和韧性要求较高的零件。当铸件壁较厚、尺寸较大时，其心部的冷却速度不够快，铁液浇注时难以获得整个截面的白口组织，因此，可锻铸铁仅适用于薄壁和小型零件，如汽车上的轮毂、差速器壳等。

可锻铸铁广泛应用于汽车、拖拉机等机械制造行业，适用于制造形状复杂，承受冲击载荷的薄壁件及中小型零件，常用于制造汽车后桥壳、轮毂、变速器拨叉、制动踏板及管接头、低压阀门、扳手等零件，如图 4-4-2 所示。

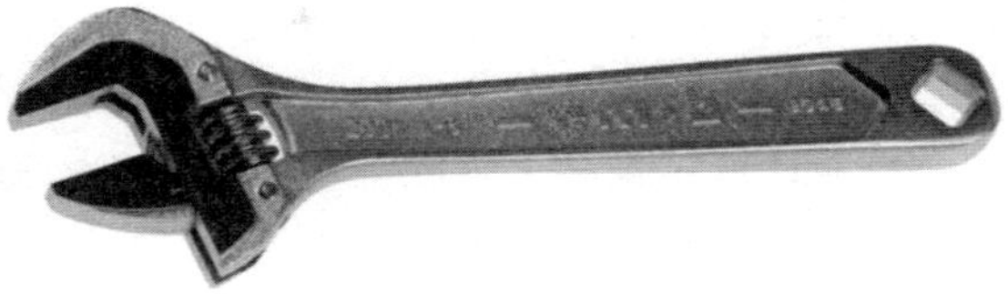

图 4-4-2　可锻铸铁制品

虽然可锻铸铁的力学性能比灰铸铁好，但它所用的原料是白口铸铁，生产周期较长（退火需要几十小时），生产率低，成本高，所以其使用受到一定限制。随着球墨铸铁的发展，原来使用可锻铸铁制造的零件逐渐被球墨铸铁替代。

三、球墨铸铁

球墨铸铁简称球铁，是将铁液经过球化处理和孕育处理后进行石墨球化得到的一种铸铁，由基体组织和球状石墨构成。球化处理是指将球化剂加入铁液以获得球状石墨的操作过程。常用球化剂有镁、稀土和稀土-硅铁-镁合金。孕育处理是通过在铁液中添加硅铁和硅钙合金促进石墨的非均匀形核并细化石墨的过程。

根据基体组织不同，球墨铸铁主要分为铁素体、珠光体-铁素体和珠光体三种。球墨铸铁具有较好的热处理工艺性能，只要钢能采用的热处理，在理论上对球铁也适合。热处理可以改变基体组织，二基体组织不同，球墨铸铁表现出不同的力学性能。

球墨铸铁常用热处理工艺有退火、正火、调质处理和等温淬火等。例如，铸件调质处理或等温淬火处理，可获得下贝氏体、索氏体等基体组织。石墨以球状形式存在于铸铁基体中，改善了对基体的割裂作用，球墨铸铁的抗拉强度、屈服强度、塑性、冲击韧性大大提高。并具有耐磨、减震、工艺性能好、成本低等优点，现已广泛替代可锻铸铁及部分铸钢、锻钢件，如曲轴、连杆、轧辊、汽车后桥等，如图 4-4-3 所示。预计 2025 年，球（蠕）墨铸铁件产量占铸铁件总产量的比例可达到 50%左右。

图 4-4-3　球墨铸铁制品

四、蠕墨铸铁

蠕墨铸铁是向高碳、低硫、低磷的铁液中加入蠕化剂（镁钛合金、镁钙合金等），经蠕化处理后获得的高强度铸铁。

蠕墨铸铁的成分特点是高碳、高硅、低硫、低磷，其碳的质量分数接近共晶成分。

蠕墨铸铁的显微组织有铁素体（F）+蠕虫状石墨（G）、铁素体（F）-珠光体（P）+蠕虫状石墨（G）、珠光体（P）+蠕虫状石墨（G）三种类型。蠕墨铸铁中的石墨呈短小的蠕虫状，与片状石墨相似，但头部较圆，形似蠕虫，其形状介于片状石墨和球状石墨之间。

蠕墨铸铁的牌号用“RuT+数字”表示，“RuT”代表“蠕铁”，数字代表蠕墨铸铁的最低抗拉强度。如 RuT300 表示最低抗拉强度为 300MPa 的蠕墨铸铁。

蠕墨铸铁既具有灰铸铁良好的导热性、减震性、切削加工性和铸造性能等，又有与球墨铸铁相近的抗拉强度、塑性和韧性。

蠕虫状石墨对基体的割裂作用比片状石墨低，应力集中现象也明显降低，故蠕墨铸铁的力学性能比灰铸铁高，强度、塑性低于球墨铸铁，但蠕墨铸铁在铸造性能、导热性能及抗热疲劳性能方面均优于球墨铸铁。

对蠕墨铸铁进行的热处理一般有退火和正火两种，退火可增加组织中铁素体的数量，适当提高蠕墨铸铁的塑性；正火可增加组织中珠光体的数量，适当提高蠕墨铸铁的强度及硬度。

拓展阅读

铸铁材料的应用前景

铸铁材料在工业应用中具有广泛的使用前景。一方面，铸铁材料具有成本低、易于制造和加工、良好的耐磨性和抗压性等优点，使其在汽车制造、机械制造、建筑工程等领域得到广泛应用。另一方面，随着材料工艺和技术的发展，铸铁材料的性能得到进一步提升，如球墨铸铁、含钛铸铁等新型铸铁材料的应用逐渐增多，拓展了铸铁材料的使用范围。

未来，铸铁材料有望在节能环保领域、新能源领域以及高温耐磨领域等方面展现出更广阔的应用前景。同时，铸铁材料的可持续性和循环利用性也受到了越来越多的关注，促进了铸铁材料在环保可持续发展方面的应用和创新。随着技术的不断进步和市场需求的不断增长，铸铁材料将继续发挥其重要作用，并在未来的工业和科技领域中发挥更大的作用。

任务五　有色金属与其合金

有色金属种类繁多，且各自具备独特的性能特点。其中，铜、银、铝及其合金以其优异的导电和导热性能，在电气工业和仪表工业中占据举足轻重的地位，成为关键性材料。而铝、镁、钛等金属及其合金，以其轻质且高强度的特性，在航空航天、汽车制造、船舶制造等领域得到广泛应用。

此外，钨、钼、铌及其合金因其高熔点特性，成为高温条件下使用部件的理想选择。在核工业领域，铪和锆则发挥着重要作用，用作反应堆的包套材料及控制棒。以下重点介绍最常用的铝合金、铜合金及钛合金。

一、铝与其合金

铝是地壳中含量最丰富的金属元素，约占地壳总质量的 8.3%，比铁储量还高。纯铝性能特点为：银白色，密度小于 2.7g/cm^3，属于轻金属；导电、导热性好，仅次于金银铜；在大气及淡水中具有良好的耐蚀性，铝极易与空气中氧结合形成一层牢固致密的氧化

物 Al_2O_3，阻止反应进行：塑性高，延伸率达 80%。变形加工性好。纯铝强度和硬度低，不能直接用来制造承受载荷的机械零件，工业上大量应用的是铝合金。

在纯铝中加入适量的硅、铜、镁、锌、锰等元素制成铝合金，可大大提高其力学性能。经过冷变形加工或热处理后，可进一步提高铝合金的强度，其抗拉强度可提高到 500MPa 以上，与低碳钢的强度相近，同时保持了密度小、比强度高和导热性好的特性。

1. 铝合金的分类

根据合金元素和加工工艺不同，铝合金分为变形铝合金和铸造铝合金，变形铝合金又可细分为不能热处理强化的铝合金和能热处理强化的铝合金。

变形铝合金牌号由国际四位数字体系表示，第一位数字表示组别，第二位数字 0 表示原始合金的改型情况，第三位和第四位数字没有特殊意义，仅用于区别同一组中不同铝合金。

根据性能特点与用途，变形铝合金分为防锈铝、硬铝、超硬铝和锻铝四种。防锈铝合金有 Al-Mn（3×××）和 Al-Mg（5×××）系列，属于不可热处理强化的铝合金。硬铝合金 Al-Cu-Mg 系列（2×××）、超硬铝合金 Al-Cu-Mg-Zn（7×××）系列，锻铝合金 Al-Mg-Si-Cu 系列都属于可热处理强化铝合金。

合金元素主要作用为：Mn 溶入基体，起固溶强化作用，还能提高抗腐蚀性；Mg 在 Al 中溶解度较大，并随温度显著下降，从而发挥较好的固溶强化作用，或者形成 Mg_5Al_8 强化相；Cu、Zn、Mg 和 Si 等合金通过热处理形成强化相，产生第二相强化，Cu 还可提高耐热性。

2. 铝合金的应用

根据主加合金元素不同，铝合金形成不同的铝合金体系，体现出不同的特性，因而应用场合也不同。防锈铝合金具有优良的耐腐蚀性，良好的塑性和焊接性，可用于制造管道、容器铆钉、焊接件或其他腐蚀介质中工作的零部件等。硬铝和超硬铝合金具有高强度和高硬度，一般用于飞机蒙皮、框架、螺旋桨等，如图 4-5-1 所示。

图 4-5-1 铝合金制品

用来制作铸件的铝合金称为铸造铝合金，分为铝硅合金、铝铜合金、铝镁合金和铝锌合金等。铸造铝合金除了要求必需的力学性能和耐腐蚀性外，还要具有良好的铸造性能。因此，铸造铝合金比变形铝合金含更多的合金元素，几乎占总质量的 80%~25%。牌号表示为 ZL+主加合金元素符号+数字，其中 ZL 是“铸铝”汉字拼音首字母，数字表示合金元素平均含量的百分数。

例如，ZL202 表示 2 号铝铜系铸造合金。铸造铝合金具有良好的铸造性能，通常用于制造力学性能要求不高但结构复杂的铸件，如柴油机气缸体、缸盖曲轴箱、内燃机活塞等。

二、铜与其合金

铜元素储量较少，是较为贵重的非铁金属，其产量仅次于钢和铝。目前，汽车上使用的铜及其合金主要有工业纯铜、黄铜和青铜。据统计，一辆载货汽车需要20kg左右的铜。

铜呈紫红色，又叫紫铜，其性能特点为：密度为8.93g/cm³，属于重金属；熔点高，达到1084.88℃；具有良好的导电和导热性；在大气、淡水中具有良好的腐蚀性。纯铜强度约为240MPa，伸长率为50%，不宜直接用作结构材料，仅限于制作导电、导热材料，或者作为配制铜合金的原料。

在纯铜基础上加入一种或几种其他元素构成铜合金。合金元素添加主要目的是强化铜基体。铜合金体系分为黄铜、青铜和白铜，下面介绍其成分、组织及工艺特点。

1. 黄铜

黄铜是以锌为主要合金元素的铜合金。简单的Cu-Zn二元合金称为普通黄铜。在普通黄铜基础上添加其他合金元素形成的铜合金，称为复杂黄铜。复杂黄铜包括铅黄铜、铝黄铜、锡黄铜、铁黄铜、硅黄铜、锰黄铜、镍黄铜等。

普通黄铜牌号为“H+铜含量”，例如，H65表示含铜量65%的普通黄铜。复杂黄铜以“H+第二主加元素化学符号+除锌以外元素含量”。

复杂黄铜是普通黄铜基础上添加了Al、Fe、Si、Mn、Pb等合金元素，具有比普通黄铜更优异的强度、硬度、耐腐蚀性和铸造性能，主要用于制造螺旋桨、压紧螺母等重要的船用零件及其他耐腐蚀零件。

2. 青铜

古代青铜专指铜锡合金，现在指除黄铜和白铜以外的所有铜合金，包括锡青铜、铍青铜、铝青铜、硅青铜、镁青铜、钛青铜、铬青铜、锆青铜和镉青铜等。青铜牌号表示为“Q+第一主加元素化学符号+各添加元素含量”。例如，QSn6.5-0.1表示Sn含量为6.0%~7.0%，P含量为0.10%~0.25%。常见青铜有铝青铜、锡青铜和铍青铜。

（1）锡青铜

锡青铜是以锡为主加元素的铜合金。实际工业用锡青铜的锡含量为3%~14%，其中锡含量小于10%为变形锡青铜，塑性好，而大于10%的锡青铜属于铸造青铜。锡青铜在大气、海水及低浓度碱性溶液中耐腐蚀性能极高，可用于制造船舶零件。铸造锡青铜更适合制造尺寸要求精确的复杂铸件和花纹清晰的工艺美术品，如图4-5-2所示。

图4-5-2　锡青铜制品

（2）铝青铜

铝青铜是以铝为主加元素的铜合金。铝青铜最初的发展是为了替代锡青铜，因为锡价格高。铝含量不同，铝青铜组织不同，材料性能也不同。随铝含量增加，铝青铜室温平衡组织依次为α相、β相

和 γ_2 相，其中 β 相和 γ_2 相都是硬而脆的固溶体，会损害材料综合力学性能。

因此，铝青铜中真正有使用价值的成分是铝含量控制在 10%以内，并添加锰、铁、镍等元素，使合金强度、耐磨性及耐腐蚀性均显著提高。铝青铜强度、硬度、耐磨性和耐腐蚀性都超过锡青铜和黄铜，铸造性能好，但切削性能、焊接性能较差广泛用于高强度的耐磨零件上，如齿轮、螺母、涡轮等。

（3）铍青铜

铍青铜是以镍为主加合金元素的铜合金。添加少量的铍就能使青铜合金性能发生很大变化，工业用铍含量一般控制在 1.7%~2.5%。铍在铜中有较高的溶解度，随温度下降而显著减少，故铍青铜常进行淬火和时效处理。工业用铍青铜牌号以“Q+第一主加元素化学符号+各添加元素含量”。

与其他铜合金相比，铍青铜强度、硬度都很高，甚至接近高强度钢，此外，还体现出优异的弹性极限、疲劳极限、耐磨性、耐腐蚀性和良好的导电、导热性，主要用于制造各种精密仪器、仪表的弹性元件、特殊要求的耐磨件、高温高压下工作的轴承、齿轮。

3. **白铜**

白铜是指铜镍合金，其中镍含量少于 50%。铜镍之间可以无限互溶，从而形成无限固溶体，白铜室温组织通常为单一 α 相固溶体。按成分不同，白铜分为普通白铜和复杂白铜。普通白铜是指简单的 Cu-Ni 二元合金。在普通白铜基础上添加锰、铁、锌等元素的白铜称为复杂白铜，又叫特殊白铜。

普通白铜牌号以“B+镍含量”命名。复杂白铜牌号命名规则分为两种情况：铜为余量的复杂白铜，以“B+第二主添加元素符号+镍含量+各添加元素含量”命名；锌为余量的复杂白铜，以“BZn+第一主加元素（镍）含量+第二主加元素（锌）含量+第三主加元素含量”命名。

普通白铜耐蚀性优异，易于变形加工和焊接，主要用于制造蒸汽和海水环境中工作的精密仪器、仪表零件、热交换器等。特殊白铜具有特殊的电学性能，主要用于制造低温热电偶、热电偶补偿导线及变阻器的材料。

三、钛与其合金

钛在地壳中储存量并不低，在金属元素含量排名中仅次于铝、铁、镁，但其化学性质活泼、冶炼困难、难以获得，且价格昂贵，因而被归为稀有金属。自然界中不存在单质钛，钛主要以钛矿物形式存在，如 TiO_2、$FeTiO_3$。

1. **钛的性能特点**

钛的性能特点为：密度为 4.507g/cm^3，熔点为 1668℃；导电、导热性较低，温度低于 0.49K 时出现超导电性；化学活性强，极易与氧结合，在表面形成稳定钝化膜，故在大气、海水、高温气体中耐蚀性强；弹性模量和强度低、塑性很高，且低温性能好；无毒元素，生物相容性强。

2. **钛合金的分类**

钛合金根据合金元素种类和含量的不同，可分为 α 型、β 型、α+β 型和亚 α 型等几类，其中 α 型钛合金具有良好的高温强度和耐腐蚀性，在航空航天和生物医学领域广泛应用；β 型钛合金具有优异的塑性和韧性，在船舶制造和化工设备中得到广泛应用；α+β 型

钛合金综合了 α 型和 β 型的优点，具有良好的综合性能，在航空航天和汽车制造等领域有重要应用；亚 α 型钛合金具有介于 α 型和 β 型之间的特性，具备一定的塑性和强度，适用于高温和高压环境下的工程应用。

3. **钛合金的性能及应用**

钛合金具有高强度、低密度、抗强酸碱和耐高低温等一系列优异性能，广泛应用于航空航天、舰船、化工等领域。例如，C-17 飞机水平安定面转轴材料采用 Ti-62222S 钛合金。

我国从“东方一号”卫星到现在的神舟系列飞船、嫦娥探测器等都使用到钛合金，如图 4-5-3 所示。此外，我国还用 BT20 等高强钛合金制造导弹的发动机壳体、喷管等构件。我国自主设计完成的载人潜水器“蛟龙”号也应用了钛合金，“蛟龙”号工作范围覆盖全球海洋区域的 99.8%。

图 4-5-3 神舟系列飞船

各个国家都将钛合金大量用于制备国之重器和尖端武器。我国钛储量居世界首位，具有发展钛工业的优势，钛工业起步于 20 世纪 50 年代，21 世纪进入了加速发展的新时期，钛产能位居全球前列，但仍存在一些不足之处。例如，如何保证钛合金在 600℃ 以上，具有足够的蠕变抗力和高温抗氧化性，如何实现低成本、大批量的制造高品质钛合金产品，让钛合金走入老百姓日常生活，等等。

项目实训

学习完本项目的内容后，认真完成表 4-5-1 的实践清单。

表 4-5-1 实践清单

金属材料性能测试与分析实验	
实训目的	通过此实验，使学生掌握金属材料的基本性能测试方法，了解不同测试方法对材料性能的影响，并学会对测试结果进行分析和评估。
实训步骤	（1）准备待测试的金属样品，包括结构钢、工具钢、特殊钢等多种类型的金属材料样品； （2）使用洛氏硬度计、布氏硬度计或维氏硬度计等硬度测试仪器，对各种金属样品进行硬度测试，记录测试结果； （3）使用拉伸试验机对金属样品进行拉伸试验，测定其抗拉强度、屈服强度、延伸率等力学性能指标； （4）使用冲击试验机对金属样品进行冲击试验，测定其冲击韧性指标，如冲击吸收能量等； （5）对金属样品进行金相组织观察，使用金相显微镜观察其显微组织结构，并根据观察结果分析材料的组织特点和性能表现

续表

金属材料性能测试与分析实验	
实训要求	（1）按照实训步骤有序进行实验操作，严格遵守实验室安全规定，保证实验过程安全； （2）熟悉各种测试仪器的使用方法，并准确记录测试数据； （3）能够对实验结果进行分析和评估，理解不同测试方法对材料性能的影响； （4）在实验报告中对实验过程、测试结果和分析结论进行清晰地描述和总结，展现出扎实的实验操作能力和科学分析能力

思考练习

1. 工程结构钢的工作条件有哪些?
2. 不锈钢的分类有哪些?
3. 铝合金的应用有哪些?

项目五

陶瓷材料

项目导读

陶瓷是一类广泛应用于工业、建筑、日用品等领域的无机非金属材料。根据其化学成分和性质，陶瓷可分为结构陶瓷和功能陶瓷两大类。

结构陶瓷主要包括氧化铝陶瓷、硼化硅陶瓷等，具有高硬度、高抗压强度、耐高温等特点，常用于制作耐磨零部件、化工设备等。

功能陶瓷包括氮化硼陶瓷、氧化锆陶瓷等，具有较高的绝缘性能、耐热性能、化学稳定性等，被广泛应用于电子、航空航天、医疗器械等领域。

陶瓷材料因其独特的物理化学性质，广泛应用于高科技领域和日常生活中。通过不同制备工艺和添加成分，陶瓷材料展现出多样化的特性和应用，成为现代工业与生活中不可或缺的重要材料之一。

学习目标

知识目标

(1) 掌握陶瓷材料的定义、特点和分类方式。

(2) 理解陶瓷的基本结构、性能及应用领域。

(3) 认识常见的结构陶瓷和功能陶瓷的特点、用途和制备方法。

技能目标

(1) 能够辨别不同类型的陶瓷材料，并了解其性能差异。

(2) 掌握常见结构陶瓷与功能陶瓷的制备方法和性能测试技术。

(3) 能够根据具体需求选择合适的陶瓷材料，并了解其工艺加工流程。

素质目标

(1) 培养对陶瓷材料的热爱与兴趣，激发其对陶瓷工艺和美学的认同感。

(2) 提高对材料科学和工程的实践能力，培养细致、耐心和严谨的工作态度。

(3) 培养勇攀科学高峰的意识和自主学习的能力，注重团队协作与交流。

思政目标

（1）培养对传统工艺和文化的尊重与保护意识，传承和发扬民族工艺传统。

（2）引导关注当代科技发展与环境保护的关系，提高绿色材料应用和循环利用的意识。

（3）培养勇于探索未知领域和贡献社会的责任感，树立追求卓越、不断自我完善的人生追求。

任务一　陶瓷的分类

陶瓷，作为金属元素与非金属元素化合物的统称，也常被称为无机非金属材料。除金属与非金属化合物外，以二氧化硅为主体的玻璃、碳化硅等无机非金属化合物也归入陶瓷范畴，同时，新型碳材料如碳纤维、碳纳米管等也被视为陶瓷的一种。一般而言，陶瓷材料是指采用天然或合成化合物，经成型与高温烧结所制成的一类无机非金属材料。

现代先进陶瓷以其性能稳定、高强度、高硬度、耐高温、耐腐蚀、耐酸碱、耐磨损、抗氧化等特性著称，同时具备良好的光学、声学、电磁及敏感性等性能。此类高性能材料系根据产品性能要求，经过严格的成分筛选和生产工艺控制所制造，广泛应用于金属材料或高分子材料无法胜任的高温或腐蚀环境。

先进陶瓷材料学作为现代材料科学中的热点领域，其研究与应用具有重要意义。

先进陶瓷材料按其性能及用途可划分为结构陶瓷和功能陶瓷两大类别。需明确的是，同种材料可能因应用场景与工况的不同而分属不同类别。例如，氧化铝陶瓷在机械零部件或挤压模具的应用中，主要体现其结构陶瓷的特性；而在红外窗口或激光振荡元器件的应用中，则凸显其功能陶瓷的属性。因此，在划分陶瓷材料类别时，需充分考虑其实际应用场景与性能特点。

一、结构陶瓷

结构陶瓷是指作为工程结构材料用途的一类陶瓷。结构陶瓷材料相较于金属材料和高分子材料，具有众多优点，例如高硬度、高强度、高弹性模量、低膨胀系数以及耐磨损、耐高温、耐腐蚀等。因此，结构陶瓷在很多领域中逐渐替代了传统金属材料的应用，被应用在金属材料和高分子材料无法胜任的领域，例如汽车发动机的气缸套、密封圈、轴瓦和数控机床的陶瓷切削刀具等，如图 5-1-1 所示。结构陶瓷主要可分为氧化物陶瓷、非氧化物陶瓷、纳米陶瓷三大类。

图 5-1-1　结构陶瓷制品

1. 氧化物陶瓷

氧化物陶瓷主要包括氧化铝陶瓷、氧化锆陶瓷、氧化镁陶瓷、二氧化硅陶瓷、氧化铍陶瓷、氧化锡陶瓷和莫来石陶瓷等。氧化物陶瓷最突出的优点是不会被氧化，而且具备非常优异的热稳定性和化学稳定性。

2. 非氧化物陶瓷

非氧化物陶瓷，涵盖碳化物陶瓷、氮化物陶瓷、硅化物陶瓷以及硼化物陶瓷等类别，以其卓越的高温强度、耐腐蚀及耐热冲击性能脱颖而出，且拥有较低的热膨胀系数及类似金属的热传导率特性。

然而，相较于氧化物陶瓷，非氧化物陶瓷在自然界中的储量显著较低，其原料大多需通过人工合成手段获取，制备难度显著增大。这主要归因于非氧化物陶瓷，如氮化物、碳化物和硫化物等，其标准生成自由焓普遍高于相应氧化物，因此在合成原料及烧结过程中，更易形成氧化物而非非氧化物。尽管非氧化物陶瓷的高温强度、耐腐蚀及耐热冲击性能均优于氧化物陶瓷，但由于其制备过程的复杂性和成本高昂，导致其获取与制备成本较高。

3. 纳米陶瓷

纳米陶瓷，也称为纳米结构材料，是自 21 世纪起蓬勃发展的新型材料之一。通过精心设计的纳米级制造工艺，纳米陶瓷材料在性能上实现了对传统陶瓷材料的显著突破。其特性不仅允许其如金属材料般进行机械切削加工，更可制备成具有相当弹性的碳纳米管陶瓷弹簧，即便在低温环境下也能像金属材料那样实现较大的形变而不产生裂纹。

纳米陶瓷的应用领域极为广泛，包括超滤或吸附技术、光触媒技术、传感器制造、光学功能元件及电磁功能元件的开发等，如图 5-1-2 所示。此外，其在医学领域也有广泛应用，如作为人工器官的临床应用材料、各种防护材料的制备，以及耐高温等领域的材料需求。纳米陶瓷以其独特的性能与广泛的应用前景，在材料科学领域展现出了巨大的发展潜力。

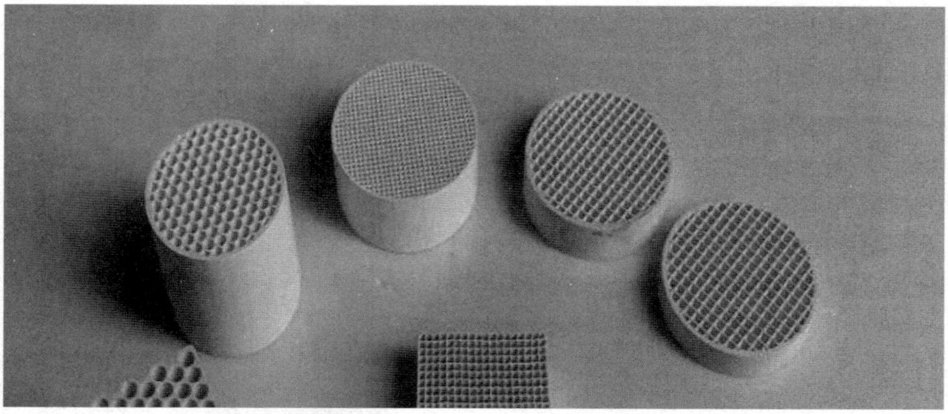

图 5-1-2　纳米陶瓷制品

二、功能陶瓷

功能陶瓷是一类除力学性能外，还具备其他特殊性能的材料。其特点在于具备一种或多种独特的功能性，涵盖电、磁、光、热、生物、化学等多个领域。此外，功能陶瓷还展现出一系列耦合功能，包括压电、热电、电光、声光、磁光、压磁等特性。

功能陶瓷的种类繁多，因此其在多个领域都拥有广泛的应用价值。这些领域包括但不限于电子技术、光电子技术、激光技术、红外技术、传感技术、生物技术、空间技术、能源开发以及环境科学等。通过充分发掘和利用功能陶瓷的这些特性，能够为各个领域的科技进步和产业发展提供有力的支持。

1. **电子陶瓷**

电子陶瓷是指在电子工业中能够利用其电磁性质的一类陶瓷。它是通过对材料的晶界结构和尺寸结构以及表面结构的精密控制而制造的，已经在能源、家用电器和汽车等方面得到了非常广泛的应用。常见的电子陶瓷包括绝缘陶瓷、介电陶瓷、压电陶瓷、铁电陶瓷、热释电陶瓷、敏感陶瓷、磁性陶瓷和超导电陶瓷等。

2. **光功能陶瓷材料**

光功能陶瓷材料主要包括光吸收陶瓷、光信号材料和光导纤维这三大类型。光功能陶瓷的应用在生活中随处可见，例如涂料和瓷制品上的釉质。核工业中也广泛运用含铅、钡等重离子的光功能陶瓷来吸收和固定核辐射波。同时，光功能陶瓷还是固体激光发生器的核心器件之一，例如红宝石激光器和掺汝钇铝石榴石激光器等；而光导纤维则是现代通信工业中的主要传输工具。

3. **热功能陶瓷**

热功能陶瓷可划分为耐热陶瓷、隔热陶瓷以及导热陶瓷三大类别。其中，耐热陶瓷主要包括氧化铝和氧化镁等材料，这些材料凭借其卓越的高温稳定性和化学稳定性，在冶金等诸多领域得以广泛应用，发挥着耐火材料的关键作用。

隔热陶瓷以其极低的热导率而著称，能够在高温工作环境下展现出出色的耐高温和绝热性能。以热障陶瓷涂层为例，它已成功应用于航空发动机工业，以其卓越的隔热效果与高温抗氧化性能，成为当前最为尖端的高温防护涂层技术之一。

导热陶瓷则是通过特定工艺手段提升导热系数的一类陶瓷材料，其热传导、热对流及热辐射能力均显著超越其他类型陶瓷。导热陶瓷的典型代表包括聚晶金刚石、氮化硅和氮化铝等，广泛应用于手机及其他电子设备的陶瓷基板等领域，为现代电子技术的发展提供了有力支持，如图 5-1-3 所示。

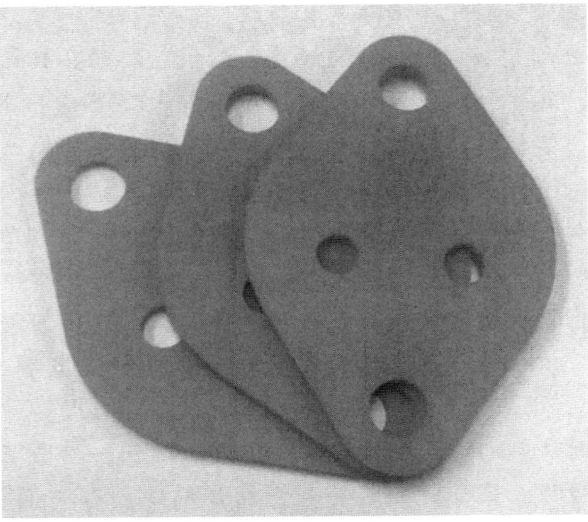

图 5-1-0　导热陶瓷片

4. **生物陶瓷**

生物陶瓷，系指一类特殊的陶瓷材料，旨在实现特定的生物或生理功能，并可直接应用于人体或与人体直接相关的生物、医用、生物化学等领域。此类材料通常展现出卓越的生物相容性和力学相容性，同时在生理环境下具备出色的物理和化学稳定性。

生物陶瓷主要涵盖两大类别：生物惰性陶瓷与生物活性陶瓷。生物惰性陶瓷，即在生物环境中能保持稳定，与周边组织或器官不发生或仅发生微弱的化学反应的生物医学材料；而生物活性陶瓷则能在生物环境中引发特定的生物或化学反应，进而强化组织与材料间的连接，并促进新组织的再生。

鉴于其独特的性能与优势，生物陶瓷在医疗及整形领域得到了广泛的应用，包括但不限于骨科、整形外科、口腔外科、心血管外科、普通外科及眼科等领域。

5. 多孔陶瓷

多孔陶瓷是指经过特殊的制备工艺所获得的一种具有开孔型孔径和高气孔率的一类特殊陶瓷材料。它一般具有比表面积大、密度低、透光率高、热传导率低、耐温耐蚀等特点，被广泛应用于尾气处理、污水处理、催化剂载体和隔热隔音等工业领域。近年来，多孔陶瓷的应用也被逐渐扩展到了航空、电子、医用药用等高科技领域，其材料技术和制备技术得到了非常迅速的发展。

拓展阅读

我国陶瓷的发展史

我国陶瓷的发明与发展，历经了由低级到高级、由原始到成熟的漫长历程。早在三千多年前的商代，我国便初步展现出原始青瓷的雏形；历经千余载岁月沉淀，至东汉时期，终于成功烧制出成熟的青瓷器，这一里程碑式的成就，标志着我国陶瓷艺术踏上了崭新的征程。

历经三国、魏晋南北朝及隋朝时期的稳健发展，制瓷业在政治稳定、经济繁荣的唐朝迎来了蓬勃发展的黄金时期。此时，北方邢窑白瓷以其“类银类雪”的特质与南方越窑青瓷“类玉类冰”的韵味交相辉映，共同铸就了两大享誉海内外的著名窑系。

宋代，更是我国瓷器艺术发展的鼎盛时期，制瓷业呈现出百花齐放、百家争鸣的盛况。当时，瓷窑遍布南北各地，名窑层出不穷，瓷器品类繁多。除继承自唐代的青、白两大瓷系外，黑釉、青白釉及彩绘瓷等新颖品种也纷纷涌现，共同丰富了我国陶瓷艺术的内涵。其中，汝、官、哥、定、钧五大名窑的珍品，至今仍为收藏界所珍视，成为传世之宝。这一时期，无疑是我国陶瓷发展史上的第一个高峰。

明代洪武三十五年，于景德镇设立“御窑厂”，开启了我国陶瓷艺术的新篇章。在长达两百余年的岁月里，御窑厂烧制出了众多传世精品，如永宣时期的青花与铜红釉、成化年间的斗彩、万历时期的五彩等，均为后世所推崇。同时，御窑厂的设立也带动了全国范围内民窑的蓬勃发展，景德镇逐渐崛起为全国制瓷中心。

清代康、雍、乾三代，制瓷业再次焕发活力，迎来了我国陶瓷发展史上的第二个高峰。康熙时期，不仅恢复了明代永乐、宣德以来的瓷器精品特色，更创新出众多新品种。当时烧制的青花瓷色泽鲜艳、层次分明，与珐琅彩瓷并驾齐驱，共同彰显了我国陶瓷艺术的魅力。雍正时期的粉彩瓷精致细腻，与“国瓷”青花相媲美。乾隆时期的单色釉、青花、釉里红、珐琅彩、粉彩等品种，在继承前朝的基础上不断创新，均为传世之作。

进入现代社会以来，随着科技的不断进步和人们审美观念的转变，传统陶瓷已无法满足现代社会的多元化需求。人们对陶瓷材料的性能、质量及品种等方面提出了更高要求，这种需求催生了一系列具有特殊功能的先进陶瓷的问世。陶瓷研究由此迈入了一个新的阶段——先进陶瓷阶段。功能陶瓷（又称现代陶瓷）作为先进陶瓷的代表，以其独特的性能和应用领域，区别于传统陶瓷，展现出更加广阔的发展前景。

自20世纪90年代起，陶瓷研究进一步迈向纳米陶瓷阶段。纳米陶瓷作为一种具有纳米级尺度显微结构的陶瓷材料，其晶粒尺寸、晶界宽度、第二相分布等均在纳米量级范围内。纳米陶瓷的研究与发展，不仅推动了陶瓷材料在工艺和理论上的创新，更促进了其在性能和应用方面的全面提升，为我国陶瓷艺术的未来发展注入了新的活力。

任务二　常见的结构陶瓷

一、氧化铝陶瓷

高纯度的氧化铝（Al_2O_3）是没有颜色的，当氧化铝中含有Cr离子时会呈红色（红宝石），含有Ti离子时会呈蓝色（蓝宝石），含有Co、Ni、V离子时会呈绿色（绿宝石），含有Fe、Mn离子时会呈玫瑰红色。氧化铝的熔点高达2050℃，硬度也很高（莫氏硬度9），密度为3.95~4.10g/cm^3，膨胀系数与金属基本相当，且不溶于酸，具有非常好的化学稳定性、机械性能和介电性能。

氧化铝陶瓷的应用范围极为广泛。鉴于其卓越的机械性能，如高抗弯强度（达500MPa）及出色的高温强度保持能力（直至900℃），氧化铝陶瓷能够制造各类机械装置及装置瓷件。其优异的电阻率和电绝缘性能（绝缘强度高达15kV/mm），使得氧化铝陶瓷成为制造可控硅及其外壳、厚膜与薄膜电路基板以及火花塞等产品的理想材料；其高硬度与出色的耐磨性，则使得氧化铝陶瓷能够应用于制造拉丝模、挤压模、切削刀具及轴承等，如图5-2-1所示。

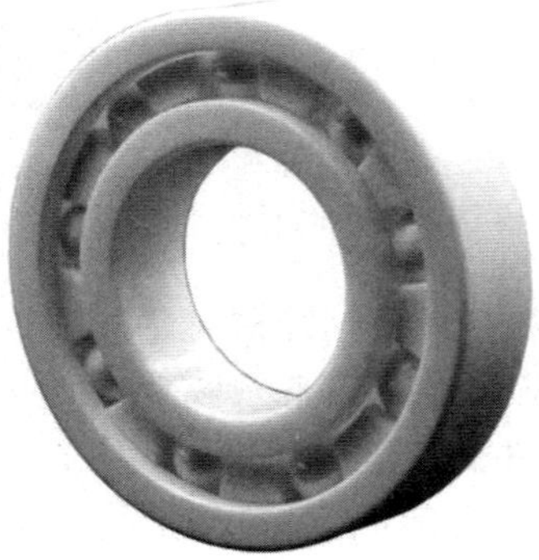

图5-2-1　氧化铝陶瓷制品

而由于其高熔点与卓越的抗腐蚀性能，氧化铝陶瓷还可用作炉管、坩埚、热电偶保护套等耐火材料的制造。此外，高纯度氧化铝陶瓷因其优良的光学特性，还可被应用于制造微波整流罩、高压钠灯管、红外窗口以及激光振荡元器件等。

二、氮化硅陶瓷

氮化物陶瓷是近年来发展非常迅速的一类新型T程结构陶瓷。氮化硅（Si_3N_4）陶瓷与一般的硅酸盐陶瓷最大的不同在于，氮化硅中氮原子和硅原子的共价键结合，赋予了氮化硅陶瓷强度高、绝缘性好的优点。

氮化硅陶瓷的强度非常高，尤其是通过热压烧结法制备的氮化硅，其室温抗弯强度可达到800~1000MPa。如果再在氮化硅中添加少量的氧化钇和氧化铝，则其室温抗弯强度可被进一步提高到1500MPa，是世界上最坚硬的物质之一。

氮化硅陶瓷耐高温能力极强，其强度可以保持到1200℃左右而不出现受热强度下降的现象，且其受热后不会熔成融体，一直持续到1900℃左右才会开始分解。氮化硅陶瓷还有着非常优秀的耐化学腐蚀性能，能几乎无损地承受所有的无机酸（HF 酸除外）和 30%浓度以下的烧碱溶液，还能耐受多种有机酸的腐蚀。

氮化硅陶瓷以其卓越的绝缘性能、微小的热膨胀系数以及出色的抗热冲击性能，在工程技术领域占据了举足轻重的地位。

氮化硅陶瓷的制品广泛多样，涵盖晶体管模具、燃气轮机燃烧室、泵类机械密封环、铸铝永久性模具、钢水分离环，以及输送铝液电磁泵的管道阀门等，如图 5-2-2 所示。其低摩擦系数的特性更使其适用于轴承材料，特别是在高温环境下，氮化硅陶瓷轴承的工作温度可高达 1200℃，较普通合金轴承高出 2.5 倍。因此，其工作速度也能达到普通合金轴承的近 10 倍。此外，氮化硅陶瓷轴承无需特定的润滑系统，从而大幅减少了对铬、镍、锰等原料的需求，有效实现了资源的节约与优化利用。

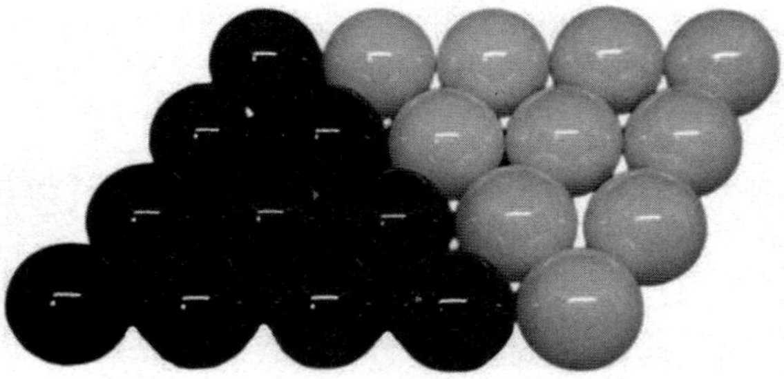

图 5-2-2　氮化硅制品

任务三　常见的功能陶瓷

一、超导陶瓷

超导陶瓷这种材料在极低的温度下，电阻几乎为零，电流可以毫无阻碍地流过，为能源传输和电子设备领域带来了巨大的革命性前景。

超导陶瓷的研发之路并非一帆风顺。科学家们经过无数次的试验和失败，才逐渐摸索出制备这种材料的最佳工艺。他们发现，通过精确控制材料的成分和晶体结构，可以显著提升超导陶瓷的超导性能。这一发现为超导陶瓷的广泛应用奠定了坚实的基础。

随着超导陶瓷技术的不断进步，其在能源领域的应用也日益广泛。例如，在电力传输方面，超导陶瓷可以有效地减少电能的损耗，提高能源利用效率。在电动汽车领域，超导陶瓷的应用有望实现更长的续航里程和更快的充电速度。此外，超导陶瓷还在磁悬浮列车、核磁共振成像等领域发挥着重要作用，如图 5-3-1 所示。

图 5-3-1　高温超导陶瓷应用

然而，超导陶瓷的广泛应用仍面临诸多挑战。首先，制备超导陶瓷的成本仍然较高，限制了其在大规模生产中的应用。其次，超导陶瓷需要在极低的温度下才能展现出超导特性，这也限制了其在常温环境下的应用。为了克服这些挑战，科学家们正在积极研究新的制备方法和材料体系，以期降低成本和提高超导陶瓷的临界温度。

二、激光陶瓷

激光的全称是受激辐射而放大的光，其具有单色性、相干性、定向性、能量密度高等特点，在现代科学技术领域发挥着巨大的作用。目前广泛使用的激光陶瓷材料主要有红宝石、掺钕钇铝石榴石、钕玻璃等。

1. 红宝石

红宝石是含有三价铬离子的氧化铝单晶体，是最早使用的激光材料，如图5-3-2所示。红宝石激光器产生的激光为波长694nm的红色光，具有体积小、能量密度大、应用便捷等优点，但红宝石造价高昂，且温度效应较为明显，不适合在室温下连续或高重复率工作。

图5-3-2 红宝石激光棒

2. 钕玻璃

钕玻璃是一种特殊的激光玻璃，通过在氟化物、钡冕等玻璃中掺入三价钕离子制得。钕玻璃激光器能够产生波长为1.06μm的近红外光。凭借其卓越的单色性、定向性和相干性，钕玻璃激光器所发射的激光能够覆盖极远的空间范围，因此在激光定向和激光测距等领域具有广泛的应用。此外，由于钕玻璃激光器所生成的激光束可以精确聚焦至微小点，从而实现极高的能量密度，这也使其适用于激光打孔、激光焊接以及外科手术等多个领域。

3. 掺钕钇铝石榴石

掺钕钇铝石榴石是一种特殊的陶瓷材料，通过在钇铝石榴石中掺入三价钕离子而制成。在现代激光技术领域中，掺钕钇铝石榴石激光器占据着举足轻重的地位，成为重要的激光系统之一。它所产生的激光波长稳定在1.06μm，属于近红外光范畴。

相较于红宝石激光器和钕玻璃激光器，掺钕钇铝石榴石激光器展现出了卓越的热学性能。它能够在室温条件下，以脉冲和连续两种模式稳定工作，这一特性使得它成为目前唯一能在室温下实现连续工作的实用固体激光器。

鉴于其卓越的性能和稳定性，掺钕钇铝石榴石激光器在金属材质加工领域得到了广泛应用。它能够高效地完成各类金属材质的切割、焊接和打孔等工艺操作，为现代工业生产提供了强有力的技术支持。

三、生物陶瓷

生物陶瓷，作为一种与生物体及生物化学密切相关的特殊陶瓷材料，其主要类别涵盖了与人体直接相关的种植类陶瓷，如齿科和骨科应用，以及用于生物化学领域的生物工程陶瓷，如滤芯等。生物陶瓷的应用范畴广泛，主要涉及人工齿、人工骨、人工血管及人工尿管等植入体领域，同时在生物工程领域也发挥着重要作用，包括细菌或微生物的分离、酶的固定以及液相色谱注等，如图 5-3-3 所示。其严谨性、稳定性及生物相容性等特点，使得生物陶瓷在医疗及生物工程领域具有广阔的应用前景。

根据生物陶瓷材料在生物体内时与生物体发生的交互作用，可以将其分为生物活性陶瓷材料和生物惰性陶瓷材料两类。羟基磷灰石是最具有代表性的生物活性陶瓷。

羟基磷灰石（HAP）是生物体硬组织（骨和齿）的主要成分，因此有时羟基磷灰石陶瓷也称为人工骨。羟基磷灰石具有良好的生物活性、生物相容性和无毒无致癌性，植入宿主体内后不会引起排斥反应，而且可以与宿主的硬组织形成有机联结，是一种临床应用价值很高的生物活性陶瓷材料。

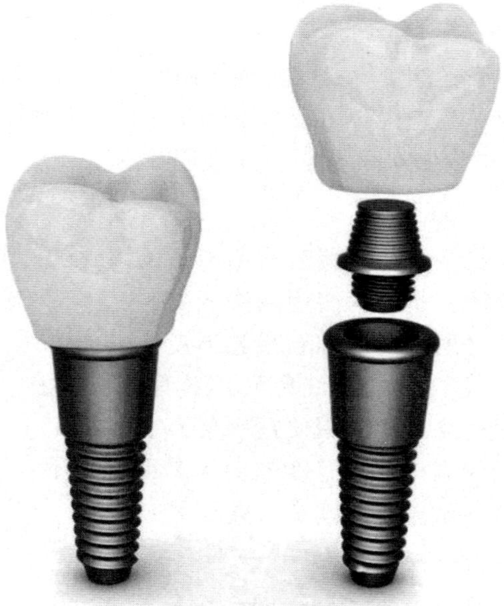

图 5-3-4　生物陶瓷人工齿

近年来，多孔结构的羟基磷灰石陶瓷引起了广泛的关注，因为多孔羟基磷灰石种植体可以通过对人体骨基质结构的模仿，而具有骨诱导性，并为新生骨组织的长入提供支架和通道，所以其植入体内后的组织响应相比块体羟基磷灰石陶瓷而言，有很大改善。

尽管羟基磷灰石在生物医学领域表现出色，但其力学性能不足限制了其应用。科学家们采用等离子喷涂、化学气相沉积等技术手段，实现了羟基磷灰石与金属基材料的复合。该复合材料继承了金属的强度和韧性，保留了羟基磷灰石的生物活性，为生物医学领域提供了新的应用可能。钛合金等离子喷涂羟基磷灰石复合材料已广泛应用于人工关节制造。

科学家们还尝试在羟基磷灰石中掺入生物惰性陶瓷材料或生物玻璃，改善其力学性能。掺杂物与羟基磷灰石相互作用，形成 α-磷灰石和微量 β-磷灰石，提高陶瓷强度，保持生物相容性和抗生理腐蚀性等生物医学性能。

人体骨骼由有机质和无机质构成，有机质赋予柔韧性，无机质（主要为羟基磷灰石）赋予强度。科学家们探索将羟基磷灰石粉末或纤维填充在高分子材料基体中的方法，模拟骨骼结构。这种复合方法改善了高分子材料的刚性和韧性，提高了生物活性。

项目实训

学习完本项目的内容后，认真完成表 5-3-1 的实践清单。

表 5-3-1　实践清单

常见功能陶瓷性能测试与应用实验	
实训目的	通过此实验，学习常见功能陶瓷的性能测试方法，了解其特点及应用领域，培养学生的实验操作能力和数据分析能力

续表

常见功能陶瓷性能测试与应用实验	
实训步骤	(1) 准备常见的功能陶瓷样品，如氧化铝陶瓷、氮化硼陶瓷、碳化硅陶瓷等，并了解其材料性质和应用场景； (2) 使用维氏硬度计或洛氏硬度计等硬度测试仪器，对各种功能陶瓷样品进行硬度测试，记录测试结果； (3) 使用热重分析仪对功能陶瓷样品进行热重分析，了解其热稳定性，包括热膨胀系数、热导率等； (4) 使用化学试剂对功能陶瓷样品进行耐腐蚀性测试，了解其在不同化学环境下的稳定性； (5) 使用绝缘电阻测试仪对功能陶瓷样品进行电绝缘性测试，了解其在电学方面的性能表现
实训要求	(1) 按照实训步骤进行实验操作，熟练掌握各种测试仪器的使用方法，确保实验过程安全； (2) 准确记录测试数据，并能够对测试结果进行分析和总结，形成结论； (3) 了解功能陶瓷的特性及应用领域，为实验结果提供相应的解释和应用意义； (4) 撰写实验报告，清晰表述实验目的、步骤、测试结果及结论，展现出较强的实验操作能力和数据分析能力商务场景的能力； (5) 在总结反馈后，认真对待改进意见，持续提升自身的职业素养和能力

思考练习

1. 功能陶瓷包括哪些种类?
2. 常见的结构陶瓷有哪些?
2. 生物陶瓷的应用范围有哪些?

项目六

高分子材料

项目导读

高分子材料是一类由重复单元组成的大分子化合物，具有许多重要的应用领域。

高分子材料可分为天然高分子材料和合成高分子材料两大类。天然高分子材料包括天然橡胶、蛋白质、淀粉和纤维素等，具有生物相容性高、可降解性好等特点，广泛应用于医药、食品和纺织等领域。合成高分子材料是人工合成的，包括聚乙烯、聚丙烯、聚苯乙烯等，具有耐磨损、耐腐蚀、强度高等特点，广泛应用于塑料、橡胶、纤维等领域。根据合成方式和结构，合成高分子材料可以分为线性聚合物、交联聚合物、共聚物等不同类型。

高分子材料的发展不仅推动了材料科学领域的进步，也为人类社会和生活带来了诸多便利和发展机遇。

学习目标

知识目标

(1) 了解高分子材料的定义、特点以及在不同领域的应用。

(2) 掌握高分子材料的分类方法、天然高分子材料和合成高分子材料的特点和举例。

(3) 理解高分子材料的结构与性质之间的关系。

(4) 了解高分子材料在环保、医药、材料科学等领域的重要性。

技能目标

(1) 能够运用不同的方法对高分子材料进行分类和辨识。

(2) 具备基本的高分子材料实验技能，包括合成、加工、测试等。

(3) 能够根据具体需求选择合适的高分子材料解决问题。

(4) 具备基本的文献检索和资料整理技能。

素质目标

(1) 培养创新意识和实践能力，激发对高分子材料行业的兴趣。

(2) 培养团队合作精神，能够与他人合作完成高分子材料项目。

（3）培养责任感和环保意识，在应用高分子材料时注重可持续发展。

思政目标

（1）认识科技发展对社会经济的推动作用，关注高分子材料领域的发展趋势和前沿。

（2）了解科技与人文社会的互动关系，培养对高分子材料产业与社会的思考能力。

任务一　高分子材料的分类

高分子材料也叫作聚合物或大分子材料，是由一种或多种小分子（单体）（也称为基本重复单元）通过共价键相连形成的单链状或网状分子。重复单元的数量称为聚合度。高分子材料的聚合度一般很大，因而高分子材料的相对分子质量一般在 10^4 以上，甚至更高。需要注意的是，一份高分子材料中单个高分子链的聚合度不尽相同，因此，高分子材料是由化学组成相同、聚合度（分子量）不同的一系列高分子组成的混合物。

高分子材料种类繁多，可简要从来源、分子及其聚集态结构、性质和用途、应用情况等角度进行分类。

一、根据来源分类

高分子材料，作为一种重要的材料类型，广泛应用于日常生活和工业生产中。根据其来源，高分子材料可以划分为两大主要类别：天然高分子和合成高分子。这两大类材料在性质、用途和制备方法等方面均存在显著的差异，但同样在推动科技进步和经济发展中发挥着不可或缺的作用。

1. 天然高分子材料

天然高分子，是指那些存在于自然界生物体中的高分子物质。这类材料具有来源广泛、可再生、生物相容性好等优点，因此在多个领域得到了广泛应用。以纤维素为例，它广泛存在于棉、麻、竹等植物中，具有优良的力学性能和化学稳定性，被广泛应用于纺织、造纸、包装等行业，如图 6-1-1 所示。

图 6-1-1　纤维素

此外，蚕丝和皮革中的蛋白质也是天然高分子的代表，它们具有独特的柔韧性和光泽，常被用于制作高档服装和饰品。生漆和天然橡胶等天然高分子材料，则因其独特的物理和化学性质，在涂料、橡胶制品等领域具有广泛的应用。

2. 合成高分子材料

合成高分子材料则是通过化学合成方法制备的高分子化合物。与天然高分子相比，合成高分子具有更丰富的种类、更优越的性能和更广泛的应用领域。例如，聚乙烯、聚丙烯等合成高分子材料具有优良的机械性能、化学稳定性和加工性能，被广泛应用于塑料包装、建筑材料、管道等领域。此外，合成橡胶、合成纤维等合成高分子材料也因其独特的性能，在轮胎、服装、纺织等领域得到了广泛应用。

随着科技的不断发展，人们开始探索将天然高分子和合成高分子进行有机结合，以制备出具有更优越性能和更广泛应用前景的新型高分子材料。例如，通过生物基材料的合成方法，可以将天然高分子与合成高分子进行复合，制备出具有生物降解性、生物相容性和优良机械性能的新型材料，为环保和可持续发展提供了有力支持。

二、根据分子及其聚集态结构分类

高分子，作为一种广泛存在于自然界和人工合成材料中的重要化合物，其微观结构特征对其性能和应用具有决定性的影响。从分子链的微观排列特征出发，高分子可被明确划分为结晶高分子与非晶高分子两大类。这两大类高分子在结构、性质和应用方面均存在显著差异，因此对其深入研究具有重要的理论和实践意义。

在多数情形下，高分子链通过链段（即高分子链中能够独立运动的最小单元）的折叠和堆积，形成有序结构，即实现结晶化。这种有序结构使得结晶高分子具有独特的物理和化学性质，如高熔点、高硬度、良好的热稳定性等。然而，由于高分子链通过共价键紧密连接各个单体，分子链间的范德华力或氢键等相互作用会显著影响链段的运动。这使得链段难以进行规整的排列，从而导致结晶高分子往往表现为部分结晶状态，同时伴随着大量畸变晶格及缺陷的存在。

相比之下，非晶高分子则表现为无序结构。这类高分子链段的运动更加自由，没有固定的排列方式。这使得非晶高分子具有较低的熔点和较好的加工性能。然而，由于缺乏有序结构，非晶高分子的物理和化学性质相对较差，如较低的硬度、较差的热稳定性等。

除了聚乙烯外，还有许多其他高分子材料也表现出类似的结晶特性。例如，聚酰胺、聚酯等高分子也具有一定的结晶度，并因此具备特定的物理和化学性质。这些性质使得这些高分子材料在塑料、纤维、涂料等领域具有广泛的应用。

值得注意的是，高分子的结晶度并非一成不变。通过改变加工条件、添加助剂等方法，可以在一定程度上调控高分子的结晶度，从而实现对材料性能的调节和优化。例如，通过调整聚合物的分子量、分子链结构以及加工温度等参数，可以影响链段的运动和排列方式，进而改变聚合物的结晶度和性能。

高分子的结晶度对材料物理、化学性质均有很大影响，一般来说，材料结晶度越高，收缩率越大，脆性越大，韧性和延展性越差；结晶度高和晶体尺寸大还容易导致高分子材料透明度下降；但是，结晶程度增加有助于提高材料的耐溶剂性、耐渗透性等。此外，结晶高分子材料的非晶区和非晶态高分子材料还存在独特的玻璃化转变温度。

三、根据材料的性质和用途分类

高分子材料，作为一种广泛应用于现代工业和生活中的重要物质，其种类繁多，性质各异。根据其独特的性质和用途，高分子材料可以被大致划分为橡胶、塑料、纤维、黏合剂、高分子涂料以及高分子复合材料等多个类别。然而，需要特别强调的是，这些分类并不是绝对的，它们之间并没有严格的界限。同一种高分子材料，在不同的合成配方和加工成型工艺下，可能会展现出不同的特性和应用，从而归属于不同的类别。

1. 橡胶

橡胶是一种具有优异弹性和耐磨性的高分子材料，广泛应用于轮胎、密封件等领域，如图 6-1-2 所示。通过改变橡胶的合成配方和加工方法，可以得到不同硬度、耐磨性和耐温性的橡胶产品，以满足不同场景下的需求。

图 6-1-2　橡胶制品

2. 塑料

塑料是一类具有可塑性和可加工性的高分子材料，它们在包装、建筑、电子等领域有着广泛的应用。不同种类的塑料具有不同的物理和化学性质，如聚乙烯的韧性、聚丙烯的耐热性等。通过调整塑料的合成配方和加工成型工艺，可以制造出具有特定性能的塑料制品。

3. 纤维

纤维是高分子材料中的另一大类，它们具有优良的拉伸性和耐磨性，常被用于纺织、服装、绳索等领域。尼龙和聚氯乙烯就是典型的例子，它们既可以制成坚韧耐用的纤维，也可以制成具有优良性能的塑料制品。

4. 黏合剂

黏合剂是高分子材料中用于连接不同材料的一类物质。它们通过黏附力将两个或多个物体紧密地连接在一起。环氧树脂就是一种常用的黏合剂，它不仅可以用于制造塑料制品，还可以作为黏合剂用于建筑、电子等领域。

5. 高分子涂料

高分子涂料是一类用于保护和装饰表面的高分子材料。它们具有优异的耐候性、耐腐蚀性和装饰性，被广泛用于汽车、建筑、家具等领域。通过调整涂料的配方和涂装工艺，可以得到具有不同性能和外观的涂层产品。

6. 高分子复合材料

高分子复合材料是由两种或多种不同性质的高分子材料通过物理或化学方法复合而成的。它们结合了各组分材料的优点，具有优异的综合性能，广泛应用于航空航天、汽车、电子等领域。

四、根据高分子的应用情况分类

高分子材料作为现代工业和科技发展的重要基石，根据其应用领域的不同，可以细致划分为通用高分子、特种高分子和功能高分子三大类。下面，将深入探讨这三类高分子材料的特性、应用领域及其在现代社会中的重要作用。

1. 通用高分子材料

通用高分子材料，是指那些能够大规模生产并广泛应用于生产生活各个方面的材料。这类材料通常具有优良的加工性能、稳定的物理性能和较低的成本，因此得到了广泛的推广和应用。例如，聚乙烯、聚丙烯等塑料材料，在日常生活中无处不在，用于制造各种包装材料、容器、管道等。此外，橡胶也是通用高分子材料的重要代表，广泛应用于轮胎、密封件、鞋材等领域。

2. 特种高分子材料

特种高分子材料是相对于通用高分子材料而言的，它们具有更为优异的机械性能、耐热性、耐光性、电绝缘性和抗腐蚀性等特点。这类材料通常被用于对性能要求较高的工程领域。例如，聚酰亚胺、聚醚醚酮等特种工程塑料，因其出色的耐高温、耐磨损性能，被广泛应用于航空航天、汽车、电子等高科技领域，如图 6-1-3 所示。此外，特种高分子材料还在医疗器械、体育器材等领域发挥着重要作用。

图 6-1-3　聚醚醚酮等特种工程塑料

3. 功能高分子材料

功能高分子材料是一类具有特定功能的高分子材料。这类材料在结构、性能和应用方面都具有独特的优势，能够满足特定领域的需求。例如，导电高分子材料，通过引入导电基团或掺杂导电物质，使高分子材料具备导电性能，广泛应用于电子器件、传感器等领域。医用高分子材料则具有生物相容性好、易于加工等优点，被广泛应用于医疗器械、人工器官等领域。液晶高分子材料和功能性高分子分离膜等也在显示技术、分离工程等领域发挥着重要作用。

随着科技的进步和需求的不断提升，高分子材料的应用领域也在不断扩展。同时，对于高分子材料的研究也在不断深入，新型高分子材料的不断涌现为各个领域的发展提供了强大的支持。例如，近年来，生物基高分子材料、智能高分子材料等新型高分子材料的研究和应用逐渐受到关注，为未来的科技发展注入了新的活力。

拓展阅读

玻璃化转变温度对高分子材料的影响

高分子材料的规整性与其玻璃化转变温度呈现正相关性，即材料规整性的提升将直接导致玻璃化转变温度的相应升高。玻璃化转变温度并非一个固定的温度点，而是一个具体的温度区间，它标识着高分子链段开始运动的起始点，也即高分子链段能够表现出活动能力的最低温度阈值。

在低于此温度区间的条件下，高分子分子链的运动状态将受到显著限制，表现出类似于玻璃的稳定特性，宏观上呈现出脆性特征，其力学性质与玻璃相近，因此形象地被称为玻璃态。而在高于此温度区间的条件下，虽然高分子整体分子链尚未能实现全面运动，但其链段已具备一定程度的活动性，使得材料在外力作用下能够展现出明显的形变能力，并且形变能够逐渐恢复，此状态被称为高弹态。

在高分子材料的应用中，对玻璃化转变温度的精准把握具有极其重要的意义。以橡胶为例，作为高分子材料的一种，其工作温度的设定必须确保高于玻璃化转变温度，以确保在使用过程中能够保持优异的弹性性能。

任务二　天然高分子材料

高分子材料在自然界中分布广泛，诸如蛋白质、核酸以及多糖等高分子物质，均构成动植物体（包括人类在内）的重要组成部分。人们的日常生活及生产活动均离不开这些天然高分子材料。在居住方面，房屋建筑依赖于木材这一天然高分子材料的支撑；在穿着方面，棉麻、蚕丝、皮革等高分子材料广泛应用于服装制作；在饮食方面，诸多食材也包含天然高分子成分；在出行方面，交通工具的制造也离不开高分子材料的应用。

此外，为了满足更为广泛和复杂的需求，人们还对天然高分子材料进行改性处理，将其转化为半合成高分子材料，从而进一步拓宽了这些材料的应用领域。以下，对在日常生活中广泛应用的几类天然高分子材料进行简要介绍。

一、天然纤维

纤维是具有一定柔韧性的细丝状物质，其长度比直径大很多倍，即长径比很大。天然纤维是指从动植物身上直接获得的纤维状材料。根据来源不同，可以分为植物纤维（如棉花、麻类等）和动物纤维（如蚕丝、羊毛等）。

1. 植物纤维

植物纤维的主要成分是纤维素，是一种由葡萄糖（单体）组成的大分子多糖，是自然界中分布最广、含量最多的一种多糖，纤维素占植物界碳含量的50%以上，如图 6-2-1 所示。

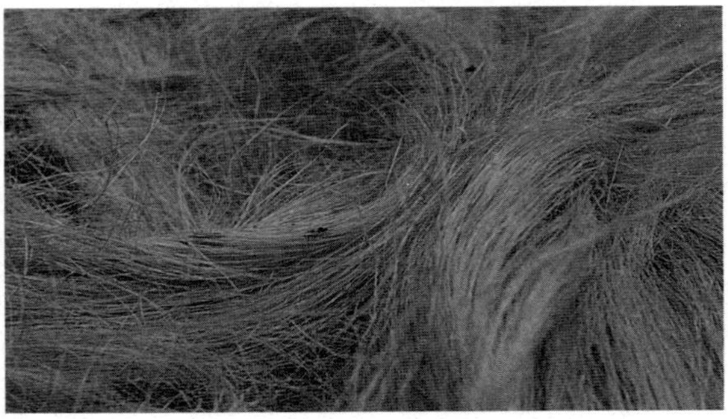

图 6-2-1　植物纤维

纤维素是植物细胞壁的主要成分。在木材中，纤维素的含量可以达到 40%～50%；棉花中的纤维素含量接近100%，是最纯的天然纤维素来源。竹纤维也是一种常用的纤维材料，被誉为继棉、麻、毛、丝后的第五大天然纤维。被广泛用于制作家具等日常用品和各种编织物。与其他材质的筷子（木头、塑料、陶瓷及不锈钢等）相比，竹制筷子质轻、强韧，环保无毒，不易受到污染而发霉变质，是制作筷子的首选材料。

植物纤维最常见的使用方式之一是造纸。纸张的历史可以追溯到东汉时期蔡伦发明的造纸术。随着时代的发展，造纸技术也逐渐发展，但对于纤维素的需求仍然不变。现代造纸厂仍旧使用芦苇、麦草和木材等富含纤维素的植物作为原料。根据不同的原料和工艺，纸张的种类和用途也丰富多样。如卫生纸往往使用较短的纤维制造，使其容易在水中被“溶解”；面巾纸则一般使用长纤维制造，经得起水泡，不易分散。

随着社会的发展，人们并不满足于对天然纤维材料的简单应用。但纤维素一般不溶于水，特别是长纤维，加工非常困难，影响了其在更多领域的应用。

2. 动物纤维

动物纤维主要是指从动物的毛发或昆虫分泌物中获得的纤维，主要成分为蛋白质，所以也称为天然蛋白质纤维。在人类体内，蛋白质占到人体重量的16%～20%。天然蛋白质不只是存在于动物体内，也广泛存在于植物体内。

蚕丝是蚕结茧时分泌出的丝液凝固而成，由两根丝纤蛋白经由丝胶蛋白黏合包覆而成，是人类最早利用的动物纤维之一。蚕丝的提取制备要通过缫丝、练丝等步骤，将蚕茧浸煮在热水中，在丝绪浮起后，找到“头绪”，再慢慢地抽出整根蚕丝，这个过程耗时很长，需要耐心细致。用纺车将抽出来的蚕丝收集起来，这个过程称为缫丝，获得的是生丝。而练丝则是用浓碱去掉丝胶蛋白并漂白，使得两根丝纤分离。经过练丝过程的蚕丝叫熟丝，蚕丝的白洁度变高，蚕丝更加柔软，易于染色。由蚕丝制作的纺织品具有质轻、均匀柔顺、透气透湿等特点，自古便被用于高端衣物。

兽皮自古也是一种常见的衣物原料，它其实是动物蛋白质纤维在三维空间的紧密编织。通过使用鞣革工艺，用树皮、矿物盐、单宁或替代物浸泡兽皮，使鞣革剂与动物蛋白质中的氨基发生交联反应，将生皮制成易于保存、手感舒适的革，即可用于生产各种皮革产品。

虾、蟹等甲壳类动物不仅肉质鲜美，它们的壳同样用处很大。这些动物的壳富含一种叫作甲壳素的物质，是自然界中含量仅次于纤维素的多糖。这种材料通过纺丝生产工艺，可以制成甲壳素纤维。这种纤维具有天然的抑菌效果，广谱抗菌率很高，而且甲壳素分子链上具有大量羟基和氨基等亲水性基团，使得甲壳素纤维具有很好的吸湿功能。因此，甲壳素纤维可应用于制造内衣、毛巾和各种床上用品。

二、天然涂料和黏合剂

天然涂料与黏合剂作为高分子材料，其在自然界中拥有着悠久的历史。生漆，这一自漆树上采割的乳白色液体，在接触空气后会经历氧化过程，逐渐转变为褐色。其主体成分是具有双键侧链的漆酚，通过氧化聚合反应形成高分子链。鉴于其卓越的耐磨、耐腐蚀、隔水绝缘等特性，生漆得以在机械、工艺品以及家具等领域广泛应用，成为这些领域中的优质涂料。

中国墨，作为文房四宝——笔、墨、纸、砚中的重要一员，其不仅是黑色颜料的代表，更是中华书画艺术的精髓所在，如图 6-2-2 所示。众多珍贵的书画作品历经千年沧桑，其墨色依旧鲜亮如初，彰显着“落纸如漆，万载存真”的艺术魅力。自晋朝起，人们便运用胶作为黏合剂，结合炭黑、松烟等原料精心调配制墨，这一传统工艺一直传承至今。中国墨所采用的传统黏合剂，源于动物皮、骨骼或甲壳等熬制而成的明胶，堪称最早的天然高分子黏合剂，充分展现了中华民族在材料科学方面的智慧与成就。

图 6-2-2　中国墨

三、天然橡胶

与生漆类似，天然橡胶的制作过程，始于橡胶树所流出的乳白色汁液，经过凝固和干燥等精细工艺，最终转化为具备弹性的固体物质。天然橡胶的主要成分为橡胶烃，然而，未经处理的生胶在性能上存在诸多局限，其强度不足，弹性恢复性差，且易受热变软变黏，并伴有异味，因此其应用范围相对有限。

图 6-2-3　天然橡胶制品

直至 1839 年，美国人查尔斯·古德伊尔通过创新的工艺，将生胶与硫磺混合加热，使原本线型的生胶分子间发生交联，进而形成具有三维网络结构的大分子体系。这一变革性的发明赋予了硫化橡胶出色的弹性、机械强度、耐屈挠疲劳强度、耐磨性、气密防水性、抗腐蚀性、绝缘隔热性以及耐寒性等诸多卓越理化性能，从而使得天然橡胶成为应用范围最为广泛的通用橡胶之一，如图 6-2-3 所示。

经过硫化处理的橡胶，通常被称为熟胶或硫化橡胶，而在此过程中所使用的硫磺则被称为硫化剂。随着硫化工艺的不断演进，硫化剂的种类日趋丰富，尽管许多现代硫化剂已不再含有硫元素，但"硫化"这一术语仍然沿用至今。

尽管橡胶本身柔软且易受损，但其耐磨性能却远胜于木头或金属。此外，充入压缩空气的弹性橡胶管，能够有效地缓解运动过程中的振动与冲击，为乘车人提供了前所未有的舒适体验。

任务三　合成高分子材料

随着社会的不断进步与发展，天然高分子材料因受产量限制及日益增长的需求压力，已无法满足人类日常生活的需求。进入 20 世纪，真正的人工合成高分子产品应运而生，随着石油化工技术的迅猛发展，合成高分子工业取得了显著的进展。至 20 世纪 80 年代，合成高分子材料的年产量已突破一亿吨大关，其总体积更是超越了所有金属的总和。

随着汽车工业的蓬勃发展，对制造轮胎所需的橡胶需求量急剧上升；同时，橡胶在日常生活、工业生产、国防军事等诸多领域的应用也愈加广泛。然而，天然橡胶的供应量远不能满足市场的需求，因此，各国纷纷投入研发力量，竞相研制合成橡胶，使其成为材料领域中发展最为迅猛的一类材料。

我国合成高分子工业起步晚，20 世纪 50 年代主要进行科研和培养技术力量，建立表征测试手段。20 世纪 60 年代，高分子化学和物理发展迅速，研制出多种通用和特种塑料。利用先进技术和测试手段研究高分子材料合成方法、机理和性能，指导新型功能高分子的合成和应用研究。自 20 世纪 80 年代起，我国高分子科学家众多，成果丰硕，许多技术已领先国际先进水平。

一、合成橡胶

根据性能和用途的不同，合成橡胶可大致划分为通用橡胶和特种橡胶两大类。通用橡胶，如丁苯橡胶、顺丁橡胶、氯丁橡胶等，因其广泛适用于轮胎及其他橡胶制品的制造而备受青睐。而特种橡胶，则包括丁腈橡胶、硅橡胶、氟橡胶和聚氨酯橡胶等，它们具备耐寒、耐热、耐油、耐氧化等特殊性能，能够在极端条件下长期使用。

然而，随着生产成本的不断降低以及应用领域的日益拓宽，特种橡胶逐渐呈现出通用化的趋势，如乙丙橡胶、丁基橡胶等也开始在更广泛的领域得到应用。以下，对几种常用的合成橡胶进行简要介绍。

1. 异戊二烯橡胶

合成异戊二烯橡胶与天然橡胶的主要成分相同，均为聚异戊二烯，所以又称为合成天然橡胶。虽然其物化性质与天然橡胶基本相同，但由于是合成产物，具有更高的纯度，分子量也更加均一。合成异戊二烯橡胶具有很好的弹性、电绝缘性能、耐寒性（玻璃化转变温度为-68℃）等，其耐氧化、内发热性、吸水性和多次变形条件下耐弯曲开裂性等均优于天然橡胶；但其强度、刚度以及加工性能（如混炼、压延等）则比天然橡胶稍差，价格也略高。

合成异戊二烯橡胶与天然橡胶的应用领域基本相同，主要用于制备轮胎、防水衣物、医疗和食物器具、黏合剂、工艺品等，是一种综合性能很好的通用合成橡胶，如图 6-3-1 所示。

图 6-3-1　异戊二烯橡胶制品

2. 丁苯橡胶

丁苯橡胶又称聚苯乙烯丁二烯共聚物。其加工性能及制品的使用性能接近于天然橡胶，有些性能如耐磨、耐热、耐老化及硫化速度较天然橡胶更为优良，可与天然橡胶及多种合成橡胶并用。丁苯橡胶的合成方法多样，按照聚合反应的温度，可以分成高温共聚丁苯橡胶，占总产量的 20%左右，且正在逐渐降低；低温共聚丁苯橡胶是通过现今主流方法聚合的产物，具有比高温共聚丁苯橡胶更好的物理性能。

相比于天然橡胶，合成丁苯橡胶分子量相对均一，杂质含量少，通过调节苯乙烯组分的含量，可以控制最终产品的物理性能。但丁苯橡胶缺点也同样突出：其硫化速度慢，黏附性能差，具有很大的收缩性而加工难度高。相比于天然橡胶，其回弹性、耐寒性、电绝缘性和动态特性（特别是动态发热）均较差。此外，橡胶硫化后的抗张强度小，需要加入大量补强剂。

3. 丁腈橡胶

丁腈橡胶由丁二烯和丙烯腈经乳液聚合制得，是一种常用的耐油特种合成橡胶。其组分中丙烯腈含量越多，耐油性越好，但耐寒性会相应下降。

丁腈橡胶的优点首推耐油性能，可有效耐汽油、轻油，在各种橡胶中具有较强的耐有机溶剂性能。此外，其耐磨性、耐老化、耐水性良好。它的缺点是容易弯曲开裂，动态性能差、耐燃性、耐臭氧性、电绝缘性以及热绝缘性能差，弹性稍低。该种橡胶的耐寒温度在-10～-20℃之间，是橡胶中低温易脆化的一种。

丁腈橡胶主要用于制作各种耐油制品，如一次性手套、耐油垫圈、胶管、软包装、电缆包覆材料等，如图 6-3-2 所示。

4. 硅橡胶

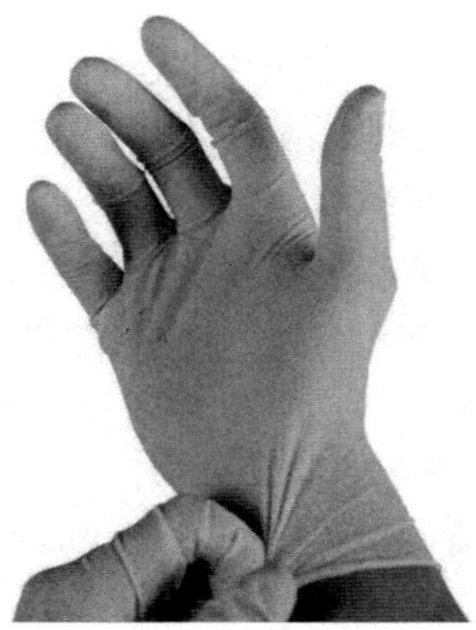

图 6-3-2　丁腈橡胶制品

硅橡胶是指主链由硅原子和氧原子交替组成，且硅原子上通常连有两个有机基团的一种特种合成橡胶。一般是由环状有机硅氧烷开环或是以不同硅氧烷进行共聚合成的。

硅橡胶分子链柔性大，分子间作用力小，因而具有很好的耐热和耐寒性能，可以在很宽的温度范围（-100~300℃）内使用，可以用于制造各种耐高、低温橡胶制品。这种橡胶还具有非常优秀的电绝缘性、耐候性、耐臭氧性能和透气性。

此外，由于具有无味无毒、具有良好生物相容性和不会导致凝血的突出优点，可以广泛用于食品工业和生物医用领域，制造各种人造器官（如人造心脏、血管）和医疗卫生用具。其缺点在于抗张强度和撕裂强度较低，耐酸碱腐蚀性差，加工性能不好。

5. 氯丁橡胶

氯丁橡胶是一种合成橡胶。氯丁橡胶分子中含有氯原子，与其他通用橡胶相比，具有非常优良的耐候性、耐臭氧性，耐老化、不易燃，且具有自熄性，耐油、耐溶剂、耐酸碱以及气密性好等优点。机械性能介于通用橡胶和特种橡胶之间，一般用作对均衡综合性能要求较高的高级橡胶材料。其缺点主要是比重大，耐寒性和电绝缘性较差，加工时易黏辊黏模，易焦烧，生产成本相对较高；此外，其生胶稳定性差，不易保存。

氯丁橡胶主要在有油环境和室外使用，主要用于制作汽车零部件、对耐老化性要求较高的电缆护套、各种耐化学腐蚀、防火的橡胶制品等。

二、塑料

塑料是以树脂为主要成分，加入其他添加剂，在一定的温度和压力条件下，加工成型的高分子材料。如果按照其力学状态定义来说，凡在室温下处于玻璃状态的高聚物均可称为塑料。塑料制品的应用非常普遍，而且还不断有更环保、更高性能的塑料被研制出来取代原来的材料。

根据用途，塑料可分为通用塑料和工程塑料。通用塑料主要用于非结构件，产量大、价格低廉、力学性能一般；工程塑料具有优秀力学性能，可替代金属，具有耐热、耐磨、尺寸稳定性高等特点，可分为普通和特种工程塑料，后者可满足特殊领域的要求。

1. 通用塑料

通用塑料产量大、价格低廉，使用范围广，涉及人们生活的方方面面。目前使用最多的通用塑料有聚乙烯、聚氯乙烯、聚丙烯、聚苯乙烯等。

（1）聚乙烯

聚乙烯是由乙烯单体经聚合得到的一种热塑性树脂。聚乙烯是一种无毒无味、乳白色半透明蜡状物质。其透明度随结晶度增加而降低：而在一定的结晶度下，透明度则随分子量增大而提高。此外，它具有良好的柔性、延展性、易加工性、电绝缘性和一定的透气性，耐化学腐蚀，使用温度可低至-70~-100℃。

聚乙烯，作为塑料中产量最为庞大的品种，其应用范围也极为广泛。依据聚乙烯的发展历程，结合其聚合方法、分子量差异及链结构的多样性，可将聚乙烯细分为低密度聚乙烯、线性低密度聚乙烯、高密度聚乙烯以及超高分子量聚乙烯等多种类型。

高压聚乙烯因其分子主链上密布众多支链，导致分子结构规整性相对较差，进而表现为较低的结晶度和密度，材质柔软。因此，该类型聚乙烯也被称为低密度聚乙烯，并主要应用于食品包装袋、农用膜、地膜等日常生产生活领域，如图 6-3-3 所示。

图 6-3-3　高压聚乙烯制品

线性低密度聚乙烯则以其独特的线性聚乙烯主链和短小支链结构为显著特征。尽管其外观与低密度聚乙烯相近，透明性略逊一筹，但在抗张强度、抗撕裂强度、耐应力开裂、耐温性和耐穿刺性能等方面均展现出更为优异的表现。其应用领域已深度渗透至原低密度聚乙烯市场的各个角落，并在生产生活中发挥着举足轻重的作用。

如果乙烯单体聚合过程采用了齐格勒-纳塔催化体系，所需合成压力偏低，聚合形成的聚乙烯称为低压聚乙烯。其平均分子量较高，支链短且少，所以密度和结晶度较高，因而也称为高密度聚乙烯。其强度比较大，不仅可用于制备薄膜和包装，还可以用于制备中空容器、管材和机械零件等。

超高分子量聚乙烯具有突出的高模量、高韧性、自润滑性、化学稳定性和抗老化性等。其耐磨性能在现有塑料中最好，是目前发展中的高性能、低造价的工程塑料。

（2）聚丙烯

聚丙烯是由丙烯单体经加聚反应形成的白色透明蜡状材料。聚丙烯目前的产量仅次于聚乙烯和聚氯乙烯。这种材料的密度为 0.89~0.91g/cm^3，是热塑性塑料中最轻的，它无毒无味，强度、刚度、硬度和耐热性均优于高密度聚乙烯。聚丙烯的侧基甲基的空间位阻比较大，使得主链分子链段不易运动。因此，聚丙烯的玻璃化转变温度比聚乙烯高，耐热性好，可在 130℃下使用，且对水特别稳定，吸水率仅为 0.01%，所以，聚丙烯制作的食物容器等可煮沸消毒、微波加热等。此外，聚丙烯的耐腐蚀和绝缘性能也很好，可用做耐温高频电绝缘材料。但是，聚丙烯不耐低温，其脆性温度仅为零下 35℃，且不耐磨、易老化，静电度高，染色性、印刷性和黏合性较差。

（3）聚氯乙烯

聚氯乙烯是一种无定形的白色或微黄色透明材料。聚氯乙烯工业化生产方法很多，根据不同的单体，可以分为两种方法，一种是以石油裂解出的乙烯为原料进行氯化，再脱除氯化氢，用金属催化剂高温氧氯化制备，简称氧氯化法，成本较低；另一种是以电石为原料制备乙炔，然后与氯化氢反应制备氯乙烯单体，后进行聚合反应获得聚氯乙烯树脂，简称乙炔电石法，成本较高。

聚氯乙烯的化学稳定性良好，耐一般酸碱；由于含有氯原子，其阻燃性优于聚乙烯、聚丙烯等塑料，可用作防火防腐材料、建筑材料、包装材料等。聚氯乙烯塑料的拉伸强度、抗弯强度、硬度等属于一般水平。需要注意的是，聚氯乙烯对光和热的稳定性较差，经长时间阳光暴晒或在 100℃以上，会分解产生无色有刺激性气味的氯化氢气体，并进一步自动催化分解，引起变色。在分解过程中，其机械性能迅速下降，变硬、发脆，在实际应用中必须加入稳定剂以提高其对热和光的稳定性。

（4）聚苯乙烯

聚苯乙烯是由苯乙烯单体通过链式聚合反应合成。聚苯乙烯无毒、无臭、吸水性低，具有良好的耐辐射性、耐化学腐蚀性、电绝缘性、绝热性和加工流动性。由于聚苯乙烯大分子链的侧基为大体积的苯环，分子不对称性较高，分子内单键的旋转受到限制，所以聚苯乙烯材料刚性大、性脆，但透明度高，透光率可达 90%以上，易着色。此外，聚苯乙烯的耐热性和耐候性差，不耐沸水，易低温开裂。

聚苯乙烯一般可用于制造建材、工业装饰、光学器件、玩具、文具等；其另一个重要用途是制备泡沫材料，用于隔热减震、一次性餐具等，如图 6-3-4 所示。

2. 工程塑料

（1）聚对苯二甲酸乙二醇酯

聚对苯二甲酸乙二醇酯，是具有良好综合性能的新型工程塑料。它以对苯二甲酸二乙酯与丁二醇为原料通过酯交换法制备获得。

聚对苯二甲酸乙二醇酯具有良好的力学性能，制成薄膜的冲击强度是其他高分子薄膜的 3~5 倍，抗蠕变性、耐折性、尺寸稳定性好。此外，它的耐候性良好，可阻挡紫外线，耐大多数溶剂和稀酸碱，气体和水蒸气的渗透率低，透明度高，光泽性高，无毒无味，因此它常用于制备装水和饮料的塑料瓶、产品包装和电器零部件等，如图 6-3-5 所示。

图 6-3-4　聚苯乙烯制品

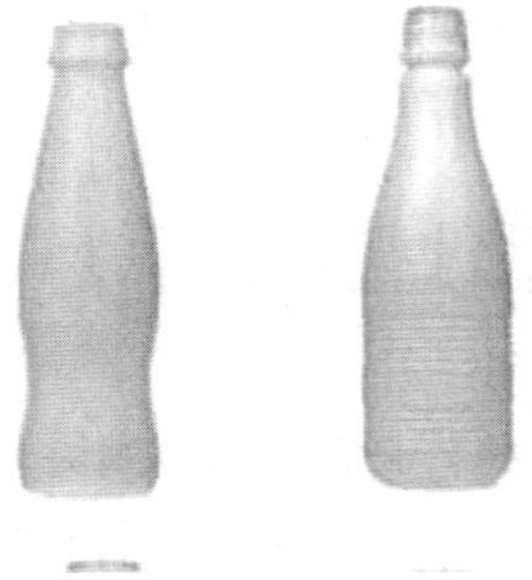

图 6-3-5　聚对苯二甲酸乙二醇酯制品

聚对苯二甲酸乙二醇酯可在 55~60℃温度范围内长期使用，并可在 65℃短时间使用，但温度达到 70℃时易发生变形，会熔出对人体有害的物质，但它可耐零下 70℃低温。

（2）聚碳酸酯

聚碳酸酯，是分子链中含有碳酸酯基的高分子。根据酯基的种类，可分为脂肪族、脂环族、芳香族、脂肪族、芳香族等聚碳酸酯。目前用作工程塑料的聚碳酸酯一般是碳酸二苯酯和双酚 A 通过酯交换和缩聚反应合成。

聚碳酸酯为无色或微黄色透明固体，无臭无味，对人体无害，透光率为 75%~90%，接近有机玻璃。其最高使用温度可以达到 135℃，脆化温度为零下 100℃，具有良好的尺寸稳定性、强度及弹性系数、冲击强度、电气特性、耐候性和自由染色性。

因此，聚碳酸酯可广泛用于制备各种工业机械零件、光盘、包装、计算机等办公室设备，医疗及保健器件，休闲和防护器材等，还能用于银行等特殊场所的防护窗、工业安全档板、飞机舱罩和防弹玻璃等。但聚碳酸酯无自润滑性，耐磨、耐疲劳性差，容易产生应力开裂，而且其耐光、耐溶剂、耐碱性能也不好。

（3）氟塑料

氟塑料，是由分子链中含有氟原子的氟树脂制成的塑料，可以作为特种工程塑料使用。氟塑料种类很多，应用广泛的有聚偏氟乙烯、聚三氟氯乙烯、聚四氟乙烯、聚全氟乙丙烯等。由于分子链中含有氟原子和稳定的碳氟键，使得氟塑料具有独特的性质。以聚四氟乙烯为例，聚四氟乙烯是四氟乙烯单体经聚合而成。

聚四氟乙烯目前工业产量约占整个氟塑料的 80%，素有“塑料王”的美称，商品名为特氟隆。聚四氟乙烯无毒无害，具有极高的化学稳定性和热稳定性，几乎不受任何化学药品的腐蚀，可在 250℃长期使用，耐候性以及耐久性非常好：同时，其摩擦系数极低，具有高润滑性，有固体材料中最小的表面张力。但聚四氟乙烯强度较低，加工性能差。

图 6-3-6　聚四氟乙烯制品

聚四氟乙烯被广泛应用于国防军事、航空航天、电气电子、医疗化工、建筑、机械、纺织、厨具食品等领域。现在常用的不粘锅，就是在锅的内表面涂了一层聚四氟乙烯，如图 6-3-6 所示。中国国家游泳中心“水立方”是国内首次采用聚四氟乙烯膜的建筑物，聚四氟乙烯膜使得表面不易沾灰；即使沾灰，自然降雨也可以将附着在其表面的灰尘冲刷掉，保持表面清洁如新。

拓展阅读

塑料的起源与发展

1870 年，美国印刷工人海厄特，一位热衷于化学研究的爱好者，成功将樟脑加入硝酸纤维素（即纤维素与硝酸酯化反应的产物）中进行增塑处理，从而得到了一种具有卓越韧性和热塑加工特性的角质状材料。这种材料被历史上首次命名为“赛璐珞”，并因其独特的性能，广泛应用于乒乓球、电影胶片以及工艺品等制造领域。

然而，1884 年柯达公司使用赛璐珞生产电影胶片时，发现该材料在放映过程中因摩擦产生的热量而易于燃烧，这主要源于硝酸纤维素的易燃特性。

人类有目的创造的第一种高分子材料，是由美国人贝克兰成功合成的酚醛树脂。1907 年，贝克兰成功申请了关于酚醛树脂通过“加压、加热”方式进行成型固化的专利，并在此后陆续获得了多达 400 余项的相关专利，实现了酚醛树脂的工业化生产，从而奠定了其在科学界的卓越地位，并带来了丰厚的名利回报。

鉴于贝克兰在塑料领域的杰出贡献，1940 年 5 月 20 日的《时代》周刊尊称其为“塑料之父”。酚醛树脂通过添加填料和其他添加剂，可进一步形成硬而脆的酚醛塑料，这种热固性塑料具备机械强度高、耐磨、耐腐蚀、尺寸稳定性良好以及电绝缘性能优异等诸多优点，因而广泛应用于电绝缘材料（如插座、开关等）、耐热部件（如炒锅把手等）以及各类日用品和工艺品的制造中。

三、合成纤维

合成纤维是由合成高分子材料通过一定加工工艺获得的纤维材料。自 1913 年合成出最早的聚氯乙烯纤维以来，合成纤维工业发展迅速，目前已工业化生产的高分子纤维约有三四十种。为纪念合成纤维工业的高速发展，1978 年我国发行了一套直五连邮票，形象地反映了化纤纺织品生产的工艺流程：原料合成、抽丝成纤、纺织、印染和成品。当今世界最重要的四大合成纤维分别为：聚酰胺纤维、聚酯纤维、聚丙烯腈纤维和聚丙烯纤维，这几种合成纤维占据了合成纤维工业产量半数以上的份额，并广泛用于人类生产生活中。

1. 锦纶

锦纶是分子主链含有酰胺键的一类聚酰胺纤维，也是世界上最早工业化生产的合成纤维。

聚酰胺树脂在熔融状态下可以被拉伸成符合纺丝要求的纤维材料，并于 1939 年实现工业化，命名为“尼龙”，俗称尼龙 66。它的成功合成是合成纤维工业的重大突破，这种纤维的出现使得纺织业出现革新。根据二元胺和二元酸中碳原子数量的不同，合成出的不同聚酰胺纤维品种命名也不同，常见的聚酰胺纤维品种还有尼龙 6 和尼龙 610 等。

锦纶的优点是质轻、强度高、韧性好，耐冲击性和耐疲劳性优秀，耐腐蚀性较好，是耐磨性最好的纤维之一；锦纶广泛用于纺织业，可以制造耐磨衣料、丝袜等，如图 6-3-7 所示。在工业上可用于制备渔网、绳索、降落伞及其他军用织物等。由于具有良好的力学性能、耐腐蚀性和绝缘性能等，尼龙 6 同样被广泛用作工程塑料，用于制造机械零部件、包装材料、日常用品和医疗器械等。锦纶的缺点是弹性模量较小，使用过程容易变形，耐热性和耐光性较差。

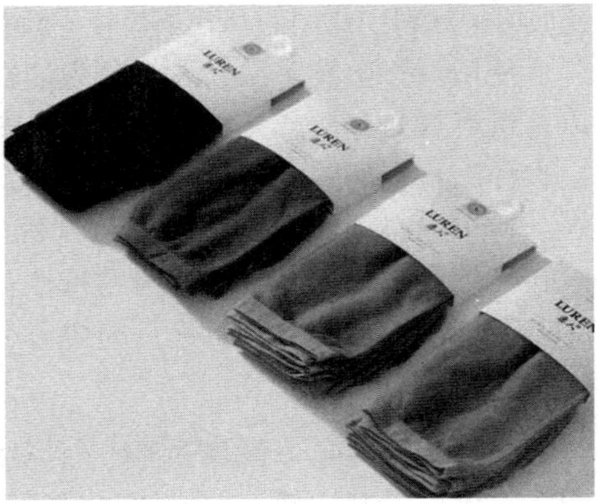

图 6-3-7　锦纶制品

2. 涤纶

涤纶，作为一种关键的合成纤维，其产量在各类合成纤维中位列首位。此纤维主要是通过聚酯树脂（由有机二元酸与二元醇经缩聚反应精心合成）经过熔融纺丝及后续精细加工工序而制得。在涤纶纤维的众多品类中，聚对苯二甲酸乙二醇酯纤维占据主导地位，成为当前主要的生产类型。

在我国，涤纶通常被民众亲切地称为“的确良”，这一称谓在 20 世纪 70 年代中期尤为盛行，当时以“的确良”面料制成的衣物备受民众青睐，这与现代追求舒适透气的天然纤维织物风尚形成鲜明对比。

涤纶纤维具备近似羊毛的优异弹性，同时展现出卓越的疏水性，其吸水性较小，即便在湿态下仍能保持稳定的强度；其热稳定性极佳，耐皱性良好，水洗后不易变形；此外，涤纶还具备较好的耐热性、耐腐蚀性和耐磨性，耐磨性仅次于锦纶，而耐光性则仅次于腈纶。然而，由于涤纶的疏水性和较小的吸湿性，由其制成的衣物在透气性和吸汗性方面稍显不足。

涤纶在纺织业中发挥着重要作用，广泛应用于制造衣料及其他纺织品。同时，在工业领域，涤纶也被用于制造电绝缘材料、轮胎帘子线、渔网等多种产品，为现代社会的发展做出了重要贡献。

3. 丙纶

丙纶即为聚丙烯纤维。这种纤维是所有合成纤维中最轻的，强度很高，弹性好，耐磨、耐腐蚀；但吸湿性在合成纤维中最低，几乎完全疏水，往往不用于制作衣料，而用于制作绳索、渔网等网类制品。其染色性、耐热性和耐光性相对较差。

四、高分子涂料

高分子涂料，作为一种功能性材料，主要应用于物体表面的保护与装饰。早期的涂料源于天然树脂与植物油的炼制结合，因此常被称作“油漆”。随着合成高分子技术的飞速发展，越来越多的涂料得以通过水进行分散，有效避免了有机溶剂的使用，从而实现了更为环保且广泛的应用。

涂料的核心成分为成膜高分子及颜料、填充剂等多种添加剂。其中，成膜高分子扮演着至关重要的角色，它需与物体表面及其他添加剂形成良好的结合力，进而形成连续的膜层。这不仅是涂料的基础构成，更决定了其基础性能。理论上，各类天然及合成高分子均有潜力作为成膜物质，但涂料中常用的高分子其分子量通常较小，相较于橡胶、塑料和纤维等材料。

从使用形态出发，涂料可细分为油性涂料、水性涂料及粉末涂料三类。其中，油性涂料以有机溶剂为介质或无溶剂的固体形态存在，如醇酸树脂漆、氨基树脂漆和环氧树脂漆等；水性涂料则能够在水中溶解或分散，如水性环氧树脂漆、聚醋酸乙烯乳胶漆和丁苯胶漆等；粉末涂料则属于新型的无溶剂固体粉末形态，如环氧粉末涂料和聚酯型粉末涂料等。在实际应用中，应根据涂料的特性及使用环境选择适合的涂料类型。

以下对几种常用的涂料进行简要介绍。

1. 醇酸树脂涂料

醇酸树脂涂料是以醇酸树脂为主要成膜材料的合成树脂涂料。醇酸树脂是由多元醇、多元酸与脂肪酸聚合而成。按加入油的种类，可以分为干性油醇酸树脂和不干性油醇酸树脂，前者采用不饱和脂肪酸制成，可以直接作为涂料固化成膜；后者不能直接作为涂料，需要与其他树脂混合使用。

醇酸树脂涂料优点在于涂膜光泽性好、附着力强、耐候性好以及价格较为低廉，缺点是耐碱性、耐水性、储存稳定性较差、固化时间长等。这类涂料一般用于汽车、机械零件等金属器件的涂装，以及家具用品和室内建筑涂装，如图 6-3-8 所示。

图 6-3-8　醇酸树脂涂料

2. 丙烯酸树脂涂料

丙烯酸树脂涂料，依据不同的制备工艺与溶剂选择，可细分为油性丙烯酸涂料、水性丙烯酸涂料以及丙烯酸粉末涂料等多种类型。丙烯酸树脂涂料以其卓越的色泽表现、出色的附着力、耐碱性、耐候性以及耐腐蚀性而备受青睐。然而，其耐溶剂性与耐湿热性相对较弱，且对底材的表面处理要求较为严苛。

热塑性与热固性丙烯酸树脂涂料在应用领域上呈现出明显的差异。热塑性丙烯酸树脂涂料作为挥发性涂料，依赖溶剂挥发实现干燥，广泛适用于织物、木器及金属制品的涂装，同时在航空和建筑工业中也占有一席之地。相对而言，热固性丙烯酸树脂涂料在交联固化后展现出更为优异的性能，因此更常用于对装饰性能要求较高的轻工产品，诸如冰箱、洗衣机及仪表等产品的涂装工作。

3. 环氧树脂涂料

环氧树脂涂料通过精心选择的工艺与溶剂制备，能够呈现出种类丰富且各具特色的产品。这类涂料以其强大的附着力、优异的力学性能、卓越的耐化学腐蚀性、耐水性、热稳定性以及良好的电绝缘性而备受青睐。然而，它也存在一定的局限性，即耐候性相对较差，在户外日晒环境下容易粉化。因此，环氧树脂涂料通常被广泛应用于化工、汽车工业、造船工业以及石化设备及管道的涂装领域。

五、高分子黏合剂

黏合剂，也称胶黏剂，是一种能将不同材料牢固连接于一体的物质。鉴于黏合剂主要作用于材料间的界面，其特性在于不会对被黏附材料结构造成显著影响，同时避免了焊接或铆接过程中可能产生的应力集中现象，故在生产生活中应用极为广泛。

为确保黏合剂与被黏合材料之间实现良好的黏合效果，需满足以下两个基本条件：其一，黏合剂应具备优异的润湿性能，能充分润湿被黏合材料的表面；其二，黏合剂与被黏合材料之间应具备牢固的相互结合力。

合成高分子黏合剂种类繁多，依据其成分可分为热塑性树脂黏合剂（如聚醋酸乙烯酯、聚酰胺等）、热固性树脂黏合剂（如环氧树脂、酚醛树脂等）、橡胶型黏合剂（如硅胶、氯丁胶等）以及混合型黏合剂（如环氧-酚醛、环氧-尼龙等）。在实际应用中，需根据被黏合材料的特性选择合适的黏合剂。

以下介绍几种常用的黏合剂。

1. 环氧树脂黏合剂

环氧树脂黏合剂，是一类以环氧树脂为基体，并辅以固化剂及多种添加剂精制而成的工程黏合剂，业界也称之为环氧胶。鉴于环氧树脂内蕴含的多种极性基团及活跃的环氧基，该黏合剂展现出对金属、玻璃、水泥、木材、皮革、塑料、橡胶等多种材质卓越的黏合性能。因此，它得以广泛应用于机械设备与日用品等领域的组装黏合作业中，被誉为“万能胶”，显示出其强大的应用价值与广泛的适用性。

2. 丙烯酸酯类黏合剂

丙烯酸酯类黏合剂可以分为两类，一类是以聚合物自身作为黏合剂；另一类则是以单体或是预聚物作为黏合剂，在黏合过程中聚合固化。以生活中常用的 α-氰基丙烯酸酯黏合剂为例，α-氰基丙烯酸酯是一种活泼的单体，可以在弱碱或水的催化下迅速发生阴离子聚合而固化，市面上的“502”胶水等就是这类黏合剂，如图 6-3-9 所示。

α-氰基丙烯酸酯黏合剂的优点在于固化速度快，透明性好、气密性好等，可以广泛应用于胶黏金属、玻璃以及各种合成高分子材料。其缺点是耐水性、耐温性差，固化形成的胶层较脆，胶水有一定气味等。

3. 有机硅黏合剂

有机硅黏合剂主要可以分为以硅树脂为基料的黏合剂和以有机硅橡胶为基料的黏合剂两类。硅树脂黏合剂使用过程中，硅树脂的预聚物在空气中热氧化或在催化剂催化下缩聚成高度交联的热固性聚硅氧烷聚合物。例如硅酮胶，俗称“玻璃胶”，是一种硅橡胶黏合剂。这种黏合剂具有很好的耐氧化性、耐温性、耐湿性和电绝缘性等，但黏接性、耐溶剂性不好，主要用于胶接金属和耐热的非金属，用于航空航天，机械电子、建筑、医疗和日常生活等方面。

图 6-3-9　丙烯酸酯类黏合剂

六、功能高分子材料

功能高分子材料是具有某种特殊功能或是在某种特殊环境下使用的高分子材料。这种材料从外部接收信号刺激，其内部可以根据刺激产生物质、能量和信息的变化，从而达到传输、转换和储存刺激的作用。功能高分子材料的种类很多，以下简要介绍几类比较常见的功能高分子材料。

1. 光敏高分子材料

光敏高分子材料是指在光作用下做出物理或化学响应的高分子材料。根据不同的输出功能，可以将其分为以下种类。

（1）光导电高分子材料

光导电高分子材料是一类在光照作用下电导率发生显著变化的材料，其主链中一般具有较高程度的共轭结构，或侧链上连接有共轭结构（如多环芳烃等）、芳香胺、含氮杂环等。高分子光导电材料与无机光导电材料相比，具有成膜性好、柔韧性好以及便于湿法加工成型等特点，因而可用于制造光检测元件、光电子器件、静电复印设备和有机太阳能电池等，如图 6-3-10 所示。

图 6-3-10　光导电高分子材料制品

2. 光致或光热形变高分子材料

光致或光热形变高分子材料，是一类在光照条件下无需物理接触即可迅速改变其尺寸与形态的材料。其中，液晶弹性体因具备液晶的各向异性与聚合物网络的橡胶弹性特质，在受到光照刺激时，能够改变液晶基元的排列，进而引发弹性体的形变，而当光照撤去后，又能恢复其原始形态。

同时，通过在橡胶材料和形状记忆树脂等材料中掺入光热转化物质（如石墨烯、碳纳米管等），这些材料能够吸收光能并转化为热能，进而改变材料的模量、形状或体积，实现可逆变化。此类材料在可远程光控的制动器、软体机器人以及可逆黏附材料等领域具有广泛的应用前景。

3. 光敏涂料

光敏涂料，是一种以感光树脂为核心成膜物质的特殊涂料。在光照作用下，它能够迅速进行光聚合或光交联反应，实现涂料的快速固化并形成薄膜。其组成主要包括具有光敏基团（如乙烯基、丙烯酰基、烯醛、缩水甘油酯基等）的树脂单体或预聚物，以及光引发剂等辅助添加剂。

光敏涂料所形成的膜层具有出色的光泽度、强大的附着力和优良的抗腐蚀性，且能根据需要选择性地曝光特定涂覆区域。因此，它在仪器仪表、电子电路以及印刷工业等领域具有广泛的应用价值。

2. 导电及压电高分子材料

（1）导电及压电高分子材料

导电高分子材料是指一类具有导电功能的聚合物。这类材料可以分为结构型和复合型两类。

①结构型导电高分子材料

结构型导电高分子材料，作为一种聚合物材料，其特性在于自身结构即具备导电性。此类材料主要包含两大类：电子导电高分子材料和离子导电高分子材料。相较于金属导电材料，结构型导电高分子材料具有质量轻、耐腐蚀性强以及加工性能优良等特点，因此，在轻质塑料电池、传感器件以及半导体原件的研发制造领域，这类材料展现出了广阔的应用前景。

②复合型导电高分子材料

复合型导电高分子材料是通过向高分子材料中添加导电填料获得导电性的复合材料，如导电塑料、导电橡胶、导电织物和导电涂料等。导电填料可为炭黑、石墨、碳纤维、金属粉末等。这类导电高分子材料成型加工与一般高分子基本相同。

相比于结构型导电高分子，其原料种类更多，更具有实用性，可应用于能源、轻工、电子等领域。例如，导电弹性聚合物目前被广泛用于可穿戴设备、柔性电子皮肤、柔性机器人等，如图 6-3-11 所示。将电子线路与柔性材料相结合，可以使复合材料获得聚合物的柔性和黏附性能，使其牢牢贴于皮肤，并在伸缩、扭曲变形的同时，保持原有的导电性能。

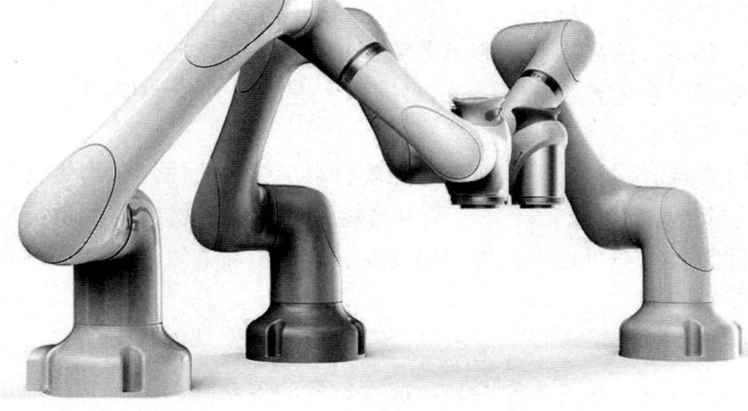

图 6-3-11　使用了复合型导电高分子材料的柔性机器人

(2) 压电高分子材料

压电高分子材料是能够实现机械效应和电效应相互转换的一类高分子材料，通过拉伸极化处理后即具有压电性能（如聚偏氟乙烯等）。与传统压电陶瓷相比，压电高分子在具有压电性的同时，质量轻、耐冲击、柔韧性好，便于加工处理和大规模集成生产，而且力学阻抗低，有利于在动物体内和水下应用。所以，压电高分子材料可以应用于制造扬声器、耳机、超声波换能器和各种医用仪器等。

3. **生物医用高分子材料**

生物医用高分子材料是指可用于生理系统疾病诊断、治疗、修复或替换组织、器官，从而增进或恢复生物功能的高分子材料。生物医用高分子材料，还需要具有良好的化学稳定性和生物相容性、无毒副作用、耐老化、抗疲劳等。这类材料既可以来源于天然高分子（如胶原、甲壳素等），也可以来源于合成高分子（如聚酯、硅橡胶、聚醚醚酮等）。

根据不同的用途，可将这类材料分为手术治疗用高分子材料、药用及药物传递用高分子材料以及人造器官和组织。

胶原蛋白、纤维蛋白等材料具有很好的生物力学性能、免疫原性低，可用于制造心脏瓣膜、血管修复材料、人工皮肤和医用可吸收缝合线等；改性修饰的壳聚糖、海藻酸钠、环糊精以及合成的温敏性聚（N-异丙基丙烯酰胺等）或 pH 敏感的聚丙烯酸等水凝胶材料，可以通过外界温度、pH 等条件变化的刺激，在生物体内智能释放存储在其中的药物，从而达到精准、持续治疗的效果。合成水凝胶高分子材料还可用于医用黏附胶带。在湿润、活动的生物体表获得良好持久的黏附一直是很大的挑战。

拓展阅读

白色污染

鉴于其卓越的性能特点，合成高分子材料已被广泛应用于生产生活各领域。我国作为世界上十大塑料制品生产和消费国之一，在塑料产业发展方面取得了显著成就。自 1995 年我国塑料产量仅为 519 万吨，至 2015 年已迅猛增长至 5000 万吨。

然而，若对使用后的高分子制品处理不当，随意弃置于自然环境，往往需要长达 200

至400年，甚至可能需500年之久方能自然降解，从而对生态环境造成严重污染。人类几十年间所产生的塑料废弃物，足以对地球造成长达数个世纪的污染影响。这些塑料废弃物因多为白色，故被称为“白色污染”。

白色污染不仅造成视觉上的污染，更对大气、水体和土壤造成极大的污染，严重破坏生态系统平衡。同时，这些废弃物还可能成为有害生物如老鼠、蚊蝇等的滋生地，进而成为疫病传播的源头。此外，白色垃圾多为可燃物，在天然堆放过程中易受温度和光照影响，极易引发火灾，给社会带来重大损失。

因此，必须高度重视白色污染问题，采取有效措施加以应对。一方面，应减少塑料制品的使用，杜绝乱丢乱扔等不文明行为，加强回收再利用工作；另一方面，积极研发可降解的塑料材料替代物，从源头上解决对生态环境的污染问题。只有这样，才能实现可持续发展，保护人类共同的地球家园。

项目实训

学习完本项目的内容后，认真完成表6-3-1的实践清单。

表6-3-1　实践清单

天然高分子材料的提取与应用实训	
实训目的	通过实践操作，使学生了解天然高分子材料的提取方法和应用领域，培养学生的实验技能和创新能力
实训步骤	（1）准备好需要提取的天然高分子材料，例如淀粉、天然橡胶、纤维素等； （2）学习并掌握天然高分子材料的提取方法，比如淀粉的提取方法可以采用水浸提取法； （3）按照提取方法进行实验操作，提取出天然高分子材料，并进行初步的纯化处理； （4）探索提取得到的天然高分子材料在不同领域的应用，例如淀粉可以制备食品添加剂或生物降解材料； （5）分析实验结果，总结提取过程中遇到的问题和解决方法，思考提取得到的材料的性质与应用
实训要求	（1）认真学习提取方法，注意实验操作的安全性； （2）按照实训步骤进行操作，严格控制实验条件； （3）认真记录实验过程和结果，及时总结实验心得； （4）能够积极探索相关领域的知识和技能

思考练习

1. 根据来源，高分子材料可以划分为哪些类型?
2. 根据高分子的应用情况，高分子材料可以划分为哪些类型?
3. 常用的黏合剂有哪些?

项目七

复合材料

项目导读

复合材料是一种由两种或更多种具有不同性质和功能的材料复合而成的材料。它具有多种优点，如强度高、重量轻、耐腐蚀、耐高温等。

碳/碳复合材料是一种具有优异性能的复合材料，具有高强度、高导热性和良好的耐磨性等优点。它是由碳纤维增强碳基体构成的，在航天、地面装备等领域具有广泛的应用前景。

其他复合材料包括聚合物基复合材料、金属基复合材料、陶瓷基复合材料等。这些材料在各个领域都有广泛的应用。

学习目标

知识目标

（1）了解复合材料的定义和分类，理解复合材料的基本组成和特性。

（2）掌握碳/碳复合材料的结构、性能和应用特点。

（3）了解各种复合材料的性能和应用领域，如金属基复合材料、树脂基复合材料、玻璃钢复合材料等。

技能目标

（1）学会分析复合材料的组成和结构，掌握复合材料的设计和制备方法。

（2）学会运用复合材料进行实际应用的设计和实施，如机械、航空、建筑等领域。

素质目标

（1）培养团队协作和沟通能力，提高在团队中的协作能力。

（2）培养创新意识和创新能力，能够根据实际需求设计新型复合材料。

（3）培养严谨的科学态度和求真精神，对复合材料的性能和应用进行客观评价。

思政目标

（1）树立正确的价值观，注重品德修养，培养良好的职业道德。

（2）培养爱国情怀和社会责任感，将所学知识应用于实际，为社会做出贡献。

（3）培养自主学习和终身学习的意识，不断学习和掌握新材料领域的知识和技术。

任务一 复合材料的分类与应用

复合材料是由两种或多种不同性质的原材料组合而成，通过充分发挥各原材料的性能优势，并借助复合化技术，实现单一材料所无法比拟的综合性能。值得注意的是，复合材料并非简单的材料混合，而是能够充分利用多种材料特性的先进材料。通常，复合材料由基体、增强相和界面三部分构成。其中，基体作为复合材料的主要连续相，承载着整体结构的稳定性和强度；增强相则以独立形态分布于基体之中，为复合材料提供额外的力学性能和功能特性；而界面则是基体与增强相之间的连接桥梁，确保两者之间的紧密结合和协同作用。

目前，常见的复合材料主要包括用于装载牛奶等食品的多层复合纸以及应用于飞机蒙皮的材料。多层复合纸采用外层纸张以增强其结构强度及亲水性，便于印刷操作，而内层则利用铝箔或高分子材料实现疏水性，有效隔离流质食物。在航空领域，波音 787 飞机所使用的蒙皮材料展现了一种独特的三明治结构，其上下表面覆盖着碳纤维预浸布，而中间则填充着蜂窝状的树脂材料，以提供优异的力学性能和结构稳定性。

一、复合材料的分类与性能

1. 复合材料的分类

（1）按基体类型分类

复合材料按基体类型分类，可分为金属基复合材料、有机材料基复合材料和无机非金属基复合材料三大类。如果继续细分下去，金属基复合材料又可以分为铝基、铜基、镁基等；有机材料基复合材料课分为天然有机基和聚合物基（还可以分为热固性树脂基和热塑性树脂基）；无机非金属基复合材料可分为混凝土基、陶瓷基和碳基等。

（2）按增强体类型分类

复合材料按增强体类型分类，可以分为颗粒增强复合材料、晶须增强复合材料、纤维增强复合材料和层叠增强复合材料等。颗粒增强体通常是等效直径小于 100μm 的粉状材料；晶须增强体则是等效直径小于 100μm，长径比为 10~1000 甚至更高的单晶纤维材料；纤维增强体通常是直径尺寸为微米级、长度尺寸为厘米级甚至更高的丝状材。层叠增强材料使用的类似“三明治”的多层结构，增强层的厚度应大于微米级。

（3）按复合材料性能分类

按复合材料性能，复合材料可以分为结构复合材料和功能复合材料；按照基体和增强体的性质，分为同质和异质复合材料。不同的分类方法使得复合材料性能研究和复合材料的设计提供了多层次的指导依据。

2. 复合材料的特点

复合材料具有以下几个显著特点。

①复合材料由两种或多种具有不同性能特点的材料组元通过宏观或微观复合方式形成，各组元之间存在明显的界面。

②各组元在复合材料中保持其固有的特性，通过优化组合，最大限度地发挥各种材料组元的优势，并赋予复合材料单一材料组元所不具备的优异性能。

③复合材料具有高度的可设计性，可以根据具体应用场景和性能需求进行灵活定制和优化设计。

3. 复合材料的性能

不同化学成分的材料表现出不同的性能特点。金属材料通常具有良好的强度和韧性，以及良好的导热导电性能；陶瓷材料通常硬度高、但韧性差，同时具有较好的绝缘绝热性能；高分子材料则具有较低的强度、较低的密度、较差的热稳定性，且易燃。将不同化学成分的材料复合成新材料，可综合发挥各材料的优势。

（1）高比强度、比模量

纤维增强复合材料的比强度和比模量远高于金属材料，尤其是碳纤维强化环氧树脂复合材料，比强度是钢的 8 倍，比模量是钢的 4 倍。

（2）抗疲劳和破断安全性好

纤维增强复合材料对缺口和应力集中的敏感性较小，纤维与基体界面可阻止疲劳裂纹的扩展，改变裂纹扩展方向。

（3）热膨胀系数小、尺寸稳定性好

石墨纤维增强镁基复合材料，当石墨纤维含量达到 48%时，具有零热膨胀系数，制成的零件在冷热环境变化下不易变形。

（4）优异的高温性能

石墨纤维增强铝基复合材料在 500℃ 高温下仍具有高达 600MPa 的强度，而铝基体在 300℃下强度降至 100MPa 以下。钨纤维增强耐热合金在 1100℃、100 小时高温条件下具有 207MPa 的持久强度，基体合金在同等条件下只有 48MPa。

（5）良好的耐磨性

碳化硅颗粒（SiCp）增强铝基复合材料的耐磨性超过基体金属 2 倍以上；相较于铸铁，SiCp/Al 复合材料的耐磨性更佳，适用于汽车发动机、刹车盘、活塞等关键零部件，能显著提升零部件性能和使用寿命。

拓展阅读

复合材料增强体

在复合材料中，凡是能提高基体材料性能的物质，均称为增强体，增强体的加入往往都是补足基体材料在某个性能上的短板。增强体的性能、含量、几何尺寸及处理方法在很大程度上决定了复合材料的性能。除前文介绍的复合材料中常使用的四大增强体类型，表 7-1-1 列出了更细致分类的常见的增强体。从颗粒、晶须到纤维，增强体的维度和尺寸是依次递增的。

颗粒增强体主要为氧化物、非氧化物和硅酸盐陶瓷颗粒，能增强、增韧、增硬、提高断裂性、耐磨性和耐蚀性。强化基体依靠弥散强化和颗粒增强原理。颗粒尺寸越小，增强效果越好。当前研究热点是颗粒增强铝/镁基复合材料。

晶须的发现始于 1946 年，多种金属均有晶须现象。晶须是一种性能优秀的单晶材料，曾被尝试用于增强复合材料但未广泛应用。直到 1978 年，美国 Utah 大学从稻壳中合成 SiCw，推动晶须增强复合材料发展。目前，金属晶须多用于导电和电磁波屏蔽，陶瓷晶须则较普遍，其中硼酸镁晶须成本低廉，应用前景广。

表 7-1-1　复合材料中常见的增强体

增强体	颗粒增强体	氧化物颗粒	Al_2O_{3p}、SiO_{2p}
		非氧化物颗粒	SiC_p、B_4C_p、TiC_p
		硅酸盐颗粒	高岭土、滑石
	晶须增强体	陶瓷晶须	SiC_w、TiC_w
		金属晶须	Cr、Fe、Cu
	纤维增强体	有机纤维	芳纶、聚乙烯、尼龙
		无机纤维	SiC_f、Al_2O_{3f}
		金属纤维	不锈钢、W、Mo
	层叠增强体	陶瓷	
		金属	
		高分子	

注：正体下标 p、w 和 f，分别是颗粒（particle）、晶须（whisker）和纤维（fiber）英文首字母，指示增强体类型。

纤维增强体应用广泛且成熟，常见的有玻璃纤维、碳纤维、芳纶纤维和玄武岩纤维。这些纤维具有不同的特性和性能，如高强度、高模量、耐高低温、导电等。纤维增强聚合物基复合材料发展成熟，应用广泛。

二、复合材料的应用与发展

1. 复合材料的应用领域

复合材料已得到广泛运用，其应用领域涵盖军事、航天航空、石油化工、汽车交通、能源电力以及体育休闲等多个重要领域，展现了其强大的实用价值和广阔的发展前景。

（1）军事领域

复合材料在武器装备的轻量化、小型化和高性能化方面发挥了无可替代的关键作用，成为飞机、导弹、火箭、人造卫星、舰船、兵工武器等结构领域中不可或缺的战略性材料。如图 7-1-1 所示，相较于采用金属壳体材料的火箭，采用其他壳体材料制作的火箭能够有效提升射程，进一步体现了复合材料在推进系统优化中的显著优势。

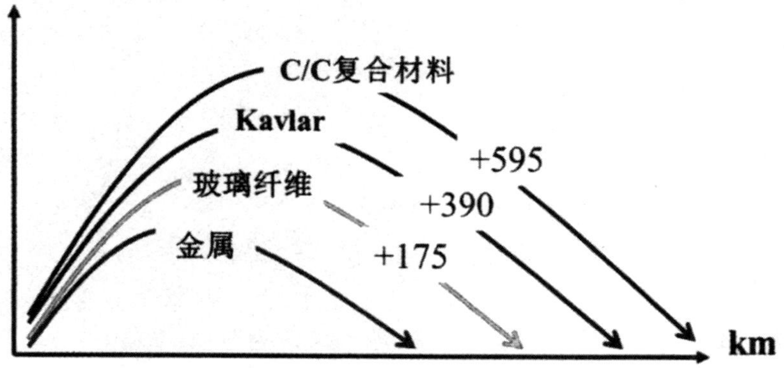

图 7-1-1　火箭壳体材料与导弹射程之间的示意图

（2）航天航空领域

我国国产大飞机 C919，机身所用复合材料比例只有 20%。根据 C919 机身重量来计算，20%的复合材料比重如果能够提升到国际领先水平的 50%，可以为飞机节省 10 吨以上的机身重量，这相当于 C919 设计最大载客重量的 1/2。目前，C919 的最大座位数为 178 座，那么多 1/2 之后就可以达到接近 270 座，这种提升的空间是相当可观的。

在“哥伦比亚”号航天飞机上，不同部位使用的复合材料情况如表 7-1-2 所示。

表 7-1-2　航天飞机各部位使用复合材料的情况

部位	材料
主货舱门	碳纤维/环氧树脂
压力容器	凯芙拉纤维/环氧树脂
主机隔框和翼梁	硼/铝复合材料
发动机的喷管	碳/碳复合材料
发动机组传力架	钛基复合材料
机身防热瓦	陶瓷基复合材料

（3）石油化工领域

在沿海油田的钻井平台上，诸如护栏、扶手、通道、竖井等关键部位，以及油田的抽油杆，各类管道系统、油箱、油罐等重要设备，均广泛采用耐腐蚀的复合材料进行构建和改造。这一举措不仅显著减少了后续的修理、维护和更换程序，有效降低了使用周期内的成本支出，同时也展现了其在提升设备性能、延长使用寿命方面的显著优势。

此外，复合材料的运用还带来了减重、改进安全性、便于现场安装等一系列附加优点。这些优势不仅提高了油田作业的效率和安全性，也为企业带来了一定的经济效益。通过采用耐腐蚀的复合材料，沿海油田的钻井平台及相关设备得以更加稳定、高效地运行，为企业的可持续发展提供了有力保障。

（4）汽车领域

提高燃油效率始终是汽车工业的首要关注焦点。为了达成这一目标，设计与制造具备高比强度和高比刚度的汽车零部件显得尤为重要，这有助于实现车身的整体减重，进而提升车辆的行驶里程。过去，复合材料因其潜在的 40%以上减重能力而被视为理想的替代材料，然而，受限于较高的成本，其应用进展一直未能达到预期。

然而，近年来随着大丝束纤维的涌现以及 RTM 等低成本工艺的不断进步，复合材料在汽车领域的应用展现出了良好的发展势头，如图 7-1-2 所示。可以预见，复合材料在汽车工业中的应用将迎来更为广阔的发展前景，为提升燃油效率和推动汽车产业的可持续发展做出重要贡献。

图 7-1-2　汽车领域复合材料的应用

（5）能源领域

在风电设备所处的工作环境中，风

力压强极为显著，若无具备轻质且高抗冲击特性的复合材料加以支撑，风电设备将无法承受如此巨大的外力作用，进而易于受损。目前，风电市场上主流的风力发电机叶片，绝大多数采用热固性复合材料制造而成，如图 7-1-3 所示。然而，这类材料在自然环境中通常难以降解，因此对环境造成了一定的负担与危害。相较之下，采用热塑性复合材料制造风电设备叶片，将更为符合环保理念，有助于减轻对环境的不良影响。

图 7-1-3　风力发电机叶片

（6）体育休闲领域

在众多运动项目中，如羽毛球、网球、自行车、滑雪等，复合材料的广泛运用为体育休闲用品带来了不断地创新，甚至在某些领域助力运动员创造了新的世界纪录。在当前的体育器材市场中，复合材料的应用展现出稳定的市场需求与广阔的发展空间。

例如，某款网球拍在拍框部分采用了高性能的钛碳合金材料，同时在柄颈部位融入了智能纤维技术。这一创新设计不仅能够将球撞击球拍时产生的机械能有效转化为电能，还通过内置于拍柄中的芯片对有害震动进行主动消除。

值得注意的是，此项技术原本应用于宇航飞船和超声速飞机等高端领域，旨在提升其关键部位的抗疲劳性能。如今，这一技术的跨界应用不仅提升了网球拍的性能，也展示了复合材料在体育器材领域的巨大潜力。

2. 复合材料的发展趋势

复合材料未来的发展趋势将聚焦于高性能化、多功能化以及智能化的方向，具体体现在以下几个方面。

（1）高性能化

复合材料将不断朝着高性能化的方向发展。比如 20 世纪 90 年代 T300 类型的碳纤维/环氧树脂复合材料，压缩强度较低，一般在 200MPa 以下。21 世纪新一代战斗机和新一代战略核武器，要求压缩强度达到 300MPa 以上。所添加碳纤维增强体的性能，是决定此类复合材料性能的关键，为此，各国都致力提高和改进碳纤维增强体的性能。

（2）多功能化

高技术的发展要求材料不再是单一的结构材料或功能材料，高新技术的发展要求一种材料承担多种功能，如防热、抗核、承载、吸波、透波、隐身、减震、降噪等，这是实现战略武器的小型化、轻质化、强突防和全天候的关键因素之一。

材料发展中的一种新趋势是结构材料和功能材料的互相渗透，即结构材料的功能化（如结构吸波材料）和功能材料的结构化（如热结构材料）。这就是材料发展中的综合集成。

（3）智能化

由材料、结构和电子互相融合而构成的智能材料与结构，是当今材料与结构高新技术发展的方向。随着智能材料与结构的发展，还将出现一批新的学科与技术，如综合材料学、精细工艺学、材料仿生学、生物工艺学、分子电子学、自适应力学，以及神经元网络和人工智能学等。智能材料与结构已被许多国家确认为必须重点发展的一门新技术，成为未来复合材料一个重要发展方向。

任务二　碳/碳复合材料

碳/碳复合材料是指以碳纤维及其织物为增强材料，以碳（或石墨）为基体，通过致密化和石墨化处理制成的全碳基复合材料。

碳/碳复合材料，以其独特的性能和广泛的应用领域，正逐渐成为材料科学领域的研究热点。这种由碳纤维和碳基体组成的复合材料，不仅具有轻质高强、耐高温、耐腐蚀等优异性能，还在航空航天、汽车制造、新能源等领域展现出巨大的应用潜力。

一、碳/碳复合材料的特点

碳/碳复合材料同时具有碳质材料的高温性能和纤维增强复合材料的力学性能，主要具有以下特点。

1. 整个系统均由碳元素构成

鉴于碳原子间展现出的强烈亲和力，碳/碳复合材料在无论是低温环境还是高温环境下，均展现出卓越的稳定性。此外，碳素材料固有的高熔点特性，使其具备出色的耐热性，能够经受住超过3000℃的高温考验，是目前在惰性气体中表现最为优异的高温力学材料。尤为值得一提的是，碳/碳复合材料在温度升高时，其强度并不会出现下降，甚至相较于室温条件下还会有所提升，这一特性使其在众多结构材料中脱颖而出，无可比拟。

2. 密度低

碳/碳复合材料，采用碳纤维预制体作为增强体，经过渗透、浸渍等技术手段，将碳基体引入其中制备而成。在致密化处理过程中，由于孔隙的存在，其密度通常不会高于2.0g/cm^3，这一数值仅为镍基高温合金密度的四分之一，同时也仅为陶瓷材料密度的一半。

3. 优异的力学性能

碳/碳复合材料由纤维承受大部分载荷，纤维强度的利用率可达25%~50%，可以充分发挥碳纤维优异的力学性能。此外，碳/碳复合材料的室温强度在高温条件下依然可以保持，在特定情况下，高温条件引起热膨胀使应力释放和裂纹闭合，使得碳/碳复合材料的强度在高温条件下反而还会上升。

4. 优异的热物理性能

碳/碳复合材料是由两种纯碳材料复合而成的，其热导率一般为2~50W/(m·K)。线膨胀系数一般为（0.5~1.5）×10^{-6}℃$^{-1}$仅为金属材料的1/10~1/5。较小的线膨胀系数使碳/碳复合材料在温度变化时尺寸稳定性特别好，因此高温热应力相对较小。

5. **抗烧蚀性能**

碳/碳复合材料由碳纤维和碳基体组成，几乎所有元素为碳。碳元素的本质特性使得材料具有高的烧蚀热以及低的烧蚀率，在高温、短时间烧蚀的环境中（如航天工业使用的火箭发动机喷管、喉衬等）烧蚀均匀、烧蚀率低。

6. **摩擦磨损性能**

碳/碳复合材料的微观结构为乱层石墨结构，其摩擦因数比纯石墨的要高，另外其具有密度低、高导热等优点，作为摩擦材料用于飞机制动时，在摩擦面温度达1000℃以上时，其摩擦性能仍然保持平稳，这是其他摩擦材料所不具有的。

7. **生物相容性**

碳/碳复合材料在克服了单一碳材料脆性的基础上，不仅继承了碳材料固有的生物相容性，而且兼具纤维增强复合材料的高韧性和高强度特性。该材料力学性能可设计性强，耐疲劳，摩擦性能卓越，且密度较小。

此外，其展现出的假塑性和微孔结构对组织生长具有促进作用。尤为重要的是，碳/碳复合材料的弹性模量与人骨相近，能够有效弥补其他生物材料的缺陷。因此，该材料在人工关节、人工骨、人工齿根等承重部位的应用中表现突出，是一种具备卓越综合性能及巨大潜力的骨修复和骨替代生物医用材料。

二、碳/碳复合材料的性能

1. 碳/碳复合材料性能的影响因素

碳/碳复合材料的性能取决于许多因素，其中决定性的因素是碳纤维的性能增强方式（结构）、碳基体的性能、制备工艺、总气孔率、封闭的气孔率、开口的气孔率和高温处理温度等。

不同增强结构对碳/碳复合材料物理力学性能的影响见表7-2-1。

表7-2-1　不同结构的碳/碳复合材料的物理力学性能

参数	美国		法国	
	2D	3D	4D	布
材料牌号	5451	SPE	СуПКарб-500	АэроПор-22
基体类型	沥青碳	沥青碳	沥青碳	热解碳
热处理温度/K	1570~1650	1970	1800~1950	1500~1800
抗拉强度/MPa	45	115		40~70
抗压强度/MPa	90	77	70~120	120~200
弹性模量 E/GPa	28	65		20~30
导热系数/[W·(m·K)$^{-1}$]	5.9~15.0	18~22	50~150	
在300~2300K条件下的线膨胀系数 α/(10-6K^{-1})		1.86	1.0~2.0	

碳/碳复合材料性能与增强方式、增强材料类型和纤维体积分数的关系数据见表 7-2-2。

表 7-2-2　视增强方式而定的碳/碳复合材料的性能

增强方式（结构）、增强材料类型、纤维体积分数	弯曲强度/GPa	弹性模量/GPa	层间剪切强度/MPa
1D、纤维、5%	1.2~1.4	150~200	20~40
2D、布、35%	0.3	60	20~40
3D、缝合布、50%	0.25~0.3	50~150	50~80
混杂方式、碳毡、35%	0.17	15~20	20~30

当碳布用作增强材料时基体类型对碳/碳复合材料性能的影响见表 7-2-3。

表 7-2-3　碳布基碳/碳复合材料的性能

初始基体	抗弯强度*/MPa	弯曲弹性模量/GPa
酚醛基体	132/93	14.7/10.3
环氧酚醛基体	113/93	14.0/13.3
有机硅基体	128/77	12.8/8.5
聚苯并眯唑基体	32/56	14.7/19.2

注：在 207K 温度条件下的值用分子给出，在 756K 湿度条件下的值用分母给出。

碳/碳复合材料的性能在很大程度上取决于最终的高温处理温度见表 7-2-4。

表 7-2-4　在不同的热处理温度条件下碳/碳复合材料的性能

<table>
<tr><th colspan="2">复合材料的成分</th><th rowspan="2">热处理温度/K</th><th rowspan="2">密度/(kg·m^{-1})</th><th rowspan="2">弯曲强度/MPa</th><th rowspan="2">弯曲弹性模量/GPa</th></tr>
<tr><th>增强材料</th><th>基体</th></tr>
<tr><td>高模量纤维</td><td>酚醛树脂碳</td><td>1270/2870</td><td>1550/1640</td><td>149/588</td><td>17.2/18.5</td></tr>
<tr><td>碳毡</td><td rowspan="2">高温碳</td><td>1370/2900</td><td>1570/1610</td><td>130/108</td><td>26/23</td></tr>
<tr><td>连续纤维</td><td>1370/1530</td><td>1500/1530</td><td>54/48</td><td>25/22</td></tr>
</table>

注：碳/碳复合材料的低温热处理制度温度和与其相对应的性能用分子列出，碳/碳复合材料的高温热处理制度温度和与其相对应的性能用分母列出。

2. 碳/碳摩擦复合材料的应用与限制

在高温、高速气流、高速液体金属、侵蚀性介质、机械和侵蚀磨损作用条件下使用的毛坯件和零件制备工艺正在不断地完善。所找到的新解决方案有可能得到碳/碳复合材料的性能并减小其变化。

工艺的完善首先是影响碳/碳复合材料的应用领域：飞机、高速运输工具的刹车块和刹车盘加热器、热屏蔽、热设备的固定件、冶金设备的热负载零件、化学和石油天然气设备的零件、航天火箭技术制品喷管装置、头锥、喷管的喉部嵌块。飞机、高速运输工具的刹车块和刹车盘所用的“阿尔戈纶”牌号新碳/碳复合材料的性能见表 7-2-5。

表 7-2-5 "阿尔戈纶"牌号碳/碳复合材料的性能

指标	测量单位	TX	2D	3D	4D
密度	g/cm^3	1.75~1.85	1.3~1.6	1.7~1.8	1.8~1.9.
抗拉强度极限	MPa	40~60	80~150	50~120	50~120
抗压强度极限	MPa	110~180	25~100	120~180	100~140
导热系数	W/(m·K)	40~120	6~20	6~20	44~34
比热容	J/(kg·K)	680~2000	680~2000	680~2000	680~2000
线膨胀系数	$10^{-6}K^{-1}$	1.5~2.5	1.5~2	0.75~5	0.03~2.5

3. 新型摩擦复合材料的研究与发展

碳/碳摩擦复合材料由于在高温条件下摩擦性能高、比热高、导热系数高、强度高，在国外已经替代了在航空制动装置以及其他高负荷和高速技术装备中作用的其他材料。

从制作碳/碳摩擦复合材料工作开始至今已经过 30 多年了。这类材料由于耐热性高、摩擦性能高并稳定、力学性能和热物理性能高而替代了高速飞机和重载飞机制动装置中的其他所有材料。同时，在此期间没有将这类材料应用领域实质性的扩展到包括汽车和铁路在内的其他种类运输工具，其主要原因是价格高以及在湿度和吸附周围介质粒子影响下摩擦性能降低。在大多数地面运输工具特有的运动速度不大和温度不高条件下，这些因素都会导致摩擦因数值降低。

图 7-2-1 碳陶瓷刹车盘

从 20 世纪 90 年代开始，研制碳纤维和含有碳化硅基体的 C/C/SiC 类型新型摩擦复合材料的工作得到了集约发展。在耐磨损性高、比热高和导热性高的条件下，碳化硅的高耐氧化性（在空气中达 1350℃，在保护介质中达 2000℃）就能够大大提高这类复合材料的使用工作性能。国外实践中已将所谓的陶瓷刹车盘扩展到耐恶劣使用条件和寿命长的一系列汽车制动装置中，如图 7-2-1 所示。此外，在高速列车和某些起重运输装置刹车部件中应用这些刹车盘的前景被看好。

三、碳/碳复合材料性能的影响因素

碳/碳复合材料是用碳纤维增强碳基体形成的复合材料，具有高强高模、密度小、热膨胀系数小、抗腐蚀、抗热冲击、耐摩擦性能好化学稳定性好等一系列优异的性能，是一种超高温复合材料。碳/碳复合材料其由于耐高温，导热性能好，比热容大，热膨胀系数小，耐摩擦性能好，目前已被广泛用于固体火箭发动机喷管、航天飞机结构部件、飞机和赛车的刹车装置、热元件和机械紧固件、热交换器、航空发动机的热端部件、高功率电子装置的散热装置、撑杆等方面。

影响碳/碳复合材料性能的因素如下。

1. 影响碳/碳复合材料导热性能的因素

碳/碳复合材料属无机非金属材料，是一种多相非均质混合物，基本结构为乱层石墨结构或介于乱层石墨结构与晶体石墨结构之间的过渡形态。但碳/碳复合材料的微观结构单元仍是石墨片层结构，石墨片层中存在可以运动的由共轭电子组成的高活性的离域大 π 键，而石墨片层之间以弱于非金属共价键的范德华作用力结合。物质的结构决定其性质，这些结构特点决定了碳/碳复合材料特殊的热物理性能。碳/碳复合材料的导热机理介于金属材料和非金属材料之间，既有声子导热又有电子导热。

（1）温度

对于碳/碳复合材料来说，随着温度升高，声子、电子的运动加剧，使导热系数增大，但另一方面散射作用又使导热系数减小，因此在常规实验范围内，随着温度升高，导热系数增大的趋势减弱。

（2）石墨化度

晶体的不完整性、缺陷、晶粒间界、杂质等不仅会引起声子的散射，而且会引起晶格振动的非谐性，从而使声子间作用引起的散射加剧，声子的平均自由程进一步减小，导致晶体的导热系数减小。随着石墨化度的升高，石墨微晶尺寸增大，结构渐趋完整，晶体的缺陷减少，晶体的不完整性降低，这些变化都将导致声子的平均自由程逐渐增大，自由电子数增多，声子运动的平均速度增大，声子导热与电子导热都增强，从而导致导热系数逐渐增大。

（3）密度和碳纤维取向

碳/碳复合材料的导热性能不仅与其化学组成分子结构、晶体类型紧密相关，更与晶粒间的连通状态有着密切的关联。具体而言，材料的密度可视为其内部晶粒连通状态优劣的直观体现。当材料具备较高的密度时，其晶粒间将保持优异的连通状态，晶格缺陷较少，使得声子的平均自由程得以增大，电子在热传导过程中的运动更为顺畅，进而实现较高的导热系数。

反之，若材料密度较低，晶粒间将存在明显的间隙，结构缺陷增多，导致热传导通道受阻，从而使得导热系数显著降低。据相关文献报道，碳/碳复合材料的导热系数与其密度之间呈现出显著的线性关系。

2. 影响碳/碳复合材料力学性能的因素

（1）碳纤维种类

碳纤维作为碳/碳复合材料的增强相，其种类对材料的力学性能有重要的影响。碳纤维分为人造丝基碳纤维、聚丙烯腈基碳纤维和沥青基碳纤维。不同种类的碳纤维的力学性能差异很大，其中聚丙烯腈碳纤维的轴向抗拉强度最大，中间相沥青基碳纤维的轴向拉伸模量范围最广也最大，而人造丝基碳纤维的轴向抗拉强度和拉伸模量均很小，导致所制备的碳/碳复合材料的力学性能各异。

（2）基体炭

基体炭主要有三种：树脂炭、热解炭和沥青炭。

通常树脂炭为各向同性的，但也可以高度取向，取向程度依赖树脂类型和工艺条件。大多数树脂在低温下易于交联，在高温下很难石墨化。碳纤维与树脂炭形成的复合材料的微观结构和界面结合状态随着炭化工艺变化而发生很大的变化。树脂在不同温度下反应机制不同，对复合材料力学性能的影响较大，而有关树脂炭在复合材料中对宏观力学性能的影响的研究还很不充分。

热解炭有三种结构：粗糙层（RL）、光滑层（SL）和各向同性（ISO）。其结构对碳/碳复合材料的力学性能有显著影响。制备时，随温度升高和 CH 值降低，基体炭结构发生 SL-RL-ISO 变化，难以获得单一结构材料。不同结构组合可得到不同力学性能的碳/碳复合材料，如 RL+ISO 强度高、刚度大，SL+RL 断裂韧性好。沥青炭杂质多，残碳率低，但易石墨化，与聚丙烯腈基碳纤维结合好，具有光学各向异性。转化为中间相沥青后，残炭率升高，石墨取向结构好。用其制备的碳/碳复合材料力学性能好，抗弯强度达 257MPa。断裂时呈台阶式，但台阶低，纤维拔出短。

3. 影响碳/碳复合材料摩擦磨损性能的因素

（1）碳/碳复合材料制备工艺与结构

①热处理温度

热处理温度影响碳/碳复合材料的摩擦磨损性能，不同增强体受温度影响不同。

随着温度升高，针刺毡增强的碳/碳复合材料摩擦系数先增后减，峰值在 2300℃；短切纤维增强的材料在 2200~2500℃时摩擦系数不稳定，2700℃时平稳增大；碳布叠层材料的干态摩擦系数减小，湿态和干态静摩擦系数增大。

②基体类型

基体类型是影响摩擦磨损性能的一个重要因素。在二维的不同密度的碳/碳复合材料中，中等密度的碳/碳复合材料具有良好的摩擦性能，其摩擦系数较小，磨损量比低密度和高密度的碳/碳复合材料低一个数量级。在摩擦磨损的过程中，各种碳/碳复合材料的摩擦系数的变化情况也不尽相同。

③表面状况

碳/碳复合材料的表面状况不一样，其的摩擦磨损性能也不相同。在相同的摩擦试验条件下，表面抛光的试样比表面磨损的试样的摩擦系数小，磨损量小。而且较难预测表面磨损的试样的摩擦行为。

④热解碳结构

对于 CVD 热解碳，可根据其在偏光下的形貌特征，将其分为粗糙层结构、光滑层结构、过渡结构和各向同性结构。它们具有不同的密度导热系数、石墨化度、消光角、金相结构，对碳/碳复合材料的性能有不同的影响。基体为粗糙层结构的碳/碳复合材料具有较高的石墨化度和较大的摩擦系数。基体为光滑层结构的碳/碳复合材料石墨化度低、摩擦系数小，磨损量小。

⑤结构完整性

碳/碳复合材料中存在两种晶格缺陷：边缘缺陷和空洞缺陷。晶格缺陷越少，结构越完整。结构完整性不同，碳/碳复合材料的摩擦磨损性能的稳定性也不同。碳/碳复合材料的结构越完整，摩擦性能越稳定；结构不完整，其作为刹车副的摩擦特性曲线呈马鞍形，摩擦性能不稳定。这主要是由于结构不完整的碳/碳复合材料内部和表面活化点多，表面易于产生物理吸附物、化学吸附物和含氧络合物，在摩擦过程中产生的高温使这些吸附物分解，导致材料的摩擦性能不稳定。

（2）摩擦参数

①载荷

在不同的载荷下，碳/碳复合材料表现出不同的摩擦磨损行为。在载荷为 1.0MPa 时，在初始阶段呈现出小的摩擦系数（0.1~0.2），之后摩擦系数突升至0.4~0.5，然后降至稳定的数值。在载荷为2.4MPa时，摩擦系数的改变都发生在初始阶段。

②转速

转速是影响碳/碳复合材料的摩擦磨损性能的重要因素。在低转速（800r/min和1100r/min）下，摩擦系数较小、磨损率较低且基本保持稳定，摩擦系数为0.1~0.2；在高转速（1400r/min或更高）下，摩擦系数在摩擦过程中会发生突变，先上升到0.6~0.7后降低到0.4~0.5。高转速下的磨损率也较低转速下高，这主要是由于转速不同，碳/碳复合材料表面的温度也不同。在低转速下，摩擦面的温度在100℃左右；在高转速下，摩擦系数发生变化，摩擦面的温度突升。在转速为2300r/min时，滑移66m后，温度高达900℃。

（3）环境

①温度

温度对碳/碳复合材料在空气中的摩擦磨损行为有着重要的影响。可将碳/碳复合材料的摩擦磨损划分成3个与温度相关的区域：正常磨损区、水解吸的粉尘磨损区、氧解吸的粉尘磨损区。正常磨损区：温度低于200℃，摩擦系数较小（$\mu \approx 0.2$）；水解吸的粉尘磨损区：温度在200~650℃，摩擦系数较大（$\mu \approx 0.4$）；氧解吸的粉尘磨损区：温度高于650℃，摩擦系数较大（$\mu \approx 0.4$）。

②湿度

湿度对三种复合材料的摩擦行为有着很大的影响。低湿度能够促使Ⅰ类磨屑向Ⅱ类磨屑转变，使摩擦系数增大。而高湿度和高转速能够加快磨屑的生成，使摩擦系数减小、磨损率降低。总的来说，高湿度能减小摩擦系数、降低磨损率。在试验中发现，不同的碳/碳复合材料对湿度的敏感程度不一样，2D PAN/CVI（CVI表示碳化硅纳米线）对湿度最敏感，而2D pitch/resin/CVI（pitch表示沥青，resin表示树脂）对湿度最不敏感。

碳/碳复合材料的摩擦磨损性能受多种因素影响，但决定性因素尚不明确。其摩擦磨损机理也尚无定论，仍需深入研究。

作为刹车材料，尤其是飞机刹车材料，碳/碳复合材料具有重大商业价值，许多技术受专利保护，如图7-2-2所示。选择合适的制造工艺生产符合性能要求的碳/碳复合材料是重要课题。

图7-2-2　碳/碳复合材料制品

为充分发挥碳/碳复合材料性能优势，拓展其应用范围，制备耐磨和减摩涂层具有广阔前景。

拓展阅读

碳复合材料刹车盘

碳/碳复合材料刹车盘是由碳纤维增强碳基体构成的高性能刹车部件，具有高耐磨性、高强度、高热稳定性和良好的抗热震性等优点。

碳/碳复合材料刹车盘的主要成分是碳纤维和碳基体，其中碳纤维是由石墨烯片层构成的纳米纤维，具有高强度、高导热性和良好的抗疲劳性等优点。而碳基体是由碳和其他添加剂组成的连续基体，具有高强度、高硬度和良好的耐磨性等优点。这两种材料的结合可以充分发挥各自的优势，提高刹车盘的整体性能。

碳/碳复合材料刹车盘在制造过程中，首先需要将碳纤维按照一定的规律铺层，然后将其放入热等静压设备中进行高温高压处理，使碳纤维与碳基体充分融合，形成具有一定强度的复合材料坯件。接着，将坯件进行高温烧结，进一步增强其强度和硬度，并去除多余的杂质。最后经过精磨和热处理等工序，得到最终的碳/碳复合材料刹车盘。

在使用过程中，碳/碳复合材料刹车盘可以承受高温、高摩擦的环境，其摩擦系数稳定，磨损小，使用寿命长。同时，其高热稳定性和良好的抗热震性可以保证刹车盘在各种恶劣工况条件下稳定工作。

任务三 其他复合材料

一、聚合物基复合材料

常规高分子材料具备密度低，成型性好的特点，但与金属材料和陶瓷材料相比，其强度、耐磨性、耐高温性等方面有着明显的劣势。将高分子材料与不同的增强体材料复合起来，能够补足某些劣势，甚至使性能更高，是设计聚合物基复合材料的大原则。

玻璃钢常被称为纤维化玻璃增强塑料，但这类材料的基体通常是热固性塑料，即树脂类塑料。所以更准确地说，玻璃钢是一种玻璃纤维增强热固性塑料。玻璃钢的比强度高于合金钢和铝合金，性能稳定，机械强度与碳钢相仿，且绝缘、耐腐蚀、耐低温性好。

常见的玻璃钢材料有价格低廉的聚酯玻璃钢（不饱和聚酯树脂基玻璃钢）、强度高的环氧玻璃钢（环氧树脂基玻璃钢）和耐腐蚀的酚醛玻璃钢（酚醛树脂基玻璃钢），如图 7-3-1 所示。除了使用玻璃纤维增强体外，芳纶纤维和碳纤维增强聚合物基复合材料的强度要比玻璃钢更高。

表 7-3-1 列举了普通碳钢与这几种纤维增强环氧树脂基复合材料的比重、抗拉强度和比强度。

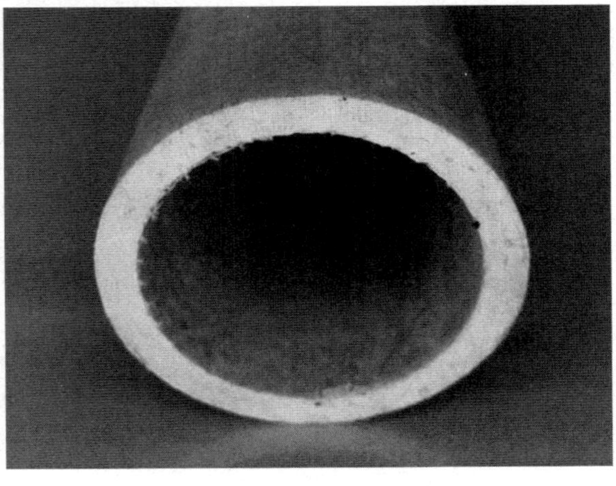

图 7-3-1 玻璃钢材料制品

表 7-3-1 常见纤维强化聚合物基复合材料性能与碳钢的比较

材料种类	比重（g/cm³）	抗拉强度（GPa）	比强度［GPa/(g/cm³)］
碳钢	7.6	1.03	0.13
玻璃钢	2.0	1.06	0.53
Kevlar® /环氧	1.4	1.4	1
碳纤维/环氧	1.6	1.5	0.7

鉴于热固性塑料的固有属性，使其无法经由加热途径实现回收再利用。尽管玻璃纤维增强热塑性塑料的研制历程相对较晚，但其在当前的应用总量已然超越玻璃钢。在众多可被纤维增强的热塑性塑料中，聚酰胺、聚氯乙烯、聚碳酸酯、ABS、聚乙烯以及聚丙烯等均属典型代表。而用于提升热塑性塑料性能的纤维材料则主要涵盖玻璃纤维、碳纤维、芳纶纤维以及玄武岩纤维等。

此外，纤维增强体的长度对于复合材料性能的影响尤为显著。正因如此，长纤维增强材料备受业界瞩目，且已成为纤维增强热塑性塑料中发展最为迅猛的类型。目前，纤维增强热塑性材料已广泛应用于航天航空、汽车制造以及电子科技等多个领域，其具备轻质、出色的抗蠕变性能、优越的热性能以及高度的尺寸稳定性等特点。

二、金属基复合材料

传统上，金属材料与陶瓷材料相比，强韧性好、抗冲击性好、导电/热性能好，耐高温和耐磨性能较弱。金属基复合材料是以金属及其合金为基体，与一种或几种金属或非金属增强相人工合成的复合材料。其增强材料主要为无机非金属，如陶瓷、碳、石墨及硼等。常见的金属基复合材料有铝基复合材料、镁基复合材料、铜基复合材料、钛基复合材料等，其中铝基复合材料的研究和应用具有广泛的前景。

纤维增强铝基复合材料具有比强度、比模量高、尺寸稳定性好等一系列优异性能，目前主要用于航天领域，作为航天飞机、人造卫星、空间站等的结构材料。常见的增强铝基复合材料的增强体材料有石墨、硼、碳化硅等，如图 7-3-2 所示。

图 7-3-2 石墨

现在，机械设备对材料的强韧性，导电、导热性，以及耐高温性、耐磨性等性能都提出了越来越高的要求，同时还要求材料具有更高的比强度和比模量（刚度）。金属基复合材料具备应对这一挑战的潜力。

三、陶瓷基复合材料

陶瓷具有耐高温、高强度和刚度、相对重量较轻、抗腐蚀等优异性能，但是脆性较低。陶瓷基复合材料常是以陶瓷为基体，复合各种增强体来提高韧性、高温性等性能。

采用高强度、高弹性的纤维与陶瓷基体复合，提高陶瓷韧性和可靠性的一个有效的方法。纤维能阻止裂纹的扩展，从而得到有优良韧性的纤维增强陶瓷基复合材料。陶瓷基复合材料已用于刀具、发动机制件、航天领域、生物医学等领域，如图 7-3-3 所示。

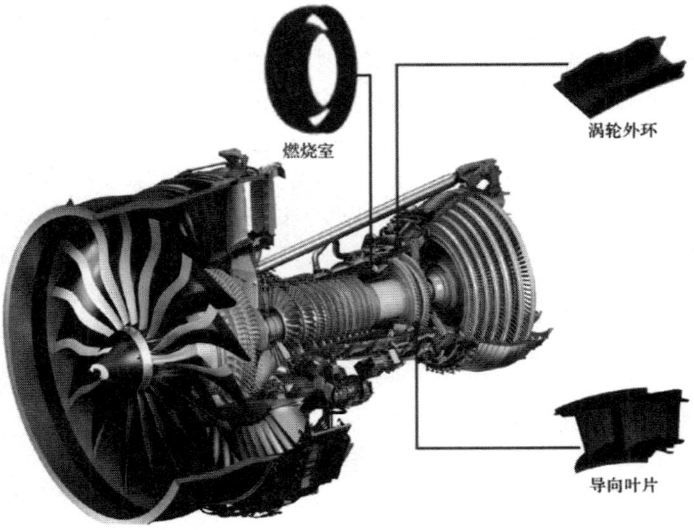

图 7-3-3　航空发动机用碳化硅陶瓷基复合材料制成的部件

工程机械内燃机由于长期工作在高温高压下，活塞与活塞环、缸壁间不断产生摩擦、润滑条件不充分，工作条件非常恶劣，尤其是在大功率的发动机中，普通的铸铁或铝合金活塞易燃易发生变形。

碳化硅陶瓷基复合材料是一种新型战略性热结构材料。我国已形成独立知识产权的碳化硅陶瓷基复合材料制造技术和设备体系，发展了 4 种牌号的 CMC-SiC。用陶瓷基复合材料制造的活塞，高温强度和抗热疲劳性能明显提高，并且具有较低的线胀系数，提高了活塞的工作稳定性和使用寿命，具有广阔的应用前景。

陶瓷基复合材料的各类优异性能，具有良好的耐热性和在高温下比强度高的特性，可用来制造飞机发动机零部件，提高发动机性能；具有比模量高、热稳定性好的特点，而且克服了其脆性弱点，抗热震冲击能力显著增强；用于航天防热结构，可实现耐烧蚀、隔热和结构支撑等多功能的材料一体化设计，大幅度减轻系统重量，提高运载效率和使用寿命，提高导弹武器的射程和作战效能。

同种异体骨（如脱矿骨等）曾在口腔外科中广泛应用，但存在潜在的传播疾病的危险，将异体骨经高温煅烧陶瓷化处理，便可消除传播疾病的潜在危险，其组成成分完全为人体正常骨组织无机成分，具有良好的组织相容性，对促进骨组织修复具有重要意义。另外，生物活性陶瓷复合人工骨也具有良好的临床应用前景。

项目实训

学习完本项目的内容后，认真完成表 7-3-2 的实践清单。

表 7-3-2 实践清单

碳/碳复合材料的制备与性能测试	
实训目的	掌握碳/碳复合材料的制备方法，培养动手能力和实验技能
实训步骤	（1）准备碳纤维、石墨纸、树脂、催化剂等材料； （2）将碳纤维浸渍在石墨纸和树脂的混合液中，然后放入催化剂中加热固化，得到碳/碳复合材料； （3）对制备好的碳/碳复合材料进行力学性能、热导率、热膨胀系数等性能测试； （4）记录测试数据，分析碳/碳复合材料的性能特点
实训要求	（1）实训时间为 2~3 天，需要多人协作完成； （2）实训过程中要注意安全，遵守实验室规则； （3）制备碳/碳复合材料时，要控制好温度和时间，以保证材料的结构和性能； （4）测试性能时，要使用正确的测试方法和仪器，保证数据的准确性和可靠性； （5）实训结束后，要对实验结果进行总结和报告，分析碳/碳复合材料的优缺点和应用前景

思考练习

1. 复合材料的分类有哪些?
2. 复合材料的特点有哪些?
3. 碳/碳复合材料的特点有哪些?

项目八

金属的扩散、相变与热处理

项目导读

金属中的原子在浓度梯度或应力梯度的作用下，会进行迁移的过程就是金属的扩散。扩散是金属材料处理和加工中常见的过程，如热处理、焊接和合金化等。

相变是指材料内部结构在温度变化时发生转变的过程。热处理是通过控制加热和冷却速度来控制相变，以达到改善金属材料性能的目的。例如，淬火和回火是常见的热处理工艺，前者使金属材料获得所需的显微组织，后者则通过松弛内应力、改善韧性、改变机械性能等来提高金属材料的综合性能。

通过控制这些过程，可以优化金属材料的性能，提高其适应性和可靠性。

学习目标

知识目标

(1) 掌握金属扩散的基本原理和影响因素。

(2) 理解金属相变的基本概念和类型，包括淬火、回火等常见热处理工艺。

(3) 熟悉常见金属材料的组织和性能特点。

技能目标

(1) 学会运用扩散理论和热力学知识，分析金属材料热处理过程中的变化和影响因素。

(2) 掌握常见热处理工艺的操作方法和技术要点，能够进行实际操作。

(3) 培养动手能力和实验技能，能够进行金属材料热处理实验。

素质目标

(1) 培养团队协作和沟通能力，提高在团队中的协作能力。

(2) 培养创新意识和创新能力，能够根据实际需求设计新型热处理工艺。

(3) 培养严谨的科学态度和求真精神，对金属材料的性能和变化进行客观评价。

(4) 树立正确的价值观和职业道德，注重品德修养，遵守实验室规则。

思政目标

（1）培养爱国情怀和社会责任感，将所学知识应用于实际，为社会做出贡献。
（2）培养自主学习和终身学习的意识，不断学习和掌握新材料领域的知识和技术。
（3）培养良好的职业道德和职业素养，树立良好的职业风尚。

任务一　金属的扩散

扩散是指物质内部因热运动引发的原子或分子迁移现象。在固体状态下，原子或分子的迁移主要依赖于扩散机制得以实现。固体中的诸多反应过程，诸如铸件均匀化退火、合金的多种相变、粉末烧结过程、离子固体的导电行为以及外来分子向聚合物内部的渗透等，均受到扩散机制的调控与影响。

一、扩散定律

1. 稳态扩散

研究扩散时首先遇到的是扩散速率问题。如果扩散流不随时间改变，则称为稳态条件。一个最常见的稳态扩散的例子就是某种气体原子穿过金属薄板时，两侧气体浓度（或压力）保持不变，即浓度（或压力）差不变。

菲克在 1855 年提出了菲克第一定律来解决这个问题。菲克第一定律的表达式为

$$J=-D\frac{\mathrm{d}C}{\mathrm{d}x}$$

上式中，J 为扩散通量（原子数/$\mathrm{m}^2 \cdot \mathrm{s}$ 或 $\mathrm{kg/m}^2 \cdot \mathrm{s}$）；$C$ 为扩散组元的体积浓度（原子数/m^3 或 $\mathrm{kg/m}^3$）；D 为扩散系数（m^2/s）；$\frac{\mathrm{d}C}{\mathrm{d}x}$ 为浓度梯度；“−”号表示扩散方向为浓度梯度的反方向，即扩散由高浓度区向低浓度区进行。

菲克第一定律表明，只要材料中有浓度梯度，扩散就会由高浓度区向低浓度区进行，而且扩散通量与浓度梯度成正比。

显然当扩散在恒稳态（$\frac{\mathrm{d}C}{\mathrm{d}x}$ 和 J 不随时间变换）的条件下时应用上式相当方便。

2. 非稳态扩散

实际上，大多数扩散过程都是在非恒稳态（$\frac{\mathrm{d}C}{\mathrm{d}x}$ 和 J 随时间变化）条件下进行的，即非稳态扩散过程，因此菲克第一定律的表达式的应用受到限制。菲克第二定律是在菲克第一定律的基础上推导出来的，用于解决非稳态扩散问题。菲克第二定律的表达式为

$$\frac{\partial C}{\partial t}=D\frac{\partial^2 C}{\partial x^2}$$

上式中，C 为扩散物质的体积浓度（原子数/m^3 或 $\mathrm{kg/m}^3$）；t 为扩散时间（s）；x 为距离（m）。

菲克第一定律的表达式给出了 $C=f(t, x)$ 函数关系。由扩散过程的初始条件和边界条件可求出菲克第二定律表达式的通解。利用通解可解决包括非恒稳态扩散的具体扩散问题。

二、扩散机制

在具有多晶结构的固态物质中，原子在其平衡位置作热振动，并会从一个平衡位置跳到另一个平衡位置，即发生扩散。原子的扩散途径可划分为：表面扩散、晶界扩散、位错扩散和体积扩散（晶格扩散）等。针对晶体中原子可能通过的扩散途径及其所引起的扩散现象，以往曾提出了不同扩散机制的模型。其中有关体扩散过程的微观机制，根据单原子的跳动方式，一些可能的扩散机制总结在图 8-1-1 中。

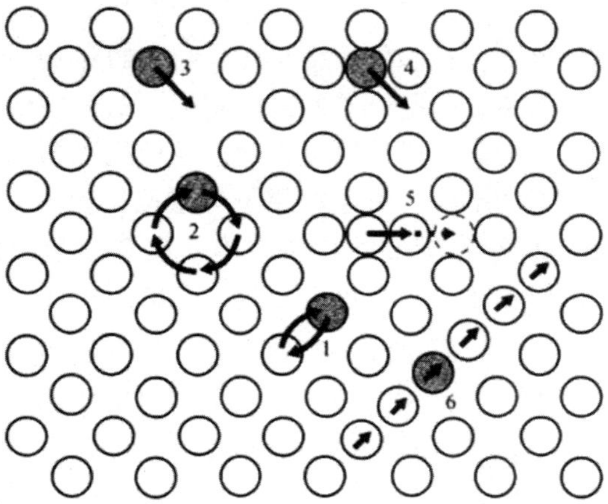

图 8-1-1　晶体中的扩散机制

1—直接交换　2—环形交换　3—空位　4—间隙　5—推填　6—挤列

1. 交换机制

相邻原子之间的直接交换机制如图 8-1-1 中 1 所示，即两个相邻原子互换彼此的位置。显然，当采用这种交换机制时，可供回旋的余地太小，它将引起周围点阵巨大的畸变，需要克服很高的能量，故很难实现。

甄纳在 1951 年提出环形交换机制，如图 8-1-1 中的 2 所示，4 个原子同时交换，其所需的能量远小于直接交换，但这种机制的可能性仍不大，因为它受到集体运动之约束。不管是直接交换还是环形交换，均使扩散原子通过垂直于扩散方向平面的净通量为零，即扩散原子是等量互换。

这种互换机制不可能出现柯肯达尔效应。目前，尚没有实验结果在金属和合金中能验证这种交换机制的存在。也许在金属液体中或非晶体中，这种原子的协作运动容易实现。

2. 间隙机制

在间隙扩散机制中，如图 8-1-1 中的 4 所示，原子从一个晶格中间隙位置迁移到另一个间隙位置。在间隙型固溶体中，像氢、碳、氮等这类原子半径小于 0.1nm 的非金属溶质原子易以这种方式在晶体中扩散。如果一个原子半径比较大的原子（置换型溶质原子）进入晶格的间隙位置［即弗仑克尔（Frenkel）缺陷］，那么这个原子将难以通过间隙机制从一个间隙位置迁移到邻近的间隙位置，因为这种迁移将导致很大的点阵畸变。

为此，有人提出了“推填”机制，即一个填隙原子可以把它近邻的、在晶格结点上的原子先“推”到附近的间隙中，然后自己则“填”到被推出去的原子的原来位置上，如图 8-1-1 中的 5 所示。

另外，也有人提出另一种类似“推填”的“挤列”机制。若一个间隙原子挤入体心立方晶体对角线（即原子密排方向）上，致使该方向的若干个原子均偏离其平衡位置，形成如同一列火车一样，则该集体称为“挤列”，如图 8-1-1 中的 6 所示，原子可沿此对角线方向扩散向前。

3. 空位机制

对置换型固溶体和纯金属而言，由于溶剂与溶质原子的半径相差不大，而且一般间隙位置尺寸大小要比组元原子直径小得多，故很难进行间隙扩散。

从前面晶体的点缺陷中得知，在晶体中总存在着一定数量的空位，且在一定温度下有一定的空位平衡浓度，温度越高，则空位平衡浓度越大。这些空位的存在使原子迁移变得容易。特别是在置换型固溶体中的原子扩散就是借助空位机制的。

这里，原子先迁移到邻近的空位，再通过原子与空位交换位置来实现扩散，如图 8-1-1 中的 3 所示。因此，欲实现空位扩散须具备结构和能量两个条件，即扩散原子周围应存在点阵空位，同时该扩散原子还应具有可以超越能垒的自由能。

拓展阅读

柯肯达尔效应

1947 年，柯肯达尔和斯密吉斯加斯进行了这样一个有趣的实验，即在质量分数 w（Zn）= 30%的长方形黄铜棒上先摆放两排很细钼丝作为标记，再在黄铜上镀一层铜，将钼丝包在黄铜与铜的中间，这样黄铜与铜就构成了一扩散偶，如图 8-1-2 所示。

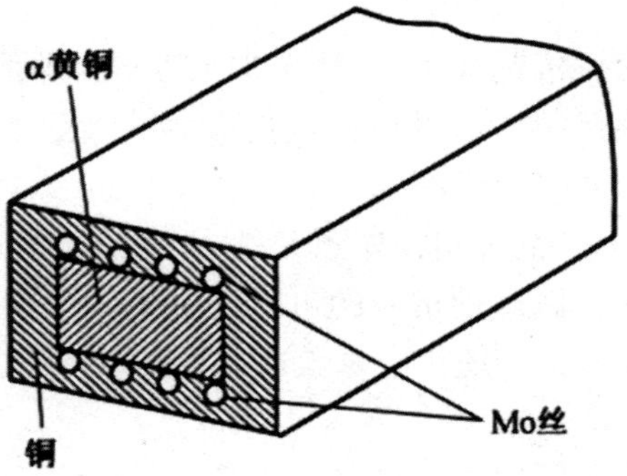

图 8-1-2　Kirkendall 实验

由于高熔点的钼丝既不溶于铜，也不溶于黄铜中，仅仅作为标志物，在整个过程中并不参与扩散。然而，将该样品经 56 天的 785℃扩散退火后，发现上下两排钼丝的距离，减小了 0.124mm。在扩散退火过程中，可以设想黄铜中的 Zn 原子通过界面向外扩散；而外面纯铜镀层内的 Cu 原子则向黄铜内扩散。由于终了钼丝界面向内侧移动，这说明从黄铜内流出的 Zn 原子数多，而铜层中 Cu 原子流入黄铜内较少，Zn 和 Cu 原子两者的扩散速度不一样，即 $D_{Zn}>D_{Cu}$。

假如Zn原子和Cu原子系直接互换位置，两者的扩散速度应相等，不可能有 $D_{Zn}>D_{Cu}$。只有设想向纯铜的一方流入较多的Zn原子，要建立较多的新原子平面，促使其体积胀大；而所产生较多的空位，反向流入界面内的黄铜，黄铜内的空位则多了，事实上也发现靠近界面内侧的黄铜出现疏松多孔现象。

由于界面两侧的A，B两种原子，互相扩散到对方的基体中，且其扩散速率又不相等，正是这种不等量的原子交换造成了原始界面的移动，并移向原子扩散速率较大的一方，这种现象称为柯肯达尔效应。该效应后来在Ag-Au，Ag-Cu，Au-Ni，Cu-Al，Cu-Sn及Ti-Mo等多种二元合金中也均被发现。

柯肯达尔效应是研究固态扩散的一个重要发现，根据它可摒弃直接换位机制，证明在置换型固溶体中空位扩散机制是扩散的主要机制。

4. 晶界扩散及表面扩散

对于多晶材料，扩散物质可沿三种不同路径进行，即晶体内扩散（或称体扩散）、晶界扩散和样品自由表面扩散，并分别用 D_L，和 D_B 和 D_S 表示三者的扩散系数。前面的讨论主要涉及体扩散机制。下面来讨论晶界扩散及表面扩散。

通常，晶界处的原子排列并不规则，同时存在着大量的空位等缺陷，这些特征使得晶界具有较高的能量状态。因此，晶界上的原子跳动频率相较于晶内更为频繁，其扩散激活能也相对较低。由此，原子沿晶界的扩散速度显著快于体扩散。此外，随着温度的降低，晶界扩散的重要性愈发凸显。

至于晶体表面，其三维周期性在表面处发生突然中断，导致外侧的原子无固体键合，每个原子仅部分地被其他原子包围，其相邻原子数较晶内减少。同时，由于表面弛豫和重构现象的存在，表面原子能够沿垂直表面方向或横向发生位移，呈现出胀缩和排列上的不平整。这些因素也易于形成空位。

此外，晶体表面处的应力分布、电荷势能分布、势能分布以及电子能态等均发生了显著变化。这种特殊的结构和环境决定了表面扩散所需的扩散激活能最低。因此，表面被视为高扩散率通道，沿自由表面的扩散速率通常在体扩散、晶界扩散和表面扩散三者中居于首位。

研究晶界扩散及表面扩散的实验，通常是采用示踪原子法，即在与晶界和表面垂直的 $y=0$ 处蒸发沉积一层溶质或基体金属的放射性同位素M，如图8-1-3所示，经扩散退火保温一定时间后，这些示踪原子由表面向内扩散。由于示踪原子

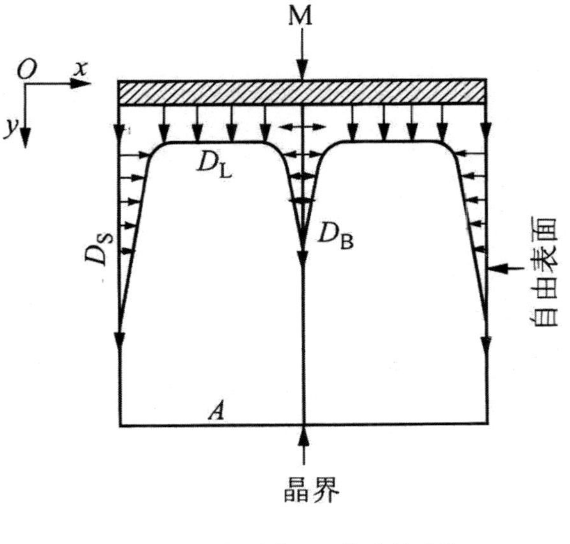

图8-1-3　物质在双晶体中的扩散

沿表面和晶界扩散较快，使它在表面和晶界上的浓度高于晶内，从而又促使这些原子由表面和晶界向其两侧扩散，造成等浓度面，成为如图 8-1-3 所示的形状。

由图中箭头表示的扩散方向和由箭头端点表示的等浓度处可知，扩散物质 M 穿透到晶体内去的深度远比沿表面和晶界的要小，由此得出，$D_L<D_B<D_S$。由于晶界、表面及位错等都可视为晶体中的缺陷，缺陷产生的畸变使原子迁移比在完整晶体内容易，导致这些缺陷中的扩散速率大于完整晶体内的扩散速率，因此，常把这些缺陷中的扩散称为“短路”扩散。

5. 位错扩散

晶体内部广泛分布着位错，作为一种线性缺陷，其存在导致周围原子偏离平衡位置，进而引发点阵的畸变现象。具体而言，位错可形象地视作晶体点阵中一条长形“管道”，其畸变范围相当于数个原子间距的大小。特别值得注意的是，刃型位错线系中的多余半原子面与滑移面的交汇线，在滑移面下方沿着刃型位错线，形成了一条具有较大空隙度的管道，该管道内存在着拉应力。

鉴于上述结构特点，扩散原子在沿着位错管道迁移时，其所需的激活能相对较低（大约仅为体扩散激活能的一半），因此扩散速率相对较高。由此可见，位错在晶体中可被视为一种高扩散率通道，其存在促进了原子的“短路”扩散过程。

拓展阅读

影响金属扩散的因素

影响金属扩散的因素主要包括温度、浓度、晶体结构、应力状态以及环境因素等。

1. 温度

金属的扩散速度与温度成正比，温度升高会加快金属的扩散。

2. 浓度梯度

扩散也受到物质在溶液中浓度的变化影响。如果某一元素在金属中的浓度较低，扩散会促进其浓度的变化。

3. 晶体结构

金属的晶格结构会影响扩散。在某些情况下，扩散路径的长度可能会显著影响扩散速度。

4. 应力状态

应力状态可以影响金属的扩散。例如，在拉伸状态下，金属中的元素扩散速度会加快。

5. 环境因素

金属所处的环境也会影响其扩散。例如，氧化性或还原性气氛可能会影响金属表面的氧化或还原过程，从而影响元素的扩散。

此外，金属种类、合金成分、温度持续时间等因素也会影响金属扩散的速度和程度。

任务二　金属的相变

一、固态相变

在外部条件发生变动时，材料往往会发生固态转变，这一转变会引起材料内部组织结构的显著变化，进而导致其性能产生相应调整。从广义的角度来看，固态转变涵盖了形变及再结晶等所有能引发组织结构变化的过程；而从狭义上理解，固态转变特指固态相变，即材料内部点阵结构由一种形态转变为另一种形态，这包括化合物的溶入或析出、无序结构向有序结构的转变，以及均匀固溶体向不均匀固溶体的转变等。

在生产实践中，对金属材料进行的热处理过程，正是基于材料的固态相变规律，通过精确控制加热、保温和冷却等步骤，以改变材料的组织结构，从而达到优化和提升其使用性能的目的。因此，为了有效研发新型材料并充分发挥现有材料的潜能，必须深入了解和掌握固态相变的内在规律与特点。

1. 固态相变特征

固态相变是在“固态”这一特定的条件下进行的，其母相通常是晶体，固态晶体的原子呈一定周期性重复排列；而且原子间的键合比液态时牢固得多，同时母相中还存在着空位、位错和晶界等一系列晶体缺陷，新相与母相间存在着共格、半共格或非共格界面，因此，固态相变有许多特点，归纳起来有以下几点。

（1）相变阻力大

固态相变时形核的阻力，来自新相与基体间形成界面所增加的界面能 E_γ 和体积应变能（即弹性能）E_e。其中，界面能 E_γ 包括两部分：一是在母相中形成新相界面时，由同类键、异类键的强度和数量变化引起的化学能项；另一部分是由界面原子不匹配（失配）引起的界面应变能项。通常，固相的界面能比气-液、液-固的界面能大得多。

应变能 E_e 则是由于新相、母相两者的比体积不同，通过弹性应变来调节的体积应变能。若母相为气态、液态时，不存在体积应变能问题；但对于母相为固态时，由于受到周围母相的约束，新相不能自由胀缩，其应变能是不能忽视的。因此，与液-固和气-固相变相比，固态相变的阻力大得多。

（2）原子迁移率低

由于固态中的原子键合远比液态中牢固，所以其扩散速度远比液态的低。如液态金属中扩散系数可达 $10^{-7}cm^2/s$，而在固态仅为 $10^{-11} \sim 10^{-12}cm^2/s$，即使在熔点附近，原子的扩散系数也仅为液态扩散系数的十万分之一。

固体原子的扩散系数小，其原子的迁移率就低。同时在固态更易于过冷，也即当冷却速度增加时，可获得更大的实际过冷度，相变也就在很大的过冷度下发生。随着过冷度增大，相变驱动力增大，同时由于转变温度降低，引起扩散系数降低。当驱动力增大的效果超过了扩散系数降低对相变的影响时，将导致相变速度增加。此时，由于过冷度增大，形核率高，相变后得到的组织变细；而当过冷度大到一定程度之后，扩散系数降低的影响将会超过相变驱动力增大的效果，便会造成由扩散控制的相变（扩散型相变）速度减小。

（3）位向关系

固态相变时，为了减少新、旧两相之间的界面能，两种晶体之间往往存在一定的位向关系，它们常以低指数的、原子密度大而又彼此匹配较好的晶面互相平行。当相界面为共格或半共格界面时，新、旧两相之间必须有一定的位向关系；如果两相之间没有确定的位向关系，则界面肯定是非共格界面。

（4）非均匀形核

如同在液相中一样，固相中的形核几乎总是非均匀的。诸如非平衡空位、位错、晶粒边界、堆垛层错、夹杂物和自由表面等非平衡缺陷都提高了材料的自由能，它们都是合适的形核位置。如果晶核的产生结果是使缺陷消失，就会释放出一定的自由能，因此减少了（甚至消除了）激活能势垒。母相的晶粒愈细，缺陷的密度愈高，则形核愈多，相变速度愈大。

2. 固态相变的分类

固态相变的类型很多，特征各异，表 8-2-1 列举了一些重要的固态相变。

表 8-2-1　固态相变的类型和特征

固态相变的分类	相变特征
纯金属的同素异构转变	温度或压力改变时，由一种晶体结构转变为另一种晶体结构，是重新形核和生长的过程，如 α-Fe $\leftrightarrows$ γ-Fe，α-Co $\leftrightarrows$ β-Co
固溶体中多形性转变	类似于同素异构转变，如 Fe-Ni 合金中 $\gamma \leftrightarrows \alpha$，Ti-Zr 合金中 $\beta \leftrightarrows \alpha$
脱溶转变	过饱和固溶体的脱溶分解，析出亚稳定或稳定的第二相
共析转变	一相经过共析分解成结构不同的二相，如 Fe-C 合金中 $\gamma \leftrightarrows \alpha + Fe_3C$，共析组织呈层片状
包析转变	不同结构的两相，经包析转变成另一相，如 Ag-Al 合金中 $\alpha + \gamma \leftrightarrows \beta$，转变一般不能进行到底，组织中有 α 相残余
马氏体转变	相变时，新、旧相成分不发生变化，原子只作有规则的重排（切变）而不进行扩散，新、旧相之间保持严格的位向关系，并呈共格，在磨光表面上可看到浮凸效应
块状转变	金属或合金发生晶体结构改变时，新、旧相的成分不改变，相变具有形核和生长特点，只进行少量扩散，其生长速度甚快，借非共格界面的迁移而生成不规则的块状产物。如纯铁、低碳钢、Cu-Al 合金、Cu-Ga 合金等有这种转变
贝氏体转变	发生于钢及许多有色合金中，兼具马氏体转变及扩散转变的特点，产物成分改变，钢中贝氏体转变有切变机制和扩散机制两种不同的观点，转变速度缓慢
调幅分解	为非形核分解过程，固熔体分解成晶体结构相同但成分不同（在一定范围内连续）的两相
有序化转变	合金元素原子从无规则排列到有规则排列，但结构不发生变化

3. 固态相变时的形核与长大

固态相变的形核过程可分为扩散形核与无扩散形核两大类。此外，还存在一种无需形核的固态相变形式，即调幅分解。以下，将重点探讨扩散形核的相关内容。与液态金属的结晶过程相似，固态相变的形核方式同样可划分为均匀形核与非均匀形核。然而，在实际情况下，晶核往往优先在母相的晶界、层错、位错、空位等缺陷位置形成，此即为非均匀形核。相对而言，在无缺陷区域发生的均匀形核情况较为罕见。尽管如此，由于均匀形核过程相对简单，更便于进行深入分析，因此，以下将着重讨论均匀形核的相关内容。

（1）均匀形核

固态相变的均匀形核与凝固时相比增加了应变能一项，使形核阻力增大。因此，形成一个新相晶核时，系统吉布斯自由能的变化为

$$\Delta G = n\Delta G_V + \eta n^{2/3}\sigma + n\varepsilon$$

式中，n 为晶胚中的原子数；ΔG_V 为新旧两相每原子的吉布斯自由能之差；σ 为比表面能；ε 为晶核中每个原子的平均应变能；η 为形状因子，$\eta n^{2/3}$ 为晶核的表面积。其中，$n\Delta G_V$ 为负值是固态相变的驱动力。表面能的增加 $\eta n^{2/3}\sigma$ 和应变能的增加 $n\varepsilon$ 均为正值是固态相变阻力。

$$\Delta G^*_{均匀} = \frac{1}{3}A^*\sigma$$

式中，A^* 为临界晶核表面积。

可见固态相变的形核功是临界晶核表面能的 1/3，这似乎与液态金属结晶的均匀形核规律一致。但形核阻力除表面能外，又增加了应变能一项，这使固态相变形核更加困难。形核时，往往通过改变晶核形状和共格性等降低形核阻力，使固态相变得以进行。当新相和母相为共格界面时，界面能很低，相变阻力主要来自应变能。

为减少应变能，新相晶核应为圆盘状或针状。当新相和母相为非共格界面时，在比体积引起的应变能不大的情况下，相变阻力主要来自界面能，为减少界面能，新相晶核应为球形，以降低单位体积的表面积。

（2）非均匀形核

实际晶体材料中具有大量晶体缺陷，如晶界、位错、层错、空位等，缺陷处原子具有缺陷能。在缺陷处形核时，这些缺陷能可用于形核，因而形核功小于 $\Delta G^*_{均匀}$。由于晶体缺陷是不均匀分布的，所以优先在晶体缺陷处形核，这叫作非均匀形核。非均匀形核时系统的自由能变化为

$$\Delta G = n\Delta G_V + \eta n^{2/3}\sigma + n\varepsilon - n'\Delta G_D$$

式中，ΔG_D 为晶体缺陷内每一个原子的吉布斯自由能的增加值；n' 为缺陷向晶核提供的原子数。

①位错形核

固态相变时，新相晶核常优先在位错线上形核。位错可释放弹性能，减小形核功。对于半共格界面，位错可补偿错配，降低界面能，减小形核阻力。在扩散型相变中，新相与母相成分不同，溶质与位错交互作用可形成气团，产生溶质偏聚，促进新相形核。位错还能作为短路扩散通道，降低扩散激活能，加速形核过程。

②层错形核

固态相变时，新相往往在层错区形核。例如低层错能的面心立方金属，扩展位错的宽度 d 很大，有大量的层错区存在，层错区实际上就是密排六方晶体的密排面，这就为面心立方晶体的母相析出密排六方晶体的新相创造了良好的结构条件，新相与母相易形成共格或半共格界面，这使形核易在层错区发生。

③空位形核

空位形核的促进作用已得到证实。尤其是大量过饱和空位存在时，既可促进溶质原子的扩散，又可作为新相形核位置。例如连续脱溶时，沉淀相在过饱和空位处进行非自发形核，使沉淀相弥散分布于整个基体中，由于晶界附近的过饱和空位扩散到晶界而消失，晶界附近会出现“无析出带”。

4. 新相的长大

新相晶核形成后，会经由新相与母相之间的相界面迁移过程，逐渐在母相中扩展并增大。其生长的主要驱动力源自新旧两相之间吉布斯自由能的差异。新相与母相之间的相界面可能呈现出共格、半共格或非共格的不同形态；同时，新相与母相的成分可能一致，也可能存在差异，这导致界面的迁移方式呈现出多样化特点。

当新相与母相的成分相同时，新相的生长过程主要局限于界面附近原子的迁移，这种生长方式被称之为界面过程控制生长。

然而，当新相与母相的成分存在差异时，新相的生长则受到原子长程扩散的制约，或同时受到界面迁移和扩散过程的共同影响。一般而言，新相的生长速度可以通过分析母相与新相界面上的扩散通量来评估。当新旧两相的相界面表现为非共格界面时，新相的生长主要受到体扩散的控制，这种生长方式在大多数扩散型固态相变中均有所体现。下面，将以脱溶转变为具体案例进行深入探讨。

在 A-B 二元相图中，成分为 C_0 的过饱和固溶体 α 相，析出球状富 B 组元的 β 相粒子，在 T_1 温度下，两相平衡成分分别为 C_α 和 C_β，如图 8-2-1a 所示。成分为 C_0 的 α 相析出 β 相时的浓度分布，如图 8-2-1b 所示。x 方向为以析出相球体中心为原点的球坐标系 ρ 的一个特定方向。为了简单，假定扩散系数 D 不随位置、时间和浓度而改变。在 dt 时间内，若半径为 r 的新相 β 长大到半径 $r+dr$，则由母相 α 扩散到新相 β 的 B 组元的量可表示为 $4\pi r^2(C_\beta - C_\alpha)dr$。由菲克第一定律及扩散通量的定义得到

$$D\left(\frac{\partial C}{\partial \rho}\right)_r = \frac{4\pi r^2(C_\beta - C_\alpha)dr}{4\pi r^2 dt}$$

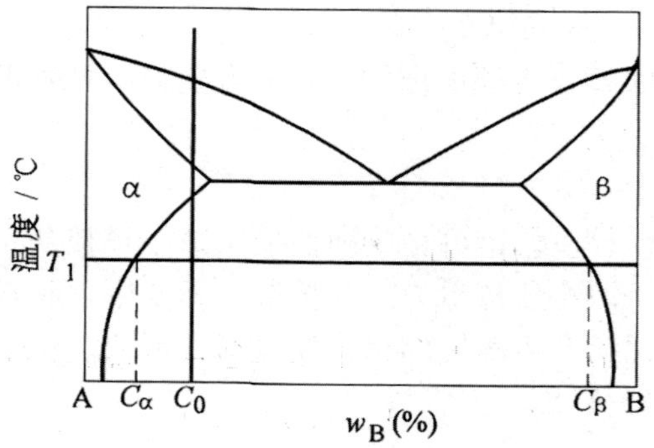

（a）A-B 二元相图

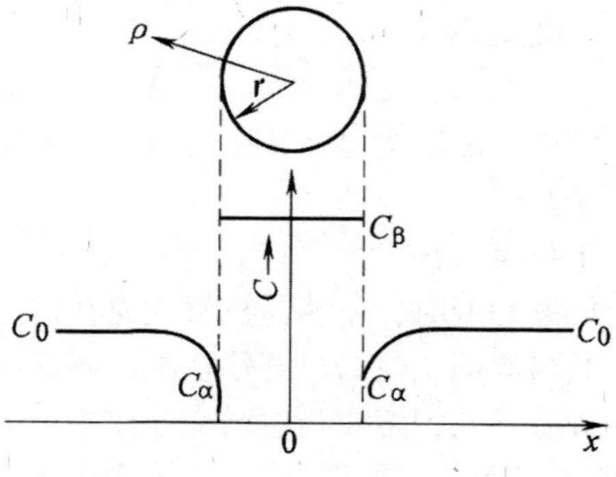

（b）过饱和 α 相中析出球状富 B 组元的 β 相粒子时的浓度分布

图 8-2-1　与母相具有非共格界面的新相长大时的浓度分布

于是得到界面移动速率为

$$u=\frac{\mathrm{d}r}{\mathrm{d}t}=\frac{D}{C_\beta-C_\alpha}\left(\frac{\partial C}{\partial \rho}\right)_r$$

由上式可知，扩散控制的新相长大的界面移动速率与扩散系数 D 和界面附近母相的浓度梯度成正比，与两相浓度差成反比。

二、共析转变

共析转变是指由单一的固态母相分解为两个（或多个）结构与成分不同新相的过程，其反应可表示为 $\gamma\to\alpha+\beta$。这种转变也包括形核长大过程，但由于转变在固态下进行，原子扩散缓慢，因此转变速率远低于共晶转变。共析组织与共晶组织的形貌类似，两相交替分布，可有片状、棒状等不同形态。例如，铁碳合金中的共析组织由片层状的铁素体与渗碳体所组成，又称珠光体。

共析体形核后，靠原子的短程扩散，导致两相耦合生长。原子的扩散主要沿新相与母相的界面进行，至少这种界面扩散在共析体长大过程中起到了不可忽视的作用。长大机制如图 8-2-2 所示。共析成分的 γ 相冷到共析温度以下的 T_1 温度，进行共析反应生成（α+β）共析组织，由图 8-2-2a 可知与 α 相平衡的 γ 相的浓度为 $C_{\gamma\alpha}$，与 β 相平衡的 γ 相的浓度为 $C_{\gamma\beta}$，且 $C_{\gamma\alpha}>C_{\gamma\beta}$。界面前沿的母相存在浓度梯度，要发生溶质 B 原子的扩散，如图 8-2-2b 所示。

在 α 相前沿 B 组元浓度将降低，为恢复到该温度下的平衡浓度 $C_{\gamma\alpha}$，含 B 组元浓度低的 α 相将长大。在 β 相前沿 B 组元浓度升高，同样为使浓度降低到 $C_{\gamma\beta}$，富 B 的 β 相也要生长，故 α 与 β 两相靠界面扩散耦合生长。

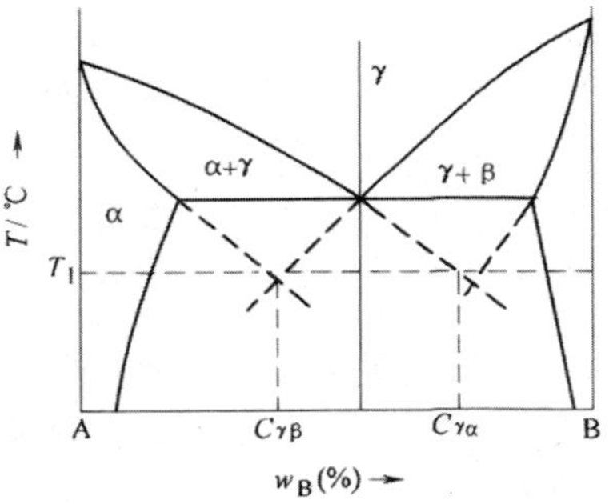

（a）

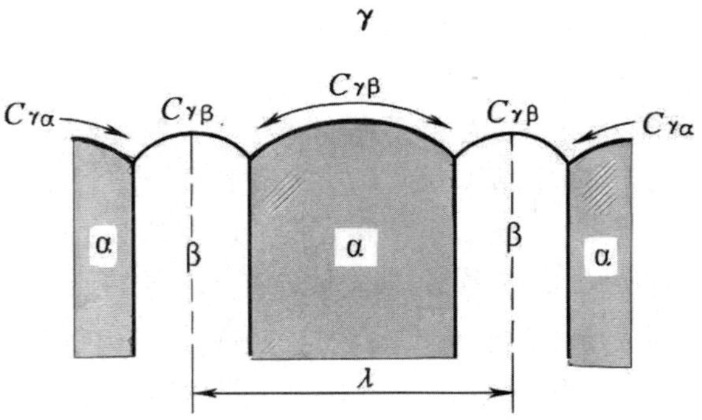

（b）

图 8-2-2　共析体生长时溶质原子的扩散

三、无扩散相变

相变前后只是晶体结构发生变化而成分不改变的相变属于无扩散相变。无扩散相变中原子可采用无扩散切变方式完成晶格改组，也可借助热激活靠短程扩散跨过相界面完成相变。常见的无扩散相变包括陶瓷的同质异构转变、金属的马氏体转变和块型转变等。

1. 陶瓷的同质异构转变

大多数陶瓷随温度的变化要发生晶型的转变，这些同素异构转变过程往往不需离子的长程扩散，故可认为是无扩散相变。在同素异构转变中具有代表性的无扩散相变分两类：重构型相变和位移型相变。

位移型相变中，无需破坏原子的化学键，只需构成晶体的离子沿特定的晶面晶向整体地产生有规律的位移，使结构发生畸变就可完成相变。转变无需扩散，转变速度非常快。例如 ZrO_2 由高温冷至大约 1000℃发生的正方相（t）→单斜相（m）的转变。

重构型相变中，伴随原化学键的破坏与新键的形成，原子靠近程扩散重新排列，相变所需激活能高，故重构型相变较难发生，转变速度缓慢，常有高温相残留到低温的倾向。例如石英（SiO_2）由高温冷至 1470℃发生的高温方石英→高温鳞石英的转变。

2. **块型转变**

块型转变最初是在 Cu-Zn 合金中发现的，后来在铜基合金、银基合金及铁碳合金等合金系中也发现了该类型转变。

由图 8-2-3 所示的 Cu-Zn 二元相图可知，Cu-38% Zn（质量分数）合金由 β 相区快速冷却，通过 α+β 两相区时，可避免发生脱溶分解和马氏体转变，由 β 相转变为成分与母相相同的 α 相。这种块状的 α 相在 β 相晶界上形核，以每秒数厘米的速度很快长入周围 β 相中，因此原子来不及长程扩散，致使新相与母相具有相同成分，因此可将其看成无扩散相变。

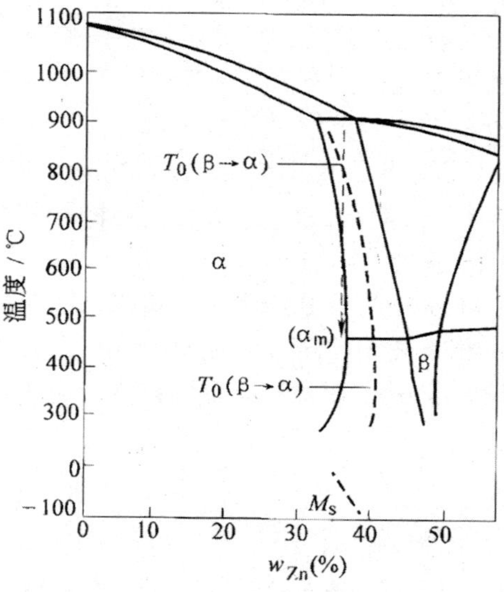

图 8-2-3 Cu-Zn 二元相图

T_0-G_β M_s-马氏体转变开始点

由于这种相呈现不规则块状外形，因此叫块型转变。然而这种相变与属于位移型相变的马氏体相变却有本质区别，马氏体相变是原子以协同运动的切变方式完成相转变的，新相与母相间具有一定晶体学取向关系，相变具有浮凸效应。与此不同，块型转变时，α 相的长大靠非共格界面的热激活迁移来完成，原子的迁移靠短程扩散。所以块型转变时，新相与母相间无一定晶体学取向关系，相变无浮凸效应。

由于块型转变是通过母相原子跨越界面进入新相的方式进行的，因此必须在足够高的温度下，保证原子具有短程扩散的能力，这种转变才能进行。

四、马氏体相变

马氏体相变发生在很大过冷状态下，相变具有表面浮凸效应和形状的改变，属于无扩散的位移型相变。后来又陆续发现，在一些非铁金属及其合金以及一些非金属化合物中都存在具有相同特征的固态相变，因此现在已把具有这种转变特征的相变统称为马氏体相变，其转变产物称为马氏体。

与扩散相变不同，马氏体相变属于位移型相变，主要具有如下特征。

1. **马氏体相变的无扩散性**

早在 20 世纪 40 年代就发现 Li-Mg 合金在-190℃时的长大速度仍可高达 10^5cm/s 数量

级。在$-20\sim-196$℃温度范围，对于Fe-C和Fe-Ni合金，形成一片马氏体片的时间仅为$5\times10^{-5}\sim5\times10^{-7}$s。显然在这样低的温度下原子几乎不能扩散。此外，Fe-C合金中的马氏体相变前后碳浓度也不发生变化。这表明马氏体相变具有无扩散的特征。

2. 切变共格性与表面浮凸现象

马氏体形成时和它相交的试样表面会发生倾动，一边凹陷，一边凸起，显微镜下观察则出现明显的山阴和山阳，如图8-2-4a所示。

若在原抛光试样表面划一直线划痕SS'，马氏体相变后，变成折线S″T′TS′，这些折线在母相与马氏体的界面处保持连续，如图8-2-4b所示。这表明马氏体相变是以切变方式进行的，并且相变过程中母相与新相马氏体的界面为切变共格界面。

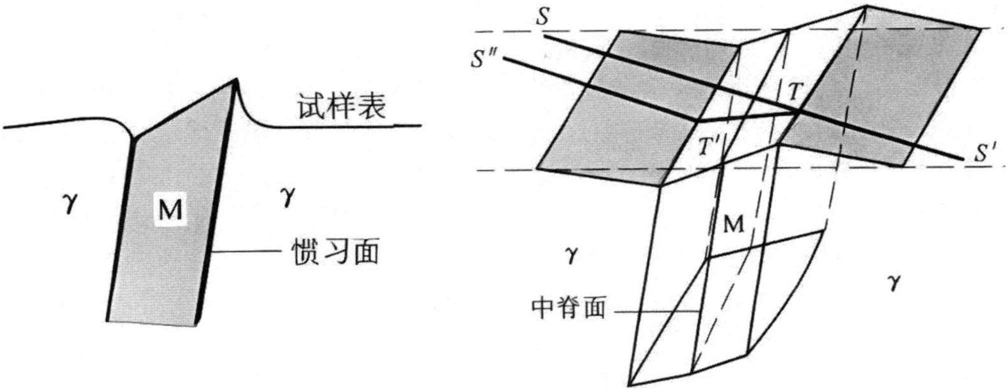

图8-2-4　高碳马氏体相变引起的表面倾动

3. 马氏体相变的可逆性与形状记忆效应

对于某些合金，马氏体相变具有可逆性。图8-2-5所示为Fe-30Ni合金冷却相变和加热时的逆转变。高温相为面心立方γ相，快冷至马氏体转变开始点（M_s）以下，发生马氏体相变，生成体心立方的α′马氏体。然后再加热到γ相转变开始点（A_s）以上，α′马氏体直接靠逆转变变为面心立方的高温γ相。

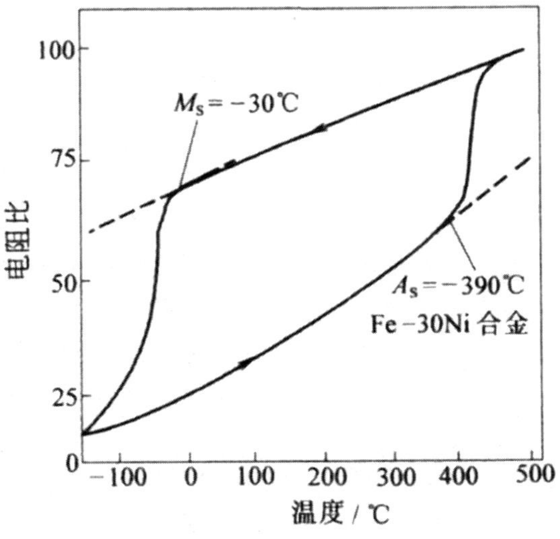

图8-2-5　Fe-30Ni冷却相变和加热时的逆转变

钢室温时的平衡相为铁素体与渗碳体，马氏体是亚稳相。所以亚稳相马氏体在加热时，只要原子能够扩散就要从马氏体中析出碳化物，很难发生由马氏体直接转变为奥氏体的逆转变。而对于 Au-Cd 合金，M_s 与 A_s 相差仅有16℃，相变热阻很小，加热和冷却时很容易发生逆转变，使马氏体呈现弹性似的长大和收缩，这类马氏体称为热弹性马氏体。

具有热弹性马氏体转变的合金还有 Cu-Al-Ni、Cu-Al-Mn、Cu-Zn-Al 等。将具有热弹性马氏体转变的合金在 M_s 点以下进行塑性变形，当发生逆转变时，原来的变形可以被取消，这种效应叫形状记忆效应。

4. 马氏体相变的不完全性

马氏体相变是在 M_s~M_f（马氏体转变终了点）温度范围内进行的，随转变温度的降低马氏体转变量增加，但总是或多或少残留一些母相。高碳钢和许多合金钢 M_s 点高于室温，M_f 点低于室温，快冷到室温，会保留相当数量的残留奥氏体。

图 8-2-6 所示为碳钢的含碳量对残留奥氏体量及淬火钢硬度的影响。由图可知 w_C>0.5%的碳钢中已出现残留奥氏体，且随钢中含碳量的增加残留奥氏体量增加，淬火钢硬度下降，但马氏体硬度一直随钢中含碳量的增加而增加。

陶瓷中的马氏体相变也具有不完全性，例如在 ZrO_2-YO_2 陶瓷中的 t→m 的转变，所生成的“N”型马氏体片间的间隙为残留的母相 m。

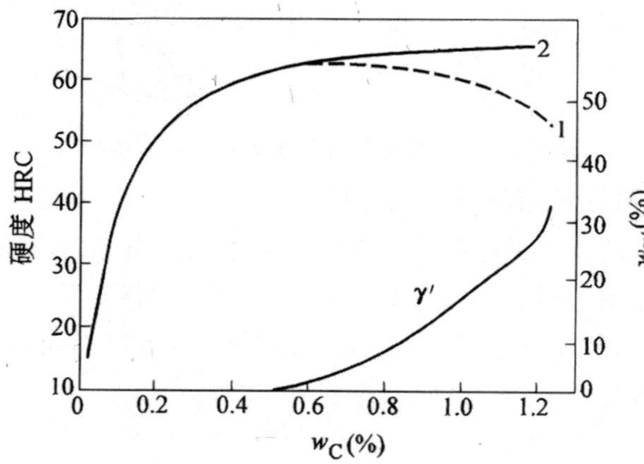

图 8-2-6 钢中含量碳对残留奥氏体量及淬火钢硬度的影响（高于 Ac_1 及 Ac_{cm} 淬火）

1—淬火钢硬度；2—马氏体硬度

五、贝氏体相变

钢中的贝氏体转变发生在珠光体转变和马氏体转变温度范围之间，故称中温相变。由于转变温度较低，铁原子和置换型的溶质原子难以扩散，但间隙原子碳可以扩散，故为半扩散相变。由于贝氏体相变具有过渡性，既有珠光体分解的某些特性，又有马氏体转变的一些特点，因此贝氏体相变是十分复杂的，至今仍存在切变学派和扩散学派之争。可将钢中贝氏体定义为：贝氏体是过冷奥氏体的中温转变产物，以贝氏体铁素体为基，同时可能存在 θ-渗碳体或 ε-碳化物或残留奥氏体等相构成的整合组织。由于贝氏体相变及其产物在实际生产中已得到重要应用，所以研究贝氏体相变具有重要应用价值和理论意义。

钢的成分不同，贝氏体转变温度不同，可生成不同类型的贝氏体。不同类型的贝氏体形貌各异。

1. 上贝氏体

在贝氏体转变温度范围的较高温度区域形成上贝氏体。典型的上贝氏体组织形貌呈现羽毛状。铁素体板条优先在原奥氏体晶界上形核，然后向一侧奥氏体中长大，铁素体板条互相平行排列，条间分布着断续短杆状渗碳体。铁素体板条呈过饱和状态，并有较高位错密度。随形成温度降低，铁素体板条数量增多，板条间的短杆状渗碳体尺寸减小。上贝氏体铁素体的硬度虽然可达45HRC左右，但由于铁素体板条间析出较粗大的脆性短杆状渗碳体，所以塑性和韧性较低。

2. 下贝氏体

下贝氏体在贝氏体转变温度范围的较低温度区域形成。典型的下贝氏体组织形貌与片状马氏体相似，呈片状。下贝氏体中的片状铁素体也是过饱和的，其亚结构为高密度位错和微细孪晶。由此可以推测下贝氏体是以位错滑移切变或孪生切变方式形成的。下贝氏体不仅有高的强度与硬度，同时具有良好的塑性和韧性，综合性能优于片状马氏体。

3. 其他类型的贝氏体

在无碳贝氏体形成的过程中，其在低碳低合金钢中出现的概率相对较高，并且通常是在贝氏体转变温度区间中的较高温度段得以形成。在这种贝氏体的结构中，贝氏体铁素体片条呈现出较大的尺寸和较宽的排列间距，它们以平行的方式排列。而在这些片条之间，则填充着富含碳元素的奥氏体或其后续分解所产生的物质。

对于低中碳贝氏体钢而言，当其经过热轧处理并随后在空气中冷却至贝氏体转变温度区间的较高温度范围时，同样可以观察到粒状贝氏体的形成。这种贝氏体结构中，富碳的孤岛状奥氏体被分布在块状铁素体基体之中。值得注意的是，这些孤岛状的奥氏体在后续的冷却过程中，还有可能进一步转变为其他类型的物质。然而，对于粒状贝氏体是否为贝氏体转变的产物，目前仍存在争议。有些观点认为，粒状贝氏体并非贝氏体转变的直接产物，而是块型转变的产物。

任务三　金属的热处理

一、钢的加热转变

钢件经由加热、保温及冷却过程，可有效改变其组织状态，进而显著提升其性能。无论是进行普通热处理还是表面热处理，往往都需要先将钢件加热至奥氏体状态。加热质量的高低，对于热处理后钢件的组织结构与性能表现具有重大影响。

钢在加热或冷却时，形成奥氏体的温度范围一般可根据 $Fe-Fe_3C$ 相图进行近似估计。

在实际加热时，珠光体向奥氏体转变的临界点随加热速度的升高而升高，习惯上将一定加热速度（0.125℃/min）的临界点用 Ac_1 表示。同理，$Fe-Fe_3C$ 相图中的上临界点 GS 线（A_3 线）与 ES 线（A_{cm} 线）加热时的临界点分别用 Ac_3 和 Ac_{cm} 表示，而冷却时的临界点则用 Ar_3 和 Ar_{cm} 表示。碳钢加热和冷却的各临界点如图 8-3-1 所示。

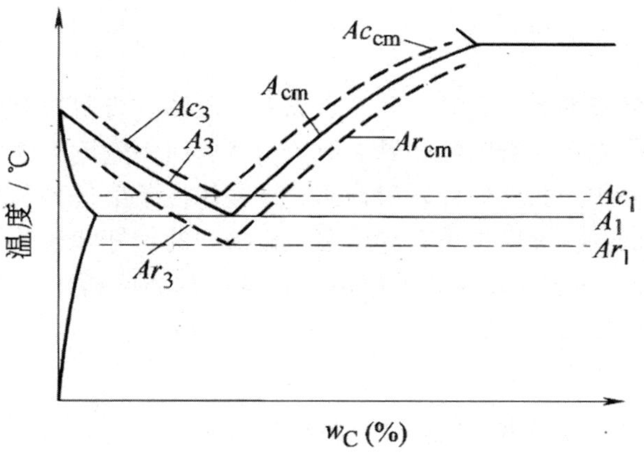

图 8-3-1　加热或冷却对碳钢的临界点的影响

奥氏体化完成后，如果继续加热或保温，奥氏体晶粒必然要长大。长大的驱动力矩总界面能的减少。而奥氏体晶粒的大小直接影响冷却转变产物的性能，所以控制奥氏体晶粒的大小具有重要的实际意义。

1. **奥氏体晶粒度的概念**

奥氏体晶粒度是衡量奥氏体晶粒大小的尺度。奥氏体晶粒的大小可用晶粒截面的平均直径或单位面积内的晶粒数目来表示，也可用晶粒度级别指数 G 表示。晶粒度级别的物理意义见式

$$n=2^{G-1}$$

式中，n 为放大 100 倍时，$1in^2$ 面积内的晶粒数目。晶粒越细小，n 越大，G 也越大。根据相关标准的规定，将钢加热到（930±10）℃，保温 3~8h，冷却后测定奥氏体晶粒度。测定奥氏体晶粒度时，通常在放大 100 倍的情况下与标准晶粒度等级图进行比较评级。标准等级图分为 1~8 级，其中由 8 级到 1 级晶粒尺寸越来越大。

奥氏体晶粒度分为三种。起始晶粒度是奥氏体化刚刚完成时奥氏体晶粒的大小。起始晶粒度一般比较细小，在随后的加热或保温过程中，奥氏体晶粒要长大。实际晶粒度是指在具体热处理或加热条件下，实际获得的奥氏体晶粒大小。由于奥氏体晶粒长大是必然的，所以实际晶粒尺寸总比起始晶粒大，实际晶粒尺寸的大小直接影响钢件的性能。

为了表示不同牌号钢的奥氏体晶粒长大倾向高低，引入本质晶粒度概念。通常在放大 100 倍的情况下与标准晶粒度等级图进行比较评级。晶粒度在 1 ~ 4 级的定为本质粗晶粒钢，晶粒度在 5~8 级的定为本质细晶粒钢，如图 8-3-2 所示。

但不能认为本质细晶粒钢在任何温度下加热都不粗化，实际上在 950 ~ 1000℃ 以上，本质细晶粒钢的奥氏体晶粒尺寸比本质粗晶粒钢还粗大，因为高于 950 ~ 1000℃，本质细晶粒钢具有更大的长大倾向，只是在 950℃ 以下本质细晶粒钢长大倾向小。铝脱氧或含钒、钛、铌、锆、钼、钨的钢为本质细晶粒钢。

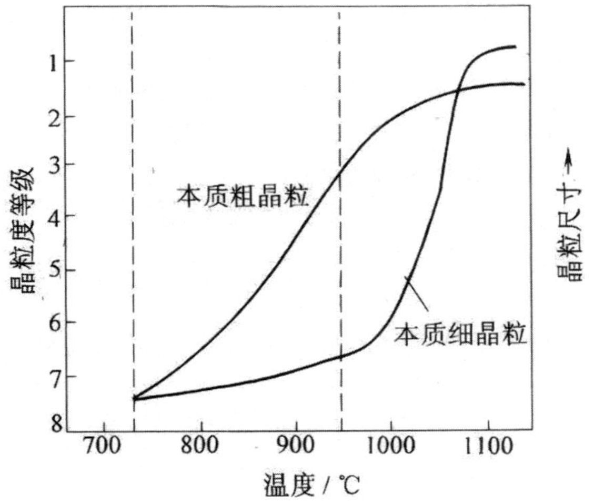

图 8-3-2　钢的本质晶粒度

2. 影响奥氏体晶粒大小的因素

（1）加热温度与保温时间的影响

奥氏体化温度一定，随保温时间增加，晶粒不断长大，但长大到一定尺寸后几乎不再长大。奥氏体化温度越高，晶粒长大越快，与之对应的极限晶粒尺寸也越大。所以奥氏体化温度越低，保温时间越短，奥氏体晶粒越细小。

（2）加热速度的影响

最高加热温度相同，加热速度越快，奥氏体晶粒越细小。其原因有两方面：首先，加热速度越快，过热度越大，相变驱动力增大，形核率急剧增加，因而起始晶粒度越小；其次，加热速度越快，加热时间越短，奥氏体晶粒来不及长大。所以短时快速加热是细化奥氏体晶粒的重要手段。

（3）化学成分的影响

加热温度和保温时间相同时，钢中碳含量越低，奥氏体晶粒越细小。例如，同样加热到 1300℃，保温 3h，$w_C=0.8\%$钢的奥氏体晶粒的平均面积为 0.15mm^2，比 $w_C=0.24\%$的钢大 15 倍。

合金元素对奥氏体晶粒长大的影响可分述如下：强烈阻止奥氏体晶粒长大的合金元素有铝、钒、钛、铌、锆等；一般阻碍奥氏体晶粒长大的有钼、钨、铬等；影响不大的有非碳化物元素硅、镍、铜等；促进奥氏体晶粒长大的有锰、磷、碳、氮和过量铝。一般阻止奥氏体晶粒长大的合金元素均能生成弥散分布的稳定碳化物或氮化物，在奥氏体化过程中，阻碍奥氏体晶粒长大。而促进奥氏体晶粒长大的元素固溶在奥氏体中会减弱铁原子的结合力，加速铁原子的自扩散，从而促进奥氏体晶粒长大。

（4）原始组织的影响

一般情况下，片状珠光体比粒状珠光体更容易过热。因为片状珠光体相界面多，奥氏体化时生核率高，转变速率快，奥氏体形成后，过早进入长大阶段，所以最终获得的奥氏体晶粒较粗大。原始组织为马氏体、贝氏体等非平衡组织时，易发生组织遗传性。为了杜绝组织遗传，需先采用正火或完全退火，获得近似平衡组织，然后再进行随后的淬火热处理。

二、钢的冷却转变

冷却过程是热处理的关键工序，它决定冷却转变后的组织与性能。冷却方式是多种多样的，可分为连续冷却和等温冷却两大类。研究不同冷却条件下的过冷奥氏体转变规律及转变产物的组织形貌和性能无疑是十分重要的。

1. 过冷奥氏体等温转变图

处于过冷状态待分解的奥氏体被称为过冷奥氏体。过冷奥氏体在不同温度范围等温，可分解为不同类型的分解产物。

由于发生相变时，金相组织形貌、线膨胀系数、铁磁性都要发生变化，所以可采用金相法、磁性法、膨胀法等测定出不同温度下的转变量与时间关系曲线，即相变动力学曲线，将其转换到温度一时间坐标系中，可得到“温度-时间-转变量”之间的关系曲线，即过冷奥氏体等温转变图。过冷奥氏体等温转变图也叫 TTT 曲线（时间-温度-转变三词的英文缩写），由于形状像“C”字，故也叫 C 曲线。

影响奥氏体等温转变的因素也就是影响等温转变图形状和位置的因素。下面利用等温转变图的变化说明各种因素对奥氏体等温转变的影响。

（1）奥氏体碳浓度的影响

在碳钢中，共析钢等温转变曲线最简单。亚共析钢与过共析钢的等温转变图与共析钢类似，但多出了一条先共析铁素体析出线或先共析渗碳体析出线，如图 8-3-3 所示。此外，随钢中碳含量增加，M_s 点下降。亚共析钢随碳含量增加，等温转变图右移，过共析钢随碳含量增加，等温转变图左移，而共析钢等温转变图位置最靠右，所以共析钢过冷奥氏体最稳定。

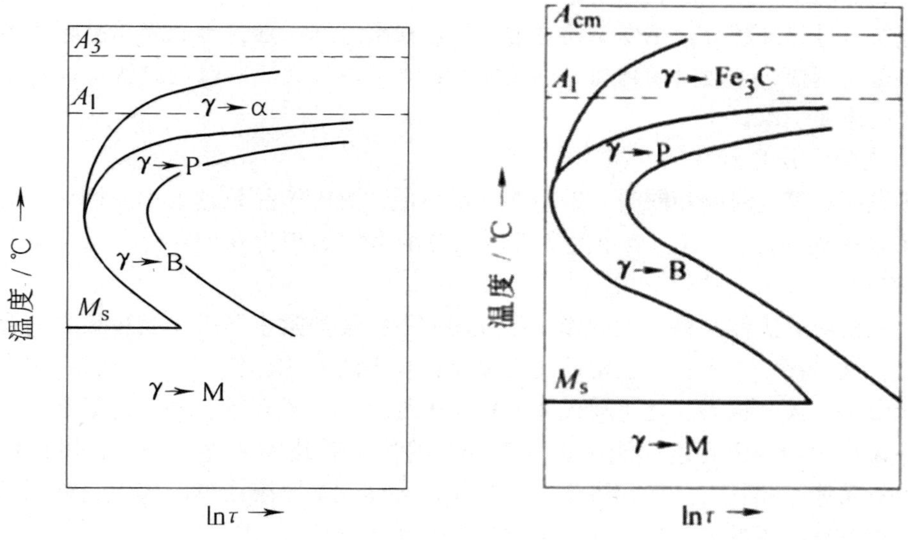

（a）亚共析钢　　　　（b）过共析钢

图 8-3-3　含碳量对等温转变图的影响

（2）合金元素的影响

合金元素只有溶入奥氏体中才对过冷奥氏体等温转变产生重要影响。除 Co 外，几乎所有合金元素溶入奥氏体，都使等温转变图右移，增大奥氏体稳定性。Cr、Mo，W、ν 等碳化物形成元素使等温转变图右移，并具有双“鼻子”，如图 8-3-4a 所示，Mn、Si、Ni、Cu 等非碳化物形成元素使等温转变图右移，但不改变其形状，如图 8-3-4b 所示。

此外，有些合金元素对过冷奥氏体的三种分解转变，即先共析转变、珠光体转变和贝氏体转变的推迟作用不同，使等温转变图形状发生改变。以上是合金元素单独作用的规律，如果多种合金元素复合加入，对过冷奥氏体分解转变的影响更复杂，推迟作用也更明显。此外，除 Co、Al 外，绝大多数合金元素均使 M_s 点下降。

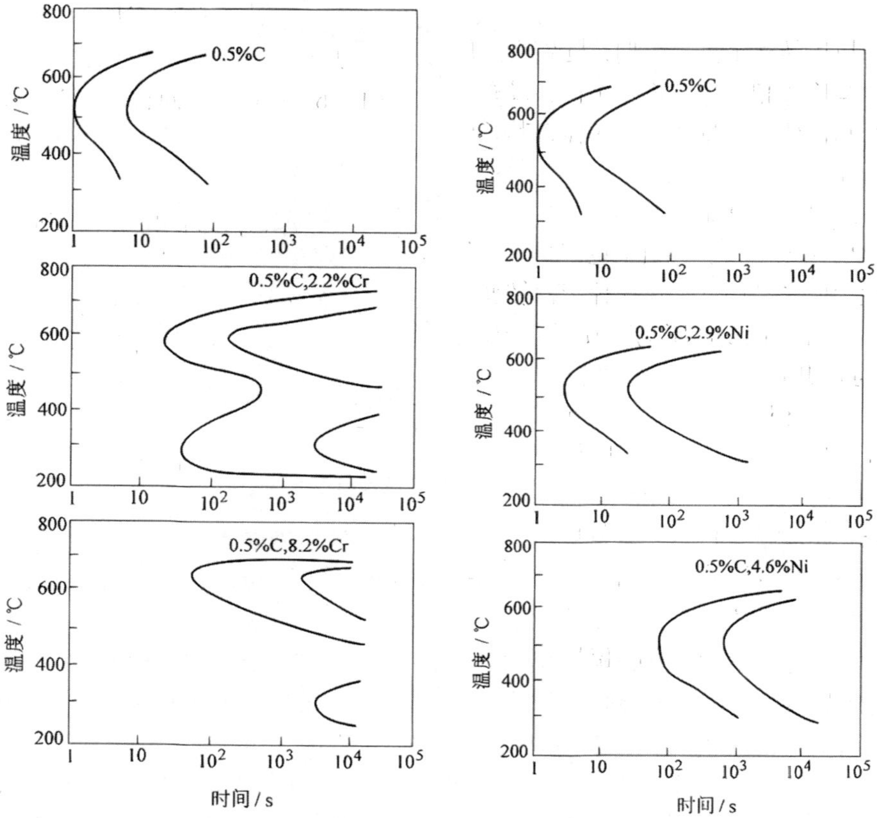

图 8-3-4　合金元素对过冷奥氏体等温转变的影响

（3）奥氏体化状态的影响

随着加热温度的逐步上升以及保温时间的持续延长，奥氏体晶粒将呈现持续增大的趋势，总晶界面积则相应减少，其成分也将趋于更为均匀的状态。然而，这一过程并不利于新相的形核，进而导致过冷奥氏体的稳定性得到增强。因此，在等温转变图中，其转变曲线将呈现出向右移动的趋势。

2. 过冷奥氏体连续冷却转变图

过冷奥氏体等温转变图可用来指导等温热处理工艺，也可粗略估计连续冷却条件下热处理后的产物。但只限于粗略的定性分析，甚至可能作出错误判断。因此测定各种钢的过冷奥氏体连续冷却转变图十分必要。

过冷奥氏体连续冷却转变图也叫 CCT 曲线（Continuous Cooling Transformation）。其测定方法也有金相法、磁性法和膨胀法。

下面以膨胀法为例简要介绍如下。制备一组膨胀试样，利用膨胀仪，测定出奥氏体化后，以不同冷却速度冷却时的转变开始点和终了点。将各点绘在温度-时间坐标系中，并将具有相同意义的点连成曲线，可得到过冷奥氏体连续冷却转变图。共析钢的连续冷却转变图如图 8-3-5 所示。

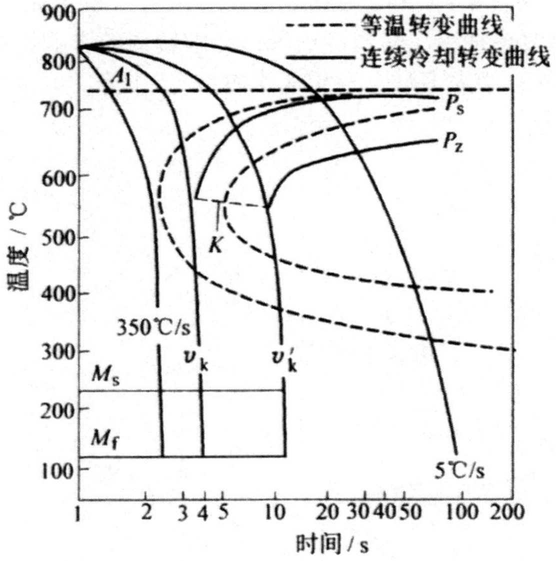

图 8-3-5　共析钢连续冷却转变图

图中 P_s 线表示珠光体转变开始线，P_z 表示珠光体转变终了，虚线 K 表示珠光体转变中止线。冷却曲线碰到珠光体转变中止线，过冷奥氏体不再发生珠光体转变，继续冷到 M_s 线以下发生马氏体转变。

冷速 v_k 称为上临界冷却速度，是得到全部马氏体的最小冷速。v_k 越小，淬火冷却时越容易得到马氏体。冷速 v'_k 称为下临界冷却速度，是得到全部珠光体的最大冷速，v'_k 越小，得到全部珠光体的退火所需时间越长。

由图 8-3-5 可知，以 350℃/s 冷速冷却得到马氏体+残留奥氏体；以 5℃/s 冷速冷却得到全部珠光体。连续冷却转变图位于等温转变图的右下方。如果以 v_k 冷速冷却时，已碰到等温转变曲线的转变开始线，按等温转变图应有一部分珠光体生成，但连续冷却转变时确无珠光体，其组织为马氏体+残留奥氏体。

根据等温转变图对连续冷却转变产物进行估算，其准确性存在一定的局限。然而，值得注意的是，连续冷却过程对转变速率极快的马氏体相变并未产生显著影响。此外，根据共析钢和过共析钢的等温转变图分析，贝氏体转变的孕育期相对较长。在连续冷却过程中，难以达到诱发贝氏体转变所需的孕育效果，因此，共析钢和过共析钢在连续冷却条件下不会发生贝氏体转变。

过共析钢的连续冷却转变图形状与共析钢的连续冷却转变图相似，如图 8-3-6 所示。与共析钢相比，多出一条先共析渗碳体析出线，M_s 线右端的升高与析出先共析渗碳体、使周围奥氏体含碳量下降有关。

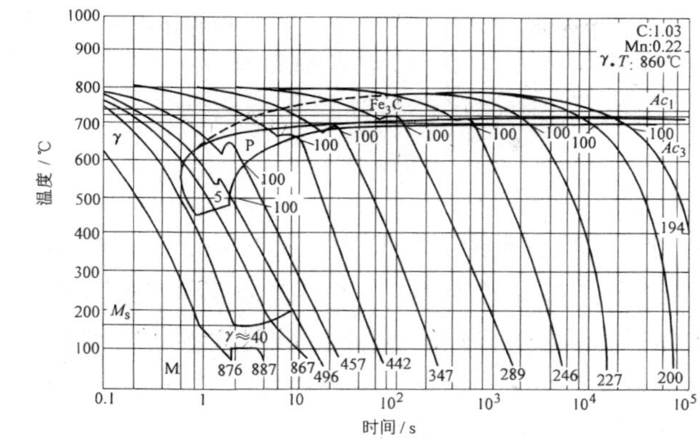

图 8-3-6　过共析钢的连续冷却转变曲线

亚共析钢连续冷却转变图与共析钢完全不同，除都有珠光体转变区外，还出现了先共析铁素体析出区和贝氏体转变区。此外，由于铁素体和贝氏体的析出，使其周围的奥氏体含碳量升高，使马氏体转变开始点下降，故 M_s 线右端下降，如图 8-3-7 所示。图中冷却曲线旁边的数字表示每种组织的形成量，最下边的数字表示转变产物的维氏硬度值。

利用连续冷却转变曲线可准确估算出不同冷速下的产物。

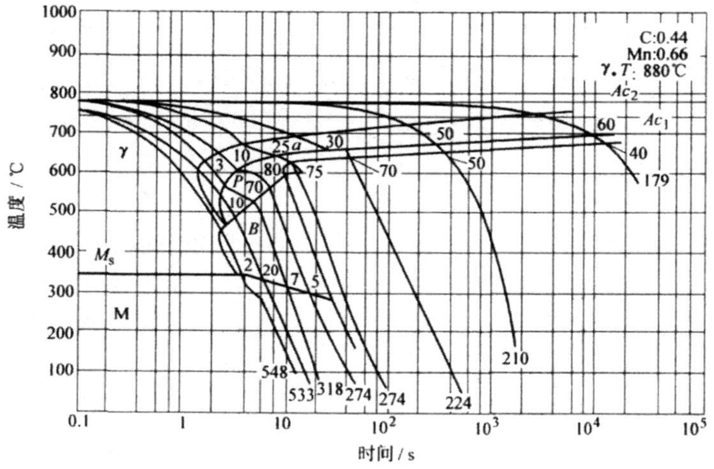

图 8-3-7　亚共析钢的连续冷却转变图

三、钢的回火转变

钢经过淬火处理后得到的马氏体组织，通常不能直接投入实际使用，需经过回火处理以消除内部应力、降低脆性，并提升其塑性与韧性，直至达到所需的强韧性配合标准。回火是一种热处理工艺，其过程包括将淬火钢加热至临界点 A 以下某一特定温度，保持该温度一段时间，随后冷却至室温。为确保回火后材料能够获得所需的组织与性能，对回火转变的深入研究显得尤为重要。

1. 淬火钢在回火过程中的组织转变

淬火钢的组织主要有马氏体和残留奥氏体，此外可能存在一些未溶碳化物等。马氏体处于含碳过饱和状态，残留奥氏体在 A_1 温度以下是亚稳相，此外淬火组织中的高密度位错、微细孪晶和内应力都是不稳定因素。随回火温度的升高、原子活动能力的增强，要向较稳定或稳定的组织状态转变。随温度的升高及保温时间的延长，回火转变可经历以下过程。

（1）马氏体中碳的偏聚

回火温度在100℃以下，只有碳原子能作短距离扩散，在马氏体内产生偏聚。一是碳原子非均匀偏聚到位错线上，形成“柯氏气团”。二是形成类似GP区的碳原子“均匀偏聚”，即碳原子在马氏体晶格的 $(001)_M$ 面偏聚，为碳化物的析出做准备，也称为“化学偏聚”。碳的偏聚使局部马氏体的正方度（c/a）增加，晶格畸变增大，同时增加了滑动位错运动的阻力，使马氏体强度、硬度略有增高。

（2）马氏体的分解与碳化物类型的变化

100℃以上回火，马氏体便开始分解。低碳板条马氏体的分解比较简单，200℃以下只有碳的偏聚，不存在过渡相，200℃以上直接析出 $\theta-Fe_3C$。高碳片状马氏体的脱溶惯序为：100℃以上，析出极细片状 $\varepsilon-Fe_{2.4}C$ 或 $\eta-Fe_2C$；温度高于200℃，$\eta-Fe_2C$ 或 $\varepsilon-Fe_{2.4}C$ 开始溶解，同时析出另一个亚稳相 $\chi-Fe_5C_2$，并迅速开始平衡相 $\theta-Fe_3C$ 的析出，在很宽的温度范围 $\chi-Fe_5C_2$ 与 $\theta-Fe_3C$ 共存，直到450℃全部变为 $\theta-Fe_3C$。

中碳（$0.2\%<wC<0.6\%$）钢淬火后，得到板条与片状混合马氏体。100℃开始析出 $\varepsilon-Fe_{2.4}C$ 或 $\eta-Fe_2C$，200℃就有 $\theta-Fe_3C$ 析出，但无过渡相 $X-Fe_5C_2$ 的析出。随回火温度升高，马氏体的含碳量不断下降，正方度减小，到250℃时正方度已降到1.003。淬火高碳钢在100~250℃以下回火，得到具有一定过饱和程度的 α 相和 $\varepsilon-Fe_{2.4}C$（$\eta-Fe_2C$）的复相组织，叫回火马氏体。

（3）残留奥氏体的转变

$w_C>0.4\%$的碳钢淬火后，总含有少量残留奥氏体，随钢的碳含量增加，残留奥氏体量增多。残留奥氏体在200℃开始分解，到300℃残留奥氏体的分解基本完成。分解产物相当于相同温度下的等温分解产物下贝氏体。所要说明的是，残留奥氏体的分解都是不完全的。

（4）碳化物的聚集球化与长大

回火温度超过400℃，析出的 $\theta-Fe_3C$ 要发生Ostwald粗化，$\theta-Fe_3C$ 聚集球化并长大。碳化物粒子的尺寸随回火温度的升高和保温时间的增长而增大。

（5）α 相的回复与再结晶

随着回火温度的逐渐提升，马氏体中的高密度位错和精细孪晶结构将经历显著的演变过程。在回火温度达到或超过400℃时，高温回复现象开始显现，导致板条马氏体中的位错密度大幅度减少，并逐渐演变为位错密度较低的亚晶结构。而当回火温度升至250℃及以上时，片状马氏体中的孪晶结构将逐渐消失，同时伴随着位错网络的逐渐形成。

总之，400℃以上回火，α 相的回复成为主要过程，但仍然保持原来马氏体的针片状或板条状外形。这种未发生再结晶的 α 相基体上分布着大量弥散分布的碳化物的回火产物叫回火托氏体。回火温度升高到500℃以上，α 相可发生再结晶，失去淬火马氏体的外形，成为低位错密度的等轴晶。在已发生再结晶的 α 相基体上分布着细粒状的碳化物的回火产物叫回火索氏体。

拓展阅读

淬火钢回火时内应力与力学性能的变化

淬火钢回火时内应力和力学性能的变化包括以下两个方面。

1. 内应力

淬火钢在回火时，由于组织转变，会产生内应力。如果内应力较大，可能会在工件内部或表面产生微小裂纹，这些裂纹扩展会导致工件变形甚至断裂。因此，回火过程中应尽量消除内应力。

2. 力学性能

淬火钢经过回火后，强度、硬度和淬火性都会降低。回火后钢的韧性会得到改善，提高塑性和变形能力。此外，回火后钢的内部应力得到松弛，可以提高钢的抗开裂能力。

2. 回火脆性

淬火钢回火时，随回火温度的升高，力学性能的变化趋势是强度与硬度降低，塑性提高。但冲击韧度并不总是随回火温度的升高而简单地增加，有些钢在某些温度区间回火时，韧性比较低，温度回火时反而显著降低，这种现象称为回火脆性，如图 8-3-8 所示。

常见的回火脆性有两种。在较低温度（250～400℃）出现的回火脆性称为第一类回火脆性或低温回火脆性；在较高温度（450～650℃）出现的回火脆性称为第二类回火脆性或高温回火脆性。

第一类回火脆性几乎在所有的钢中都会出现。早期认为马氏体分解时沿马氏体片边界析出断续薄壳状 ε-$Fe_{2.4}C$ 降低晶界强度是产生第一类回火脆性的主要原因。近年来几乎一致认为 θ-Fe_3C 和 X-Fe_5C_2 早期的不均匀析出是产生第一类回火脆性的基本原因。目前尚无有效方法抑制和消除，所以称为不可逆回火脆性。为防止第一类回火脆性发生，生产中只能避开第一类回火脆性温度范围回火。

第二类回火脆性主要在合金结构钢中出现。淬火合金钢在第二类回火脆性温度范围回火并缓冷时出现这种回火脆性，回火后快冷不产生，如图 8-3-8 所示。所以第二类回火脆性也叫可逆回火脆性。产生原因主要与 P、As、Sb、Sn 等杂质元素在晶界的偏聚有关。

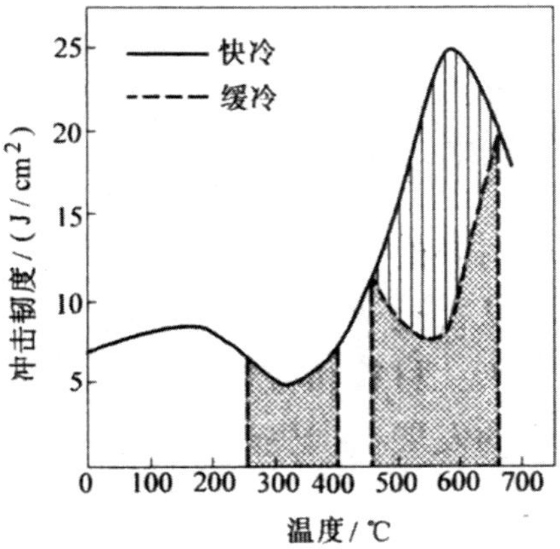

图 8-3-8　中碳镍铬钢的回火脆性

钢中含有 Mn、Cr、Ni 等合金元素促进晶界的内吸附，使晶界进一步弱化，使第二类回火脆性增大。Mo、W、Ti 可抑制杂质元素在晶界的偏聚，可减弱回火脆性倾向。回火冷却时采用快冷或钢中加入 0.5% Mo 或 1.0%W（质量分数），可基本消除第二类回火脆性。

项目实训

学习完本项目的内容后，认真完成表 8-3-1 的实践清单。

表 8-3-1　实践清单

金属的热处理操作与实践	
实训目的	掌握金属热处理的基本原理和方法，提高动手能力和实验技能，了解不同热处理工艺对金属材料组织和性能的影响
实训步骤	(1) 选择合适的金属材料（如碳钢、合金钢等），准备相应的热处理设备（如加热炉、冷却设备等）； (2) 根据金属材料的性能和要求，设计合适的热处理工艺，包括加热温度、保温时间、冷却速度等； (3) 将金属材料放入加热炉中加热，达到预定温度后保温一段时间，然后放入冷却设备中冷却；在此过程中，要注意观察金属材料的颜色、温度变化等情况，确保热处理质量； (4) 对热处理后的金属材料进行性能测试，包括硬度、强度、韧性等指标的测量；将测试结果与未热处理前的性能进行对比，分析热处理对金属材料组织和性能的影响； (5) 将测试数据记录下来，进行分析和总结，得出热处理对金属材料组织和性能的影响规律
实训要求	(1) 实训时间为 2~3 天，需要多人协作完成； (2) 实训过程中要注意安全，遵守实验室规则； (3) 热处理过程中要控制好温度和时间，以保证金属材料的热处理质量； (4) 测试过程中要使用正确的测试方法和仪器，保证数据的准确性和可靠性； (5) 实训结束后要对实验结果进行总结和报告，分析金属热处理的影响因素和优化措施

思考练习

1. 固态相变特征有哪些?
2. 马氏体相变具有哪些特征?
3. 影响奥氏体晶粒大小的因素有哪些?

项目九

材料的强化、制备与加工

项目导读

材料的强化、制备与加工是材料科学领域中的三个重要方面，它们共同决定了材料的质量、性能和应用范围。

材料的强化是指通过改变材料的微观结构来提高其强度、硬度、韧性和其他机械性能的过程。这通常涉及热处理、机械加工、化学处理和电化学等方法。

材料的制备涉及如何将原材料转化为所需材料的过程。这包括原材料的选择、混合、熔炼、成型、烧结、热处理等步骤。制备过程中需要考虑原材料的性质、成本、可获得性以及最终产品的性能要求。

材料的加工是指通过机械、物理、化学或电化学方法对材料进行塑性变形或改变其形态的过程。这包括切削、磨削、锻造、挤压、焊接、热喷涂等工艺。适当的加工方法可以改善材料的表面质量和完整性，提高其性能和使用寿命。

通过合理的材料制备和加工方法，可以获得具有优异性能和广泛应用的材料。

学习目标

知识目标

(1) 了解材料的强化原理和方法，如热处理、机械加工、化学处理等。

(2) 掌握材料的制备过程，包括原材料的选择、混合、熔炼、成型、烧结等步骤。

(3) 熟悉材料的加工方法，如切削、磨削、锻造、挤压、焊接等工艺。

技能目标

(1) 能够根据材料性能要求选择合适的强化方法。

(2) 能够根据材料制备和加工要求选择合适的工艺和方法。

(3) 具备一定的材料分析能力，能够通过观察和测试分析材料的微观结构和性能。

素质目标

(1) 具备严谨的科学态度和求真务实的精神，能够认真对待材料的制备和加工过程。

(2) 具备团队协作精神，能够与他人合作完成材料的制备和加工任务。

(3) 具备创新意识和创新能力，能够根据实际需要探索新的材料制备和加工方法。

思政目标

(1) 树立正确的价值观和道德观念，注重诚信、公正和责任意识。

(2) 培养良好的职业道德和社会责任感，关注材料制备和加工对环境的影响，积极探索绿色制备和加工方法。

(3) 具备国际视野和跨文化交流能力，能够与不同国家和地区的人员进行有效的沟通和合作。

任务一　材料的强化

晶体材料的塑性变形主要依赖于位错运动来实现。因此，任何能够有效抑制位错运动、提升位错运动阻力的因素，均可显著提升材料的强度。一般而言，通过合理调整材料的成分与微观结构，可以显著增加位错运动的难度，从而实现材料的强化效果。具体而言，阻碍位错运动的主要手段包括形变强化效应、细晶强化效应、固溶强化效应以及第二相强化效应等多种途径。这些强化机制共同作用于晶体材料，使其具备更高的强度和稳定性。

一、形变强化

随着材料塑性变形程度的递增，其强度和硬度逐渐上升，而塑性和韧性则相应下降，此现象被称作形变强化或加工硬化。形变强化产生的核心机制在于，塑性变形过程中，晶体材料内部的位错密度逐渐积累并提升，导致位错在移动时相互交割的频率和程度显著加剧，进而形成固定的割阶和位错缠结。这些结构变化使得位错运动的阻力显著增大，进而增强了材料对塑性变形的抗力，从而提升了材料的强度。一般而言，材料的强度与其位错密度的二分之一次方呈现正比例关系。

形变强化作为金属材料的一种普遍且有效的强化方法，特别是对于无法通过简单热处理方式改变其相组成以达到强化效果的材料而言，具有显著的应用价值。通过形变强化手段，可以有效提升材料的强度，通常可使强度成倍增长。

二、细晶强化

随晶粒尺寸的减小，材料的强度和硬度升高的现象称为细晶强化。对金属材料来说，细晶强化满足如下 Hall-Petch 关系式：

$$\sigma_s = \sigma_0 + \frac{K_y}{\sqrt{d}}$$

式中，σ_0 与 K_y 为与材料有关的常数。可见，材料中晶粒的平均直径（d）越小，其屈服强度（σ_s）越高。一般来说，细化晶粒不但可以提高材料的强度，还可以改善材料的塑性和韧性，是一种较好的强化材料的方法。

为了实现对材料晶粒的有效细化，通常可在熔炼制备材料的结晶阶段，通过采取提高过冷度、实施变质处理、施加振动及搅拌等多种措施，以增加形核率，进而达到细化晶粒的预期效果。此外，对于金属材料而言，也可通过实施冷塑性变形加工，并科学调控变形程度及退火温度，从而实现晶粒细化。

同时，针对部分金属材料，也可选用正火、退火等热处理方法来细化晶粒；或在某些金属（如钢）中添加强碳化物形成元素，生成碳化物颗粒，以抑制材料在热处理过程中晶粒的过度生长，进而实现晶粒细化的目的。

三、固溶强化

随溶质原子含量的增加，固溶体的强度和硬度升高的现象，称为固溶强化。

1. 固溶强化效应产生的机理

固溶强化效应产生的机理主要有两个：一是由于溶质原子的溶入，替换了晶格点阵上的溶剂原子，或溶质原子存在于溶剂原子构成的晶格点阵的间隙中，使得固溶体的晶格发生畸变，对滑移面上位错的运动起到了阻碍作用；二是位错线上偏聚的溶质原子（特别是间隙原子）对位错起钉扎作用，增加了位错运动的阻力，一般称这种偏聚在位错线上的溶质原子团为柯氏气团，如图 9-1-1 所示。

2. 固溶强化的规律

固溶强化一般有如下规律

（1）在固溶体的溶解度范围内，溶质元素原子的含量越多，则强化作用越大。

（2）形成间隙固溶体的溶质元素的强化作用大于形成置换固溶体的溶质元素。

（3）溶质原子与溶剂原子的尺寸差越大，则强化作用越大。

（4）溶质原子与溶剂原子的价电子数差越大，强化效果越显著。

为了达到固溶强化的效果，可以针对材料采用特定的合金化设计方法，即在材料中加入适当的合金元素，如图 9-1-2 所示。

图 9-1-1　柯氏气团以及置换原子和间隙原子在刃位错核心区富集的示意图

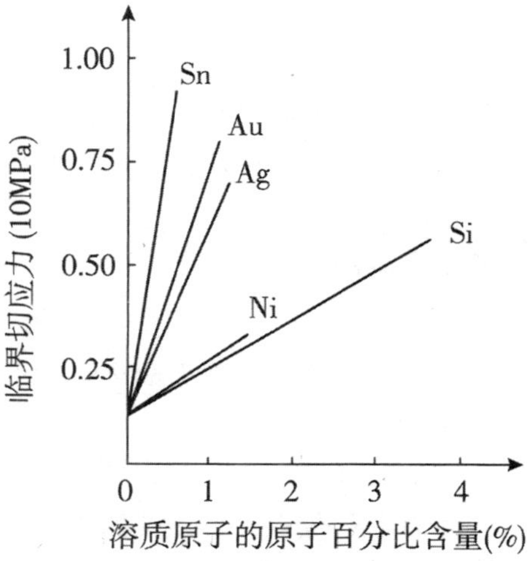

图 9-1-2　Cu 基固溶体加入不同溶质原子时的强化效果

四、第二相强化

材料中除了主要的基体相之外，还有可能存在其他的相，它们可以笼统地称为第二相。第二相颗粒的存在也可以有效地阻碍基体中位错的运动，从而达到强化材料的效果。基于第二相颗粒的生成方式，通常可以将第二相颗粒强化分为由热力学相变形成的沉淀强化与机械混合形成的弥散强化两类。但就阻碍位错运动的机制而言，以第二相颗粒本身的变形特性作为区分第二相强化的不同机制，是一个不错的出发点。

对于较容易发生塑性变形的第二相颗粒，如颗粒可以被基体中的位错滑移切过，则颗粒的力学性能是影响强化效果的关键，而颗粒尺寸的影响则相对较小。

对于难以发生塑性变形的第二相颗粒，基体中的位错运动被颗粒阻碍时，只能以绕过的方式继续向前滑移，如图 9-1-3 所示，强化效果则主要取决于颗粒的尺寸及弥散度，而与颗粒本身的力学性能的关系不大。这两种第二相强化机制的控制因素虽有区别，但总的强化效果均随颗粒的体积分数的增大而提高？

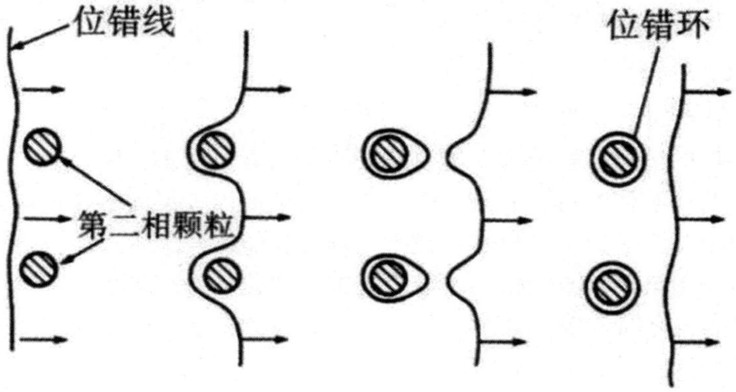

图 9-1-3　绕过

与固溶强化类似，第二相强化的主要手段也是材料的合金化设计，即在材料中加入合金元素，通过热处理或塑性变形改变材料中第二相的形态及分布状况。

拓展阅读

第二相强化的运用

材料的第二相强化在生活中的运用主要包括以下几个方面。

1. 金属材料

在金属材料中，第二相强化经常被用于提高强度、硬度、耐磨性、耐疲劳性等性能。例如，在钢中加入碳化物、金属间化合物等第二相，可以起到弥散强化的作用，提高金属的力学性能。

2. 陶瓷材料

在陶瓷材料中，第二相强化也得到了广泛的应用。例如，在氧化铝基体中加入刚玉颗粒，可以起到弥散强化的作用，从而提高陶瓷的硬度、强度和耐磨性。

3. 复合材料

在复合材料中，第二相强化也得到了应用。通过在基体材料中加入硬质颗粒或纤维等第二相，可以显著提高复合材料的力学性能和耐蚀性。

4. 涂层材料

在涂层材料中，第二相强化也可以得到应用。例如，在金属涂层中加入碳化物等第二相，可以提高涂层的硬度、耐磨性和耐腐蚀性。

在实际应用中，第二相强化可以通过不同的工艺方法来实现，如机械合金化、溶胶-凝胶法、离子注入等。这些方法可以根据不同的应用需求，制备出具有特定分布、大小、形态和数量的第二相，从而实现材料的优化性能。

任务二 材料的制备

一、金属材料的制备

1. 铁的制备

纯铁呈银白色，原子量为 55.85，密度为 7.87g/cm^3，熔点为 1535℃。铁具有良好的导热性、导电性和磁性，但易氧化。除陨铁外，在自然界中没有天然的纯铁，铁主要以其氧化物形式存在于铁矿石中。在地壳表层能够探测到的约 16km 厚的地层内，平均铁含量为 4.9%。

（1）铁的制备原理

炼铁是将铁从铁矿石中提炼出来，包含铁氧化物的还原和造渣两个部分，是一个复杂的物理化学反应过程。

①铁氧化物的还原

铁氧化物的还原是从高价氧化物到低价氧化物，最后到金属铁的逐级还原过程。当温度低于 570℃时，按 $Fe_2O_3 \rightarrow Fe_3O_4 \rightarrow Fe$ 还原；当温度高于 570℃时，按 $Fe_2O_3 \rightarrow Fe_3O_4 \rightarrow FeO \rightarrow Fe$ 顺序还原。铁氧化物还原方式有间接还原和直接还原两种。

间接还原是用 CO 做还原剂还原矿石中的铁氧化物，生成 CO_2 气体产物并放出少量的热。CO 是由焦炭燃烧产生的，间接还原是指间接消耗碳的反应。其反应如下。

低于 570℃时：

$$Fe_3O_4+4CO=3Fe+4CO_2+17163kJ$$

高于 570℃时：

$$Fe_2O_3+CO=2Fe_3O_4+CO_2+37130kJ$$

$$Fe_3O_4+CO=3FeO+CO_2-20890kJ$$

$$FeO+CO=Fe+CO_2+13610kJ$$

直接还原是直接消耗固体炭对铁氧化物进行还原反应，反应生成 CO 气体并吸收大量的热。直接还原反应要吸收大量的热，只能在高炉下部高温区进行。其反应如下。

$$FeO+C=Fe+CO \quad -152160kJ$$

还有其他元素的还原，如 Mn 的化学性质与 Fe 相似，它可以组成一系列氧化物，其还原顺序为：

$$MnO_2 \rightarrow Mn_2O_3 \rightarrow Mn_3O_4 \rightarrow MnO \rightarrow Mn$$

②造渣

图 9-2-1 炼铁过程

在炼铁过程中，如图 9-2-1 所示，矿石中的脉石和焦炭的灰分多为 SiO_2、Al_2O_3 等高熔点氧化物，在高炉中不能熔化。造渣就是加入一定量的熔剂与这些不熔物作用生成一种多氧化物的熔体，利用其密度比铁水低的特性将其与铁水分离。这些溶剂有石灰石（$CaCO_3$）、白云石（$CaCO_3 \cdot MgCO_3$）等。

造渣过程是一个复杂的化学反应过程，应根据矿石成分和冶炼要求，控制熔剂数量和熔炼过程，促使需要的元素进入铁水，让有害杂质进入熔渣而除去。造渣过程是高炉冶炼中的重要技术，是控制产品质量的关键过程。炉渣的主要成分为 CaO、$Al_2O_3SiO_2$ 和 MgO，可以用作水泥原料和建筑材料。

（2）铁的制备方法

铁的制备就是将含铁氧合物（铁矿石）在高温下还原成金属铁。炼铁的主要方法有高炉法、直接还原法、熔融还原法等，其中使用最多的是高炉炼铁。高炉冶炼过程是将铁矿石、燃料（焦炭等）及辅助原料（石灰石等）按一定的比例从高炉炉顶装入高炉，在高炉下部由热风炉向炉内鼓入热风助燃。

高炉内发生铁的氧化物及一些复杂化合物的还原，同时有水合物及盐类的分解，液体、固体和气体燃料的燃烧等化学反应。在炼铁的同时产生炉渣和高炉煤气两种副产品。总之，在铁的整个冶炼过程中，主要进行铁的还原反应和造渣反应，同时还伴随一系列复杂的物理化学反应，如水分的挥发和蒸发、碳酸盐的分解、铁的熔化及其他元素的还原等。

①高炉炼铁原料

高炉炼铁原料主要由铁矿石、焦炭、石灰石、锰矿石和一些铁矿石代用品组成。在这些原料中，铁矿石是高炉炼铁中最主要的原料，其铁含量愈高愈好。工业铁含量在 30%以下的矿石无开采价值；铁含量在 40%以上的，经破碎后可直接加入高炉中冶炼。

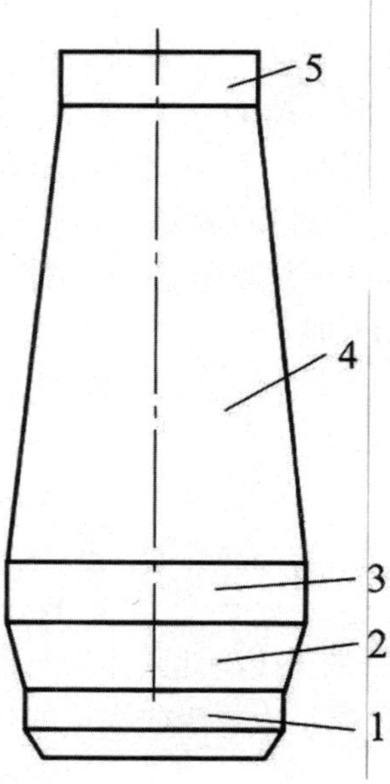

图 9-2-2 高炉内型构造示意图

1—炉缸；2—炉腹；3—炉腰；4—炉身；5—炉喉

②高炉炼铁设备

高炉炼铁的设备主要有高炉本体以及供料、送风、喷吹、煤气处理和渣铁处理等辅助设备。高炉是炼铁的主要设备。经生产实践证明，高炉炉型由炉缸、炉腹、炉腰、炉身和炉喉五段构成的炉型是目前工业生产中较为合理的炉型，如图 9-2-2 所示。这种炉型既能保证炉料下降时受热膨胀、松动，最后炉料熔化后收缩的要求，又能使煤气在上升时不烧坏炉腹砖衬和上升过程中冷却收缩的需要。下面分别叙述炉缸、炉腹、炉腰、炉身和炉喉的作用，见表 9-2-1。

表 9-2-1　炉缸、炉腹、炉腰、炉身和炉喉的作用

高炉部位	作用
炉缸	在高炉下部呈圆柱形的部分，其作用是储存铁水和炉渣
炉腹	在炉缸上面呈向上扩张的截头圆锥形部分。主要用于炉料熔化时体积收缩和煤气温度升高时体积增大
炉腰	炉子中呈圆柱形部分。炉腰是炉腹和炉身的缓冲带，在这里主要形成造渣区
炉身	在高炉上部，呈上小下大的截头圆锥形。它的作用是使炉料下降时受热膨胀和煤气流上升时收缩并使炉料和煤气流充分接触
炉喉	在高炉最上部，呈圆柱形结构。其作用是调节炉料的分布和封闭煤气流

2. 钢的制备

钢是以铁为基并含有少量 C、Si、Mn、S、P 等元素的铁碳合金。根据碳含量的不同区分钢和生铁，钢的碳含量小于 2.11%，生铁的碳含量大于 2.11%。生铁碳含量较高，硬而脆，不能锻造。生铁若制成铸铁，因含有石墨使其具有减震性和耐磨性，可用于机床床身和其他零件。

钢相较于生铁，展现出更为优越的综合机械性能。其强度显著，同时具备良好的塑性和韧性，易于进行各类加工操作，包括铸造、锻造、轧制和焊接等。如果对钢进行热处理，其性能将得到显著提升。此外，钢还具备导电和导热等物理性能。

通过在钢中添加特定的合金元素，可以生产出具有特殊性能的钢种，如不锈钢、耐热钢、耐酸钢和耐磨钢等，这使得钢的应用范围得以进一步扩大。因此，钢作为一种基本且应用广泛的金属材料，在多个领域中均发挥着重要的作用。

拓展阅读

钢铁冶金的起源

我国作为世界上钢铁冶金起源最早的国家之一，早在西汉后期便发明了炒钢法炼钢技术，此技术在随后的 18 世纪方才在英国得以应用。历经二百余年的不断发展与创新，炼钢技术取得了长足的进步。

在 1856 年，英国著名发明家贝氏麦成功研发出空气底吹酸性转炉炼钢法，该方法无需燃料，仅需在液态生铁中鼓入空气，通过氧化生铁中的杂质，即可获得液态钢并铸成钢锭，有效降低了炼钢成本。然而，此法受限于炉衬耐火材料的酸性特性，仅适用于制造酸性渣，难以彻底去除磷和硫等杂质。

1864 年，法国人马丁基于英国人西门子的蓄热原理，创新性地发明了平炉炼钢法。此法显著优势在于对原材料的适应性广泛，可冶炼多种品种，冶炼过程易于控制，且钢质量上乘。至 1955 年，平炉炼钢产量已占据全球钢产量的 80%，成为当时主流的炼钢方法。

进入 20 世纪 50 年代，氧气顶吹转炉炼钢法应运而生，并在 60 年代得到迅速推广与应用。此法不仅显著提升了钢的质量，而且大幅降低了能耗，提高了生产效率，为钢铁冶金行业的持续发展注入了新的活力。

（1）钢的制备原理

钢的制备就是钢的冶炼或炼钢。生铁碳含量较高（>2.11%），而且还含有许多杂质（如 Si、Mn、S、P 等），炼钢就是通过冶炼降低生铁中的碳和去除有害的杂质，再根据对钢的成分和性能要求添加适量的合金元素，炼出具有较高强度和塑性、韧性或具有特殊性能的钢。

炼钢属于氧化精炼过程，无论平炉、转炉或电炉炼钢，都以生铁或废钢作原料，生铁中的各种杂质，在高温下与氧都有较大亲和力。因此，利用氧化的方法向熔池供氧，用氧将其中的杂质氧化形成液体、固体或气体氧化物，这些氧化物又与炉衬和加入的熔剂作用而形成炉渣，并在扒渣时被排除炉外，同时气体在钢水沸腾时被 CO 带出炉外。因此炼钢的主要化学反应是氧化反应。在各种炼钢炉内，氧化反应如下：

$$2Fe+O_2 \rightarrow 2FeO$$

$$Si+2FeO \rightarrow SiO_2+2Fe+320494kJ$$

$$Mn+FeO \rightarrow MnO+Fe+98742kJ$$

$$C+FeO \rightarrow CO+Fe-158699kJ$$

$$2P+5FeO \rightarrow P_2O_5+5Fe+271541kJ$$

氧在钢液中以两种形式存在：一种是溶解于钢液中的氧，以单原子或 FeO 形式存在，通常用［O］表示；另一种是以夹杂物形态存在的氧。当钢液中含有脱氧元素时，溶解于钢液中的氧会与脱氧元素结合而形成氧化物夹杂。

杂质的氧化主要依靠 FeO 的存在而实现。由于炼钢方法不同，氧的来源、产生 FeO 的条件以及氧化反应也都有所不同。在转炉内杂质的氧化主要由吹入炉内氧气直接氧化，同时也产生 FeO，而炉内一部分杂质是由 FeO 氧化的。在电炉内主要是依靠加入炉中的矿石、废钢等将 FeO 带入炉内氧化。

经历上述一系列氧化反应以后，杂质虽然被氧化，也达到了去除杂质的目的，但由于氧化使钢液中含有较多的 FeO，也就是钢液中存在大量的氧元素，使钢带有大量气泡，同时也使钢产生热脆和冷脆，严重影响钢的质量。

因此，在炼钢过程的后期，必须设法去除钢液中大量存在的氧。常用的方法是在钢液中加入脱氧剂，如硅铁、锰铁和铝等，使它们从 FeO 中夺取氧而达到脱氧目的，其反应有：

$$2FeO+Si \rightarrow SiO_2+2Fe$$

$$FeO+Mn \rightarrow MnO+Fe$$

$$3FeO+2Al \rightarrow Al_2O_2+3Fe$$

铝脱氧能力强，容易烧损，通常是在炉外钢水包中用铝进行脱氧。

由此可见，整个炼钢过程就是氧化和还原过程，关键是清除钢水中杂质，其中最主要的因素是造渣和除渣。

（2）钢的制备方法

钢的制备方法有纯氧顶吹转炉炼钢、平炉炼钢和电炉炼钢。以下主要介绍纯氧顶吹转炉炼钢（又称 LD 法）。

①氧气转炉炼钢的原料

氧气转炉炼钢原料包括金属料、造渣材料、氧化剂、冷却剂和脱氧剂。铁水是基本原料，占比 70%~100%，要求化学成分稳定、温度高。废钢加入量低于 30%，不得含杂质。

铁矿石和铁皮用于调节炉温、化渣和氧化，提高炉渣流动性。石灰用于脱磷和硫，要求 CaO 含量高、SiO2 低、S<0.2%。萤石用作助熔剂和提高炉渣流动性，要求 CaF2 含量高、SiO2 和 S 低、H2O<0.5%。白云石主要成分为 CaCO3 和 MgCO3，用作造渣材料。氧气纯度要求大于 99.5%，压力稳定，安全可靠。

②氧气顶吹转炉炼钢

氧气顶吹转炉的构造及主要设备有炉壳、托圈、耳轴及倾动机构等，如图 9-2-3 所示。

炉壳由锥形炉帽、圆筒形炉身及球形炉底组成。各部分用一定强度钢板成型后再焊接。托圈的作用是支撑炉体，传递倾动力矩。大、中型转炉托圈，一般用钢板焊成箱式结构，可通水冷却。托圈与耳轴连在整体，转炉坐落在托圈上。耳轴有两根，可旋转，一侧耳轴与倾动机相连并带动炉子旋转。倾动机构的作用是倾动炉体，满足兑铁水、加废钢、取样、出钢和倒渣等操作，倾动机构应使转炉炉体正反旋转 360°，使启动、旋转和制动时保持平稳和准确，安全停在要求的位置上。

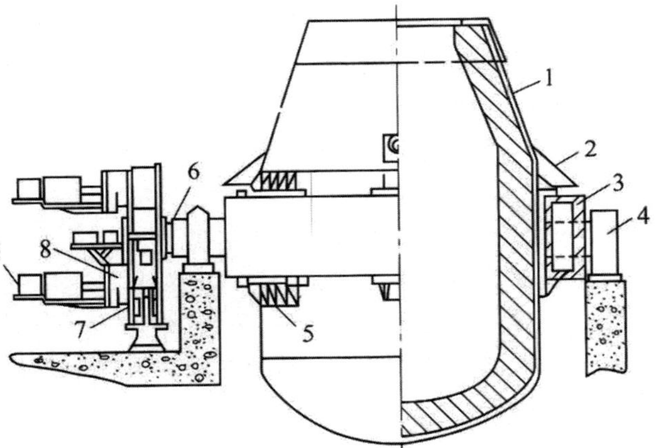

图 9-2-3　转炉炉体结构

1—炉壳；2—挡渣板；3—托圈；4—轴承及轴承座；5—支撑系统；6—耳轴；7—动装置；8—减速机；9—电机及制动器

纯氧顶吹转炉炼钢生产工艺：倾倒兑铁水，加废钢→直立加渣料→准备吹炼→吹炼→停吹→倾倒炉渣→直立加二批渣料→继续吹炼→倾倒取样→脱氧出钢→浇注。

在纯氧顶吹转炉中，把铁水炼成钢的过程，主要是降碳、升温、脱磷、脱硫、脱氧及合金化等高温的物理化学反应，关键是控制供氧、造渣、温度和加入的合金料等，以获得所要求的钢水，再浇注成钢锭。

拓展阅读

常用的焊接方法

常用的焊接方法如下。

①手工电弧焊

手工电弧焊简称手弧焊，是一种利用电弧热熔化被焊金属的手工操作焊接方法。该方法具备灵活性和全方位焊接能力，适用于不规则焊缝、短焊缝的焊接，同时也能够焊接碳钢、低合金钢、不锈钢、耐热钢、铸铁和有色金属等多种材料。虽然所需设备相对简单，但焊工劳动强度较大，且生产率较自动焊低。尽管如此，手弧焊仍是焊接生产中应用最为广泛的一种方法。

②埋弧自动焊

埋弧自动焊又称为焊剂层下自动电弧焊，是目前生产效率较高的机械化焊接方式之一。

③氩弧焊

氩弧焊是以氩气为保护介质的电弧焊技术。氩气为惰性气体，不与被焊金属发生化学反应，保证焊缝高质量。根据电极不同，氩弧焊分为熔化极和非熔化极两种。非熔化极氩弧焊用高熔点钨棒为电极，适合焊接厚度小于6mm的工件；熔化极氩弧焊用连续送进的焊丝为电极，适用于焊接厚度在25mm以下的工件。

④二氧化碳气体保护焊

二氧化碳气体保护焊是一种采用CO2气体作为保护介质的电弧焊方法。其焊接装置与熔化极氩弧焊相似，同样以连续送进的金属焊丝作为电极，可采用自动或半自动方式进行焊接。然而，由于CO2气体在高温下会分解产生具有氧化作用的CO和氧，因此该方法不宜用于焊接有色金属（如铜、铝等）。在焊接钢材时，为了保证焊缝的机械性能，必须使用Mn、Si等元素含量较高的焊丝，以补足被烧损的元素并起到一定的脱氧作用。

⑤电渣焊

电渣焊是熔焊方法，通过液态熔渣的电阻热熔化电极和焊件实现焊接。焊接时，工件两端保持间隙，间隙两侧设置冷却铜块形成空腔，引入液态熔渣形成渣池。焊丝送入渣池，电流通过渣池产生电阻热，使渣池温度达到1700~2000℃。高温渣池传递热量给工件和焊丝，熔化后金属沉于渣池底部形成熔池。随着熔化，熔池和渣池上升，熔池底部冷却凝固形成焊缝，实现焊件连接。

⑥电阻焊

电阻焊是一种利用电流通过工件接触处产生的电阻热进行焊接，并在压力下形成焊接接头的方法。根据焊接接头的不同形式，电阻焊可分为点焊、对焊和缝焊三种类型。

⑦钎焊

钎焊是一种通过熔化钎料来连接工件的焊接方法。钎料是一种熔点低于工件材料的合金。根据钎料熔点的不同，钎焊可分为软钎焊和硬钎焊两种类型。

3. 铜的制备

在工业上，除钢铁材料以外不以铁为基的材料或合金，如铝、镁、铜、锌等称为非铁合金。与钢铁材料相比，非铁合金的产量和使用量都很低。但由于它们具有某些特殊的性能，是现代工业中不可缺少的材料。非铁合金的种类很多，以下只简单介绍铜的制备。

铜及其合金是人类应用最早和最广的金属材料，我国是应用铜及其合金最早的国家之一。河南安阳晚商遗址出土的司母戊鼎重达875kg，外形尺寸为133cm×78cm×110cm，是迄今世界上最古老的大型青铜器。直到现在，铜及其合金仍然是应用最广的金属材料。

（1）铜的制备原理

从铜矿石和精矿中制备铜的方法有两种，一种是火法炼铜法，另一种是湿法冶铜法。

火法炼铜是在高温下使铜矿石或含铜原料（精矿、焙烧或烧结块）先熔炼成冰铜，再将其吹成粗铜。湿法炼铜是用溶剂浸泡铜矿石，使铜从矿石中浸出，再从浸出溶液中将金属铜析出。溶液由金属溶质和只能溶解金属而不溶解脉石的溶剂组成。常用的溶剂有稀硫酸、硫酸铁溶液及碳酸铵溶液等。对于含酸性脉石的矿石，使用硫酸或硫酸铁溶液，而含有碱性脉石的矿石，宜用碳酸铵溶液。

（2）铜的制备方法

目前炼铜采用火法炼铜较多，它适于处理硫化矿、氧化矿及其混合矿，而且能顺便提取矿石中的贵金属。湿法炼铜仅对氧化矿和自然矿的处理有利，特别是贫氧化矿，这种矿石进行选矿较困难，铜的回收率不高，用火法处理不经济。

①冰铜的冶炼

主要原料有：硫化铜和氧化铜矿、焦炭、SiO_2 作熔剂。原料粒度要求为 15～80mm，经筛分后加入鼓风炉中，炼铜的鼓风炉和炼铁鼓风炉的构造相似，如图 9-2-4 所示。

冶炼过程：在鼓风炉上部低于 700～900℃的温度区域内，矿石进行分解，包括脱水和硫酸盐及碳酸盐的分解。在炉子中部 700～1000℃的区域内，当炉内鼓入空气时，对于硫化铜矿而言，氧与铁的亲和力比氧与铜的亲和力大，因此，氧先与铁形成氧化亚铁（FeO），FeO 又和熔剂作用生成熔渣被除去，其反应式有：

$$FeS+3/2O_2 \rightarrow FeO+SO_2$$

$$FeO+SiO_2 \rightarrow FeO \cdot SiO_2$$

在炉子下部风口上方 1000～1400℃的区域内，没有起反应的 FeS 和 Cu_2S 结合成冰铜，反应式如下：

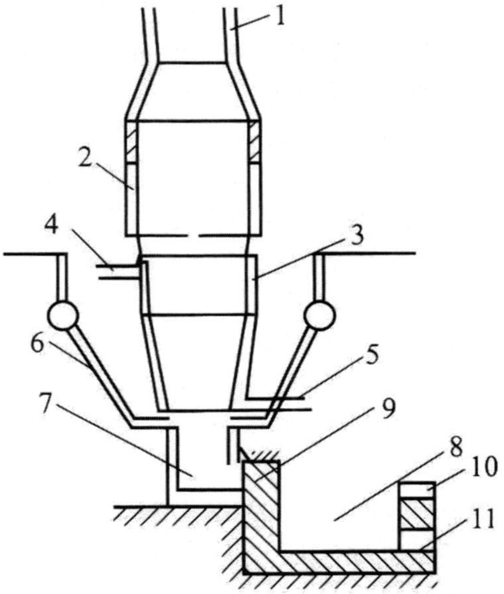

图 9-2-4　炼铜鼓风示意图

1—炉罩；2—料门；3—水冷炉壁；4—出水管；5—进水管；6—风管；7—炉缸；8—前床；9—冰铜及熔渣出口；10—出渣口；11—出铜口

$$x(Cu_2S)+y(FeS) \rightarrow (Cu_2S)_x \cdot (FeS)_y$$

最后获得的冰铜，其主要成分是由 Cu_2S 和 FeS 组成的合金，冰铜还能很好溶解贵金属，金和银几乎全部都溶于冰铜中。

②粗铜的吹炼

大工厂通常使用水平式吹炉将冰铜吹炼成粗铜，小工厂采用吹炉或反射炉。图 9-2-5 为水平圆筒形吹炉，炉体外壳由钢板制成，中部设有炉口，供加料与出气等用。炉子安装在一个钢筋混凝土地基和四对滚轮上。风口设在炉子侧面。炉衬用镁砖砌成，炉壳与镁砖之间用镁粉填充，防止在高温下因炉砖膨胀影响炉壳安全。

吹炼过程分为两个阶段。在吹炼第一阶段，FeS 氧化强烈，生成 FeO 和 SO_2，FeO 和熔剂生成熔渣，SO_2 由炉口吹出。这时的产物为纯的 Cu_2S，即白冰铜，其反应有：

$$FeS+3/2O_2 \rightarrow FeO+SO_2 \qquad FeO+SiO_2 \rightarrow FeO \cdot SiO_2$$

$$3FeO+3/2O_2 \rightarrow Fe_3O_4 \qquad Cu_2S+3/2O_2 \rightarrow Cu_2O+SO_2 \qquad Cu_2O+FeS \rightarrow Cu_2S+FeO$$

在吹炼的第二阶段，Cu_2S 氧化生成 Cu_2O，它再与未经氧化的 Cu_2S 反应生成粗铜，反应式有：

$Cu_2S+3/2O_2 \rightarrow Cu_2O+SO_2$

$2Cu_2O+Cu_2S \rightarrow 6Cu+SO_2$

粗铜的铜含量为98.5%～99.5%。

③铜的精炼

粗铜除含铜外，还含有金、银、铋、锡、铅、硒、碲及溶解的气体，精炼的目的主要是去除粗铜中杂质和提取贵金属。精炼的方法有火法精炼和电解精炼，以下主要简介粗铜火法精炼。

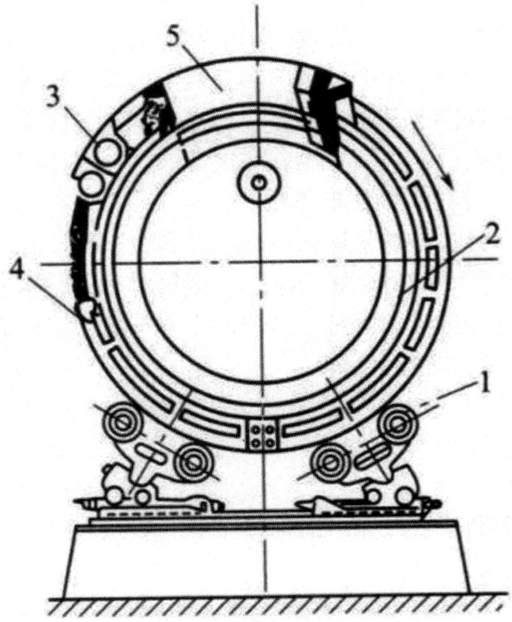

图 9-2-5　水平圆筒形吹炉

1—吹炉的滚轮；2—耐火砖衬；3—进风口；4—风口；5—炉口

精炼炉的构造如图 9-2-6 所示。该炉为固定式带燃烧室的反射炉，炉膛用硅砖或镁砖砌筑，酸性炉的炉底是用细粒石英和铜屑烧成，碱性炉的炉底用石灰、石英和铁屑的镁砂。炉墙用镁砖或含氧化铝的黏土砖砌筑，外面用生铁板包起，并用工字钢加固。拱形炉顶用硅砖砌成。

精炼使用的燃料为重油、煤粉或天然气。

粗铜在冶炼过程中铜氧化生成 Cu_2O。杂质与空气氧化生成不溶解于铜的氧化物，浮在溶液表面上，其中具有挥发性的则挥发掉了，不具有挥发性的或相互作用或与炉衬耐火材料生成熔渣浮于溶液表面被去除，其反应有：

$$4Cu+O_2 \rightarrow 2Cu_2O$$

而杂质按下列反应式氧化，Me 表示金属杂质。

$$CuO+Me \rightarrow MeO+2Cu$$

$$MeO+SiO_2 \rightarrow MeO \cdot SiO_2$$

氧化结束时发生下列反应获得铜。

$$2Cu_2O+Cu_2S \rightarrow 6Cu+SO_2$$

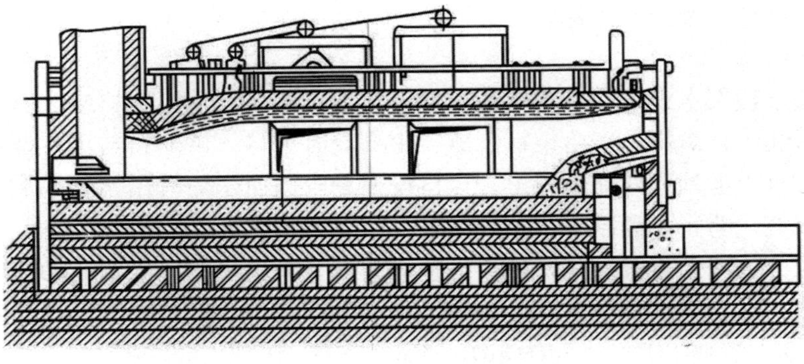

图 9-2-6　粗铜精炼反射炉

二、无机非金属材料的制备

1. 陶瓷的制备原理及方法

陶瓷是无机非金属材料中的一个重要的种类。它是指一定组成配比的矿物原料粉末或化工原料粉末成型后，经特定的工艺使其致密化，赋予其一定的强度和密度及其他特殊性能的固体材料。

陶瓷是由金属（类金属）和非金属元素之间形成的化合物，这些化合物中的原子（离子）主要以共价键或离子键相键合。通常陶瓷是一种多晶多相的聚集体。

随着材料科学与工程的发展，对陶瓷性能的要求越来越高，特种陶瓷应运而生。从陶瓷的原料、成型方法和陶瓷的合成工艺都得到迅速地发展。陶瓷的原料扩展到高纯度的化工原料及合成矿物，陶瓷的构成包含单相陶瓷及陶瓷基复合材料，陶瓷的制备方法也趋于多样化而演绎出高温烧结陶瓷、不烧陶瓷、生物合成陶瓷等。

众所周知，陶瓷材料的各种性能主要由陶瓷的化学组成、陶瓷的相组成、陶瓷的晶体结构、陶瓷的显微组织等所决定。

根据陶瓷种类的不同和性能要求的不同，各种陶瓷的生产方法有很大的差异。但从整个陶瓷的生产过程来讲，其制备过程大体可以分为备料、成型、烧结三大部分。陶瓷制备的一般工艺过程如图 9-2-7 所示。

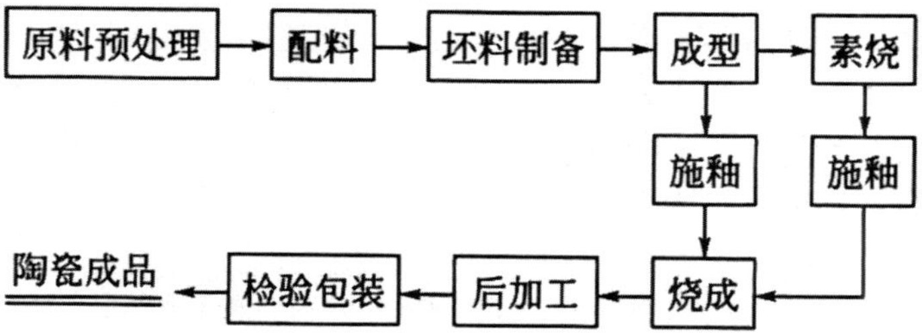

图 9-2-7　陶瓷生产工艺流程示意图

（1）陶瓷的原料及配料

要使所制备的陶瓷具有预想的力学性能和物理化学性能，必须保证陶瓷具有特定的化学组成、相组成和特定的微观结构。其中化学组成是特定相组成和特定微观结构的前提与保证。为了使不同的陶瓷具有其特定的化学组成，需要不同的原料按一定的配比进行搭配。根据原料的来源不同，可以将陶瓷原料分为天然原料和化工原料两类。

①天然原料

天然原料是指自然界中天然存在的无机矿物原料。陶瓷生产中使用的天然原料主要有黏土类矿物原料、长石类矿物原料和石英类矿物原料。

黏土是一种含水铝硅酸盐矿物，其主体化学成分是 SiO2、Al2O3 和水，有的含有少量的 K2O，其结构属于层状结构硅酸盐。黏土构成复杂、成分多变、晶体结构多样，依照其特征可以分为高岭土类黏土、蒙脱石类黏土、伊利石类黏土等。黏土类矿物原料是陶瓷生产中使用得最多的一类原料。

长石是一类矿物的总称，其化学成分为不含水的碱金属与碱土金属铝硅酸盐，呈架状硅酸盐结构。

自然界中实际存在的长石矿物往往是各种长石的混合体或固溶体，同时还含有少量的杂质，不同产地的几种长石矿物的实际化学成分列于表9-2-2中。钾长石与钠长石形成的矿物称为正长石，属单斜晶系：钠长石与钙长石的固溶体称为斜长石。

长石矿物在烧成过程中，在1300℃以下就能熔融形成黏稠性玻璃体，可溶解部分高岭土而促进成瓷反应、降低烧成温度、防止高温变形、改善陶瓷的外观质量和使用性能。因此，长石类矿物原料是陶瓷生产中的熔剂性原料，主要用作坯料、釉料和色料熔剂的基本成分。

表9-2-2　几种长石矿物的实际化学组成

矿物名称	化学成分/%								
	SiO_2	Al_2O_3	K_2O	Na_2O	CaO	MgO	Fe_2O_3	TiO_2	灼减
营口长石	64.34	19.47	11.7	—	1.39	3.30	0.87	—	—
揭阳长石	63.19	21.77	12.76	0.42	0.48	0.30	0.44	—	1.47
平江长石	65.76	18.91	13.50	—	0.25	0.14	0.14	—	0.50
莱芜长石	64.71	23.26	10.87		0.60	—	045	—	0.60
旺苍长石	67.77	17.21	13.92		0.54	0.17	0.25	微量	0.54

石英化学成分为SiO_2，部分以硅酸盐化合物状态存在，构成各种矿物岩石；另一部分则以独立状态存在，成为单独的矿物实体。虽然其化学成分相同，但由于结构状态及所含杂质的差异而形成不同的石英矿物。

陶瓷生产中使用的石英类矿物原料主要为脉石英和石英岩，矿物中SiO_2的含量一般在96%~99%之间。其中脉石英的SiO_2含量高、杂质少，是生产日用细瓷的良好原料；而石英岩杂质含量较高，一般用作普通陶瓷原料。

②化工原料

化工原料主要用作釉料的配制和高性能陶瓷的制备。釉料原料中，根据其作用的不同可分为乳浊剂、助熔剂和着色剂，主要有ZnO、SnO_2、TiO_2、CeO_2、Pb_3O_4、H_3BO_3（硼酸）、$Na_2B_4O_7 \cdot 10H_2O$（硼砂）、Na_2CO_3、$CaCO_3$、KNO_3等。

在高性能陶瓷制备中，为了得到陶瓷的特殊功能性，必须对其组成与结构进行严格控制。全部使用天然矿物原料一般很难满足高性能陶瓷对原料的要求，因此需要部分或全部采用化工原料作为陶瓷原料。高性能陶瓷生产中使用的化工原料主要有$BaCO_3$、SiO_2、PbO、SrO、TiO_2、ZnO、BeO、H_3BO_3、Al_2O_3、ZrO_2等氧化物以及Si_3N_4、AlN、BN等非氧化物原料。

（2）原料的预处理及破碎

①原料的预处理

陶瓷原料的预处理主要是进行淘洗，其目的是尽量除去原料中含有的杂质，以保证陶瓷的产品质量。例如，电子陶瓷的电性能对原料中的碱金属含量非常敏感，而碱金属盐基本上都是水溶性盐，可以通过淘洗将其溶解去除。

由于陶瓷的晶粒大小对其热起伏下的热应力至关重要，直接影响陶瓷的强度及抗热冲击能力。晶粒越细，热应力越小，陶瓷强度越高，抗热冲击能力越强。为保证陶瓷的细晶结构，要求陶瓷原料颗粒应尽可能地小，因此陶瓷原料在配料前要进行破碎，使原料的细度达到一定的要求。对于普通陶瓷一般原料粒度在0.05~0.07mm以下；而对于高性能陶瓷来讲，要求原料粒度在微米级或亚微米级。

②原料的破碎

陶瓷原料的破碎通常分为粗碎、中碎和细碎。而要求亚微米级甚至更细的陶瓷原料，一般在化工原料制备过程中进行控制，单纯的破碎很难达到。

粗碎一般采用颚式破碎机来进行。将大块原料破碎至 40～50mm 的碎块。中碎通常采用轮碾机、对辊破碎机等将小块原料破碎至 0.3～0.5mm 的粗粉。而细碎一般采用雷蒙磨（干粉）或球磨（料浆）使坯料的细度达到 0.05～0.07mm 以下。

有的原料还需进行煅烧处理；煅烧的作用：一是转变原料晶型，避免烧结时晶型转变导致瓷体裂纹；二是利用晶型转变产生的内应力和热应力细化原料；三是去除物料中的有害杂质。煅烧时，在原料中加入一定量的硼酸，在 γ-Al_2O_3 转化为 α-Al_2O_3 的同时，Na_2O 与硼酸反应生成挥发性的硼酸钠而除去。

（3）坯料制备

坯料是指原料经粉碎和适当的加工后，能满足成型工艺要求的均匀混合物。坯料的制备包括配料、混合、细碎、陈化、练泥等过程，见表 9-2-3。

表 9-2-3　坯料制备过程

程序	含义
配料	选择不同的原料配比，保证坯料组成符合配方要求
混合	采用各种工艺方式使坯料混合均匀
细碎	一般采用雷蒙磨（干粉）或球磨（料浆）使坯料的细度达到 0.05～0.07mm 以下
陈化	将含水坯料在一定湿度和温度下放置一定时间（数天），使得其中的腐殖质充分腐化
练泥	将坯料在真空装置中反复揉制，使物料进一步均匀，同时将坯料中的气体排出

（4）成型

成型是采用一定的方法将坯料制作成为具有一定形状和尺寸的坯体的过程。陶瓷制品的成型方法可分为压制成型、可塑成型和注浆成型三类。

压制成型是将含水 3%～7%（干压法）或 8%～15%（半干压法）的坯料在较高的压力下加压形成坯体的方法。对于可塑性较差的塑性料通常还需加入一定的有机塑化剂（如石蜡等）。施压的方法分为普通压制等静压压制和热等静压压制（成型与烧成/初烧同时完成）等。

可塑成型是利用坯料的可塑性将坯料制成一定的形状，包括滚压、旋坯、挤压（管、膜、棍等）、雕塑等，如图 9-2-8 所示。

注浆成型是将具有流动性的坯料（料浆）注入石膏模中，利用石膏的吸水性使含水量降低而固化成型。

图 9-2-8　可塑成型

（5）干燥与排蜡

由于成型后的坯料中含有较多的水分，直接烧结将由于水的迅速汽化使坯体内气压急剧上升而开裂，故烧成前需在一定温度下进行干燥，使坯体中的水基本除去。

基于类似的原因，干压中加入有机塑化剂的坯体也需在较低温度下使塑化剂挥发除去，称为排蜡或排胶。

（6）施釉

釉料是覆盖在陶瓷表面上的玻璃态薄层，对陶瓷起表面保护、改善性能，并使陶瓷具有光泽和色泽的作用。

釉料具有玻璃体的通性（各向同性、介稳性和性质连续性），但也与玻璃有显著的不同，主要表现在釉料中通常含有一定的气泡和晶粒，是一个非均一的系统。釉料中晶粒的来源一方面是配料中没有完全熔化或没有完全起反应而残留在釉料中的晶粒，称为一次晶粒；另一方面是玻璃中析出的晶体，称为二次晶粒。釉料中适当的晶粒不仅不是缺陷，而且可以用来调节釉料的性能。

（7）烧成

烧成是指坯体在高温下发生一系列的物理化学变化，坯体逐渐致密化，形成预期的矿物组成和显微结构，并赋予制品预期性能的过程。

烧成过程所需的高温装置称为窑炉。目前使用最广、生产能力最强的是隧道窑和钟罩窑。

烧成是陶瓷生产过程中最重要的工序之一，许多因素都会对烧成过程和烧结的效果产生重大的影响。烧成过程中需要严格控制的因素包括：升温速度、烧成温度、保温时间、冷却速度、气氛种类与气氛压力等。

根据窑炉中气氛种类的不同，一般可以将陶瓷烧成分为氧化性烧成、还原性烧成和保护性（惰性）烧成。

（8）陶瓷后加工

一些烧成后的瓷体，还需要进行后续的加工处理才能成为最终的产品。其后续加工主要包括表面打磨抛光、表面金属化、胶装附件等。例如，作为设备零部件的化工陶瓷对其需配合和密封的表面需进行机械磨削加工，使其达到预期的尺寸精度和光洁度。

有的建筑陶瓷在烧成后，需进行一定的研磨抛光处理（如建筑装饰中使用的抛光砖）。欲进行陶瓷与陶瓷或者陶瓷与金属焊接的瓷体，需要进行表面金属化。

而电容器陶瓷在烧成后，需进行表面研磨达到尺寸精度，然后进行表面金属化，并钎焊连接金属电极。当然，对大多数陶瓷制品来讲，并不需要进行后续加工。

2. 玻璃的制备原理及方法

无机玻璃作为一种典型的非晶态结构材料，具有玻璃体的通性（各向同性、介稳性、性质渐变性及物理性质加和性）。

由于玻璃的性能优良、种类繁多、形式多样，并可按不同的成分和制作工艺得到性能各异的玻璃材料，因此玻璃材料在国民经济的各个领域中起着非常重要的作用，目前已广泛地应用于建筑、轻工（玻璃器皿、照明器材、工艺美术品等）、化工（耐温、耐腐蚀的玻璃管道、阀门及容器等）、电子工业（电子管、光导纤维、电视机等）、光学工业（显微镜、照相机、光谱仪及其他光学仪器等）、航空航天、原子能及科学研究等各个领域。

由于玻璃材料的种类繁多，在此仅介绍玻璃材料制备的一般原理和方法，侧重于平板玻璃的制备方法和工艺。

（1）玻璃生成的热力学及动力学条件

玻璃是一种亚稳态物质，与相应的结晶态物质相比具有较高的内能，玻璃态物质具有降低内能向结晶态物质转化的趋势，因此，在一定的条件下玻璃态可以转化为结晶态物质。

玻璃的生产一般是将原料熔融，然后从熔融态冷却而成。从热力学的角度来讲，一个物质体系的自由焓变化可以表示为：$\Delta G=\Delta H-T\Delta S$。在低温下，主要是热焓变化 ΔH 起决定作用，而在高温下，主要是熵变 ΔS 起决定作用。

因此，在足够高的熔制温度下，晶态物质原有的规律性晶格会遭到破坏，向熵值相对较大的稳定性态转变。而在冷却过程中，当温度低于液相点时，体系有向热焓相对较小的晶态结构转变的趋势，通常通过分相或析晶的途径来释放能量。

在玻璃的冷却过程中，体系要从无定形态转变为结晶态，需要经历成核和晶体长大等阶段。从动力学来讲，析晶必须克服一定的势垒（包括成核所需建立新界面的界面能以及晶核长大所需的质点扩散激活能等），而克服势垒所需的能量来源于体系的热起伏。

从体系自身内在因素来看，结晶所需跨越势垒高的体系在冷却时易于生成玻璃体，而结晶所需跨越势垒低的体系则不易生成玻璃体。而从环境外在因素来讲，如果体系冷却速度很快，则熔体黏度增加非常迅速，质点来不及进行有规律排列，晶核形成和长大均难以实现，从而有利于玻璃的生成。由此可见，生成玻璃的关键是熔体的冷却速度。

（2）玻璃制备的过程

玻璃的制备过程主要包括备料、熔制、成型及深加工等几个基本过程。

在玻璃制备过程中，备料包括主要原料及辅助原料的选择与配合料的配制；熔制包括硅酸盐形成、玻璃液形成、玻璃液澄清、玻璃液均化和玻璃液冷却等；深加工包括玻璃的切裁、热处理、玻璃的钢化、玻璃的夹层化、玻璃的中空化、玻璃镀膜等。

（3）玻璃的熔制

玻璃的熔制是一个非常复杂的过程，它包含一系列的物理过程（配合料加热、配合料脱水、熔化、晶相转变、挥发等）、化学过程（固相反应、化合物分解、硅酸盐的形成等）和物理化学过程（共熔体的生成、固溶、液体间溶解、玻璃液与炉气和气泡间的作用、玻璃液与耐火材料间的作用等）。根据原料在过程中的不同变化可以将玻璃的熔制过程分为硅酸盐形成、玻璃形成、玻璃液澄清、玻璃液均化和玻璃液冷却五个阶段。

（4）玻璃的成型

玻璃的成型可以分为热塑成型和冷成型。通常把冷成型划分到玻璃的冷加工中，一般所讲的成型是指热塑成型。

玻璃的热塑成型是指从熔融的玻璃转变为具有固定几何形状的玻璃制品的过程。根据玻璃制品的引起及工艺过程不同，玻璃的成型方法主要有吹制法（空心玻璃制品）、压制法（玻璃容器）、压延法（压花玻璃）、浇铸法（光学玻璃）、焊接法（玻璃仪器）、浮法（平板玻璃）、拉制法（平板玻璃）等。在此，简要介绍平板玻璃的浮法生产。

浮法是指熔窑熔融的玻璃液流入锡槽后在熔融金属锡的表面上成型平板玻璃的方法。

在平板玻璃浮法生产过程中，配合料经熔化、澄清、均化，冷却成为1100～1150℃的玻璃液，通过连接熔窑与锡槽的流槽流入熔融的锡液表面上，由于熔融金属锡的密度远大于玻璃液的密度，在自身重力、表面张力及拉引力的作用下，玻璃液摊开为玻璃带，在锡槽中完成抛光与拉薄。在锡槽末端的玻璃带已经冷却到600℃左右，把即将硬化的玻璃带引出锡槽，通过辊台进入退火窑。

浮法玻璃的成型是在锡槽中完成的，玻璃液由熔窑流入锡槽后，其成型包含了自由展薄、抛光、拉引等基本过程。

为了得到厚度异于自由厚度的平板玻璃，需要对玻璃进行拉薄。实际生产中采用的玻璃拉薄方法主要有低温急冷法和低温徐冷法。其拉薄过程是在一定的黏度范围内，采用拉边器进行。

（5）玻璃的退火

玻璃在生产过程中会经受剧烈的不均匀温度变化，相应地在玻璃内聚集较大的热应力，将是玻璃制品的强度和热稳定性大为降低。为了消除或减小玻璃制品中的热应力，需进行退火处理。

在退火时，必须将玻璃加热到低于玻璃转变温度 T_g 附近的某一温度进行保温均热，使应力松弛，该温度称为退火温度。经 3min 能消除 95%应力的温度称为最高退火温度（退火上限温度），经 3min 只能消除 5%应力的温度称为最低退火温度（退火下限温度），最高退火温度与最低退火温度之间为退火温度范围。

根据退火原理，退火工艺可以分为四个阶段：加热阶段、均热阶段、慢冷阶段和快冷阶段。而根据制品的种类、形状、大小、允许的应力范围的不同，退火时的加热速度、均热时间、冷却速度等均有所不同。

（6）平板玻璃的深加工

随着对玻璃性能要求的日益提高，平板玻璃的一次产品已不能满足要求，需对其进行一定的深加工以使其具有特定的性能。在此简要介绍平板玻璃中最具代表性的钢化玻璃、夹层玻璃、中空玻璃及镀膜玻璃。

①钢化玻璃

玻璃的钢化是将玻璃进行一定的热处理，克服玻璃的脆性并使其具有极高的机械强度的过程。钢化玻璃均匀，有极高的弹性，不易被击碎，而一旦破碎则成为细小的碎块，属于一种使用安全的玻璃，如图 9-2-9 所示。

图 9-2-9　钢化玻璃

玻璃的钢化可分为物理钢化和化学钢化两类，而物理钢化又可分为风钢化和液体钢化两种，目前工业上普遍采用的是风钢化。

风钢化主要包括加热和冷却风栅均匀急冷两道工序。钢化时将玻璃置于电炉中均匀加热到钢化温度（650℃左右），保温数分钟后，迅速取出，用冷却风栅进行均匀急冷，在玻璃表面产生较大的均匀压应力，而内部产生较小的均匀张应力，由于玻璃抗压不抗张，所以机械强度得到较大的提高。

一般冷却强度越大、玻璃表面与内部热膨胀系数差异越大，则钢化效果越好。值得一提的是，由于钢化后的玻璃不能再进行切裁加工，故在钢化前，应将玻璃切割加工成预期的形状。

②夹层玻璃

夹层玻璃是在两块或两块以上的玻璃板间用具有弹性、透明的有机塑料牢固胶结而成的复合玻璃。夹层玻璃也属于安全玻璃，在受到强烈外力冲击时，只会产生裂纹而不会产生碎片脱落。

夹层玻璃可以由普通平板玻璃、磨光玻璃、浮法玻璃、钢化玻璃等为原片，中间的胶结层主要有赛璐珞、有机玻璃、聚乙烯醇缩丁醛胶片等。经过合片、加热、加压等处理过程，使中间层与玻璃牢固地胶结在一起。

③中空玻璃

中空玻璃由两片或多片平板玻璃构成，中间充入干燥空气或其他气体相互隔离并密封。中空玻璃具有隔热、防结露、质量轻等特性，如图 9-2-10 所示。

图 9-2-10　中空玻璃

镀膜玻璃是在玻璃基体表面镀上一层乃至数层金属单体、金属化合物或非金属化合物涂层，使其光学、电学、力学等性能发生极大的变化，从而满足特殊的性能要求。镀膜玻璃一般采用高质量的浮法平板玻璃，根据要求镀以不同的表面涂层。

镀膜玻璃的生产方法可以分为物理镀膜法和化学镀膜法。物理镀膜法主要有真空蒸镀法和真空溅射法；化学镀膜法主要包括热态喷涂法、冷态喷涂法、化学镀膜法、离子交换法、浸镀烤膜法、溶胶凝胶镀膜法等。目前生产中采用得较多的是真空磁控阴极溅射法。

3. 碳纤维的制备原理及方法

碳纤维是一种高新技术密集型产品，附加价值很高，它的研制和生产是一系列创新工程。其生产特点是工艺流程长，环环相扣，任何环节有误都会直接影响到产品的质量和产量。经过多年的研制和开发，关键技术逐步成熟。其中，原丝的结构和性能直接影响到最终碳纤维的质量，纤维原丝的质量至关重要。以下就以聚丙烯腈基（PAN）碳纤维的生产过程为例介绍，其生产过程主要分两个阶段；第一个阶段是聚丙烯腈基碳纤维原丝的生产阶段；第二个阶段是原丝的预氧化、碳化和石墨化阶段。

（1）聚丙烯腈基碳纤维的原丝生产

目前，制备聚丙烯腈基碳纤维原丝的方法有湿法纺丝、干法纺丝、干湿法纺丝和熔融纺丝等。其中发展历史较为悠久的是湿法纺丝，干法纺丝常用于制备民用聚丙烯腈基碳纤维，但由于纤维内残留有不易除去的溶剂，会造成预氧化阶段溶剂挥发而留下孔洞，致使碳纤维的强度大幅下降。熔融纺丝由于具有溶剂污染小等优点而获得较多的应用，而干湿法纺丝是一种新型的纺丝方法。

（2）原丝制造碳纤维的预氧化、碳化和石墨化

PAN 纤维进行预氧化处理的目的，是使 PAN 的线型分子链转化为耐热的梯形结构，此结构在高温碳化时不熔不燃，并呈现纤维形态。碳纤维形成的主要阶段是碳化过程，在此期间，纤维中的大量氢、氮及其他元素会被去除。此时的碳纤维碳含量在 95%左右。随后的石墨化过程可使碳纤维的碳含量不断增加，最后得到具有金属光泽的高模量、高强度的碳纤维．石墨纤维。由聚丙烯腈制造碳纤维的过程列于表 9-2-4。

表 9-2-4　聚丙烯腈基碳纤维生产制造过程

处理工序名称		预氧化	碳化	石墨化
处理条件	温度范围	200～300℃	800～1900℃	2500℃以上
	气氛	空气或氧气	氮气	氩气
纤维性能		机械性能下降	1300～1700℃之间抗拉强度最高	弹性模量提高

三、高分子材料的制备

高分子材料制备过程包含三个层次：第一层次为聚合物合成；第二层次为聚合物粒料、粉料或块状料的制备；第三层次为聚合物成型加工。对应用于涂料、黏合剂、助剂等领域的精细高分子，通过合成即可得到可实用的高分子材料。

通过聚合方法得到合成聚合物后，还需经过分离、后处理（洗涤、干燥和造粒等），制造成粒状、粉状或块状料，再按需求加入一定添加剂配合使用，经成型加工后制得符合使用要求的高分子材料。

1. 原料准备与精制

这里所述原料主要为聚合物合成所需原料，包括聚合单体、引发剂、催化剂及聚合用其他组分（如乳化剂、分散剂、分子量调节剂、溶剂等）。原料的精制则包括对单体、引发剂、催化剂、乳化剂等的精制，其目的在于除去阻聚剂及其他杂质。

对于液态原料（多数原料为液态），可通过蒸馏（常压蒸馏或减压蒸馏）或碱洗的方法来进行精制；对于固态原料（如引发剂、乳化剂及部分单体）则主要通过重结晶的方法进行精制。

2. 聚合物合成

聚合物合成是将小分子或低分子化合物转化为高分子的过程，该过程称为聚合，产物为聚合物。由于聚合物结构直接影响到聚合物性能与应用效果，因此聚合物合成是高分子材料制备的重要和关键环节。

根据聚合机理，聚合物的合成可分为自由基连锁聚合、离子型聚合、配位催化聚合、逐步缩合聚合和逐步加成聚合。

根据聚合物合成的工业实施过程，其具体实施主要方法如下。

（1）本体聚合

本体聚合是指在不用溶剂和分散介质的情况下，仅存在单体本身或加少量引发剂或催化剂的聚合。根据反应体系中物料的均相性可分为均相本体聚合和非均相本体聚合。均相本体聚合指聚合产物溶于单体，聚合过程中物料虽逐渐变稠，但始终为均一相态，最后变成硬块，如苯乙烯、甲基丙烯酸甲酯的本体聚合即属于均相本体聚合。

非均相本体聚合是指单体聚合后所生成的聚合物不溶于单体，从而沉淀下来成为异相，即非均相，如氯乙烯的本体聚合。根据参加反应单体的相态又可分为液相本体聚合和气相本体聚合。苯乙烯、甲基丙烯酸甲酯的本体聚合是典型的液相本体聚合，而高压聚乙烯的生产则为最成熟的气相本体聚合。

（2）溶液聚合

溶液聚合是指单体和引发剂溶于适当溶剂中所进行的聚合。根据聚合物的溶解性，溶液聚合分均相溶液聚合和非均相溶液聚合（又称沉淀聚合）。若所生成的聚合物能溶于溶剂中则为均相溶液聚合，若不溶并析出者则为非均相溶液聚合。如丙烯腈在二甲基甲酰胺中的聚合为均相溶液聚合，而在水溶液中的聚合则为非均相溶液聚合。

在高分子材料工业中，溶液聚合占据重要地位，如化学纤维产品中，聚丙烯腈、维尼纶的原料——聚乙酸乙烯酯即由溶液聚合生产。此外，溶液聚合技术还可用于生产许多有应用价值的精细化学品，如涂料、黏合剂等。

（3）悬浮聚合

悬浮聚合是在强力搅拌下，单体以小液珠状悬浮于水中进行的聚合反应。在悬浮聚合过程中，反应发生在单体珠滴中，每一个珠滴相当于一个小的本体聚合反应器。由于单体珠滴很小，且以水为分散介质，因此比本体聚合更易于排除聚合热。当聚合物溶于单体时，聚合后的最终产物为透明的珠状小球；如聚合物不溶于单体，则所得产品为不透明的粒子。悬浮聚合几乎为自由基聚合机理所独有，离子型聚合、配位聚合和逐步聚合机理很少采用悬浮聚合方法。

（4）乳液聚合

乳液聚合是单体在乳化剂的作用及机械搅拌下，在水中形成乳状液而进行聚合反应。乳液聚合体系由单体、分散介质、溶于分散介质的引发剂及乳化剂四个基本组分组成。根据各组分间的相互作用状态，有常规乳液聚合和非常规乳液聚合。常规乳液聚合中，单体为非水溶性单体，分散介质为水，引发剂和乳化剂均为水溶性。

非常规乳液聚合包含无皂乳液聚合和反相乳液聚合等，前者不使用乳化剂或仅使用极少量的乳化剂，后者以有机溶剂作为分散介质，单体一般为水溶性化合物，而引发剂和乳化剂一般为油溶性物质。

通过乳液聚合所得到的聚合物乳液在涂料、黏合剂等领域均具有重要应用，许多聚合物材料如聚丙烯酸酯弹性体、丁苯橡胶等均通过乳液聚合制得。从聚合机理看，本体聚合、溶液聚合和悬浮聚合三种方法类似，而乳液聚合机理比较独特。

3. **聚合物的分离**

通过上述实施方法得到的聚合物体系一般为聚合物、未反应单体、引发剂（或催化剂）残渣、反应介质（水或有机溶剂）等的混合体系。而杂质的存在将严重影响聚合物的加工和使用性能。为提高产品纯度，获得较为纯净的聚合物，降低原材料的消耗，必须将聚合物与这些杂质分离，并将溶剂和残留单体进行脱除和回收。

合成聚合物的分离主要包括：未反应单体的脱除与回收、溶剂的脱除与回收、引发剂和其他助剂及低聚物的脱除等。其分离过程分为两类，即脱除挥发分（如残留单体和低沸点有机溶剂等）和将聚合物从液体介质中分离。后者又包括化学破坏凝聚分离和离心分离。

（1）脱除挥发分

脱除挥发分的目的是脱除未反应的单体和低沸点有机溶剂，分离原理是把挥发分从液相转变为气相，分离效率由液相和气相在界面的浓度差和扩散系数来决定，最终可达到的浓度则由气液平衡所决定。

（2）聚合物从液体介质中分离

①化学凝聚分离

化学凝聚分离是利用合成高聚物混合体系中的某些组分与酸、碱、盐或溶剂（沉淀剂）作用，破坏原有的混合状态，使固体聚合物析出，从而将聚合物分离。

②离心分离

离心分离方法的原理则是借助于重力、离心力以及流体流动所产生的力作用于粒子、液体或液体与粒子的混合物上。由于这些作用力对作用对象产生的效果不同，从而使聚合物粒子与流体分离。

对于某些场合，如通过乳液聚合得到的聚合物乳液和通过溶液聚合得到的聚合物溶液用作涂料、黏合剂、油墨等精细化学品领域时，只需将未反应单体分离即可，若反应转化率很高，且微量单体的存在不会影响使用效果时，则可直接使用而无需分离。

4. 聚合物的后处理

经脱挥发分、凝聚或离心分离后的聚合物含有一定量的可溶性杂质（如引发剂、乳化剂等），通过洗涤（水洗或碱洗）可使其净化。水洗得到的聚合物粗产品中含有大量水分，必须除去（包括脱水和干燥两个过程）。合成橡胶后的处理过程如下所示。

潮湿的粒状合成橡胶→脱水干燥→压块→包装→合成橡胶商品

潮湿的粉状或粒状合成树脂和橡胶经脱水、干燥后，得到干燥的树脂和橡胶。干燥的树脂通过造粒得到合格的树脂粒料；干燥的橡胶经过压块则得到合格块状合成橡胶（生胶料）。这些合格的树脂粒料和块状生胶即为合成高聚物的最终产品，同时又是高分子材料加工成制品的原料，即聚合物母料。

四、聚合物的制备

聚合物加工是一项工程技术，目的是将聚合物（并可能辅以各种添加剂、改性剂等）转化为具备实际应用价值的材料或制品。此过程主要包括两个核心环节：其一，通过引发原材料的变形或流动，以实现所需的形状塑造；其二，采取相应措施确保所取得形状的稳定性，即固化过程。为了成功实施聚合物加工，必须深入了解聚合物材料的熔融、流动、固化等关键特性，并据此设计并选用恰当的加工方法，以制造出具有实用价值的聚合物制品。

1. 聚合物加工的基本工艺过程

聚合物的加工过程一般包括聚合物材料的配制和准备、成型及制品的后处理等几个基本工艺过程。

（1）聚合物材料的配制

聚合物制品的生产中，只有极少数聚合物可单独使用，一般都必须与其他添加剂混合配料后才能进行成型加工。因此，通常听说的聚合物材料是指聚合物（树脂）为主要成分，同时辅以一定量的其他添加剂以满足成型工艺和制品性能要求的复合物。工业上用于成型的聚合物材料有粉料、粒料、溶液、分散体等多种形态，这些都由树脂添加各种助剂混合而成，其中以粉料和粒料使用最多。

粉、粒料的配制过程主要包括两个阶段，即物料的初步混合和熔融混合（混炼）。初步混合是在聚合物熔融温度以下及较低的剪切应力条件下进行的一种基础性的混合操作。在此过程中，主要目的是增加各组分微小粒子间的无规则排列程度，而非减少粒子本身的大小。

经过初混合的物料，在某些场合可直接用于成型，但多数情况下还需要进行熔融混炼：混炼是使物料在剪切力作用下熔融、剪切、混合达到适当的柔软度和可塑性，使各组分的分散更趋均匀，同时还依赖于这种工艺来除去其中的挥发物，使物料的形态有利于输送和成型等，常用的混炼设备有双辊开炼机、密炼机及双螺杆挤出机，如图 9-2-11 所示。

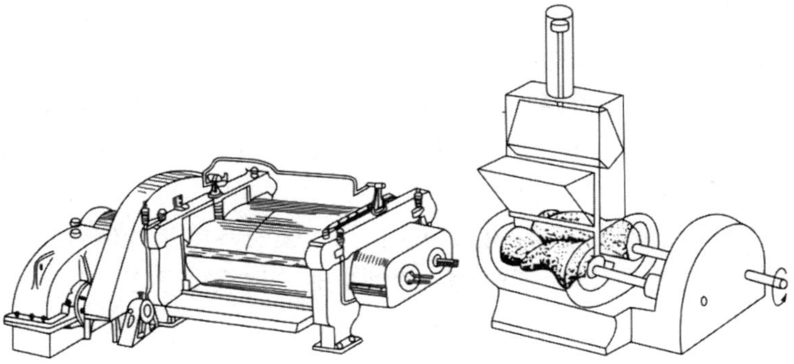

(a) 双辊开炼机 (b) 密炼机

图 9-2-11 常用的混炼设备

(2) 聚合物材料的成型

成型是将各种形态的物料（粉料、粒料、溶液和悬浮体）制成所需形状制件或坯件的过程。成型方法很多、分类也不一致，常见的成型方法有挤压成型、注塑成型、压延成型、压制成型、中空吹塑成型、热成型、纤维纺丝、机械加工等。以下将对这些成型方法的基本原理做进一步介绍。

(3) 聚合物制品或坯件的后处理

聚合物制品或坯件的后处理是指为了完善或提高聚合物制品的性能的一种操作。例如，在热塑性塑料的加工中，为了增加制品的尺寸稳定性和消除内应力，通常要在一定的温度下进行热处理，类似金属的退火，以消除成型过程中的大分子链可回复的弹性形变对制品性能的劣化作用。

初生纤维的后处理不仅强化了纤维的结构，提高了它的取向度和结晶度，同时还改善了它的综合性能。

2. 热塑性聚合物的成型方法

热塑性聚合物制品的绝大部分是通过熔体加工的方法成型的。热塑性高聚物材料的成型方法很多，根据加工工艺、方法和加工时聚合物物料的特点，热塑性聚合物制品生产方法一般有一次成型技术和二次成型技术之分。

一次成型是通过加热使聚合物物料处于黏流态的条件下，经过流动、成型和冷却硬化，而将聚合物物料制成各种形状的制品的方法。二次成型是利用一次成型所得的片、管、板等聚合物半成品，加热使其处于类橡胶状态（在材料的 $T_g \sim T_f$ 或 T_m 间），通过外力作用使其形变而成型为各种较简单形状，再经冷却定型而得产品。

一次成型法能制得从简单到极复杂形状和尺寸精密的制品，应用广泛，绝大多数聚合物制品是通过一次成型法制得的。一次成型包括挤出成型、注射成型、模压成型、铸塑成型、模压烧结成型、传递模塑（压注成型）、发泡成型等。二次成型包括中空吹塑成型、热成型、拉幅薄膜成型等。以下对一些主要的热塑性聚合物成型方法分别进行介绍。

(1) 挤出成型

挤出成型是指物料在熔融设备中通过加热、混合、加压，使物料以流动状态连续通过口模进行成型的方法。挤出成型有以下特点：生产过程可以是连续的，因而其产品也是连续的；生产效率高、应用范围广。挤出成型是塑料成型加工的重要方法之一，全世界超过60%的塑料制品是经挤出成型法生产的。

在挤出成型中，最常用的熔融设备是挤出机。塑料挤出所用的口模，是形状各异的金属流道或节流装置，以便达到当聚合物熔体流过时能获得特定的横截面形状的目的。根据机头和口模不同，可以生产管材、薄膜、板材与片材、棒材、异型材以及单丝、撕裂膜、打包带、网、电线电缆包覆物等。

塑料的挤出成型是借助螺杆或柱塞的挤压作用，使受热熔化的聚合物材料在压力推动下，强行通过口模而成为具有恒定截面的连续型材的一种成型方法。典型的挤出成型设备示意如图 9-2-12 所示。

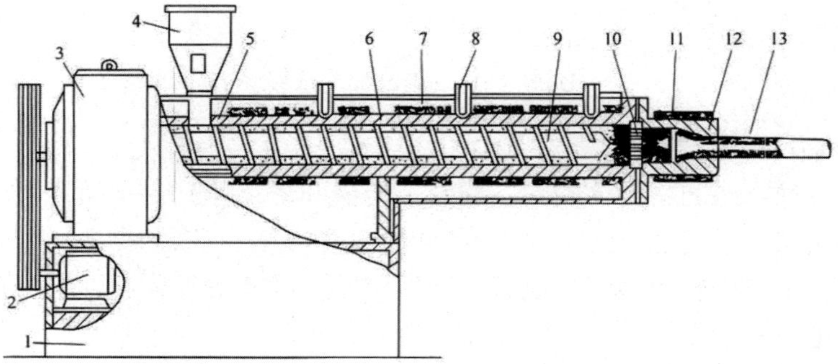

图 9-2-12　单螺杆挤出机结构示意图

1—机座；2—电动机；3—传动装置；4—料斗；5—料斗冷却区；6—料筒；7—料筒加热器；8—热电偶控温点；9—螺杆；10—过滤网及多孔板；11 机头加热器；12—机头；13—挤出物

在挤出过程中，将颗粒状物料经挤出机料斗加入已预热的料筒，料筒中不断旋转的螺杆，连续地挤压熔融的聚合物物料并通过机头模孔，挤出所需的设计断面，后经定型冷却、牵伸获得制品。接近模孔的区段应能使物料的流动呈流线型。

单螺杆挤出机的螺杆可分为三段，从料斗至机头依次为加料段、压缩段、均化段，各段功能不同。加料段起着输送未熔融固体物料的作用；在压缩段中，聚合物物料逐渐从固态向黏流态转变，这种转变是通过料筒的热传导和螺杆旋转时剪切、搅拌摩擦等复杂作用实现的；均化段是将压缩段送来的熔融流体的压力进一步增大，使高聚物均匀塑化，然后控制其定压、定量地从机头模孔挤出。

采用挤出成型法生产的制品有管材、棒材、板材、薄膜、型材、单丝及包覆线缆，其成型工艺过程示意如图 9-2-13 所示。

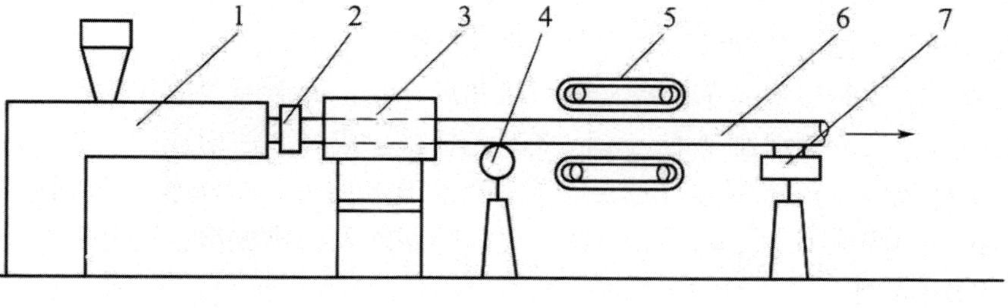

（a）工程塑料棒材挤出成型工艺流程图

1—挤出机；2—机头；3—冷却定型装置；4—导轮；5—牵引装置；6—棒材；7—托架

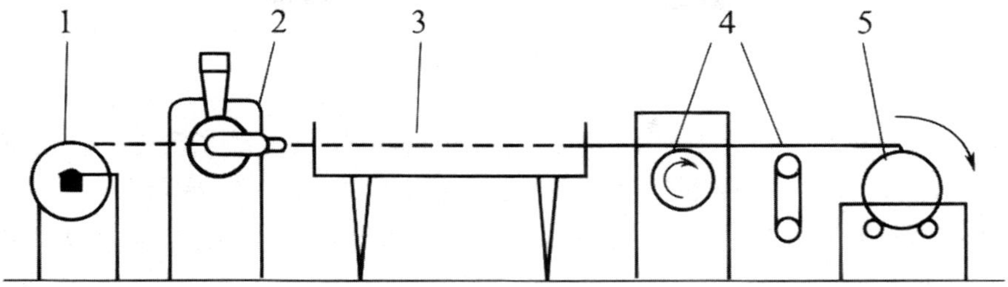

（b）线缆包覆

1—放线；2—挤出包覆；3—冷却；4—牵引与张紧；5—辊卷

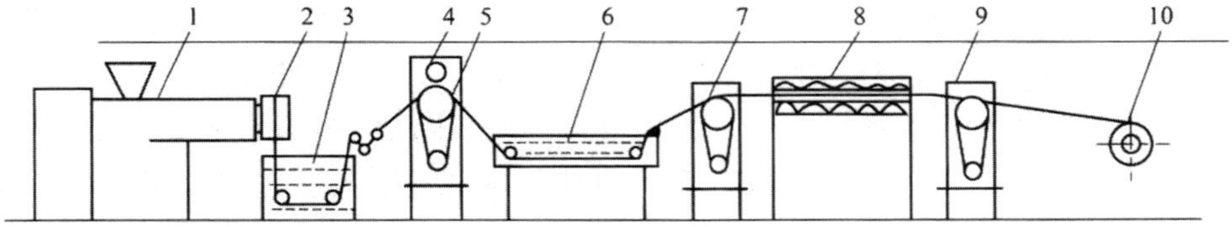

（c）单丝生产工艺流程图

1—挤出机；2—机头；3—冷却水箱；4—橡胶压辊；5—第一拉伸辊；6—热拉伸水箱；7—第二拉伸辊；8—热处理烘箱；9—热处理导丝辊；10—卷取辊筒

图 9-2-13　几种制品的挤出成型工艺过程示意图

（2）注塑成型

注塑成型是一种注射兼模塑的成型方法，又称注射成型。通用注塑方法是将聚合物材料（一般为粒料）放入注塑机的料筒内，经过加热、压缩、剪切、混合和输送作用，使物料进行熔融和均化，这一过程又称塑化。

当呈流动状态时，再借助柱塞或螺杆向塑化好的聚合物熔体施加压力，则高温熔体便通过料筒前面的喷嘴和模具的浇道系统射入预先闭合好的低温模腔中，再经一定时间冷却定型就可开启模具，顶出制品，得到具有一定几何形状和精度的聚合物制品。这种成型方法是一种间歇操作过程。

生产的制品主要为非连续性塑料制件。图 9-2-14 是常用的注射成型设备的示意图。迄今为止，除氟塑料外，几乎所有的热塑性塑料都可以采用此成型方法。它所生产的产品占目前塑料制品生产的 20%~30%，在工程塑料中 80%采用注塑成型。

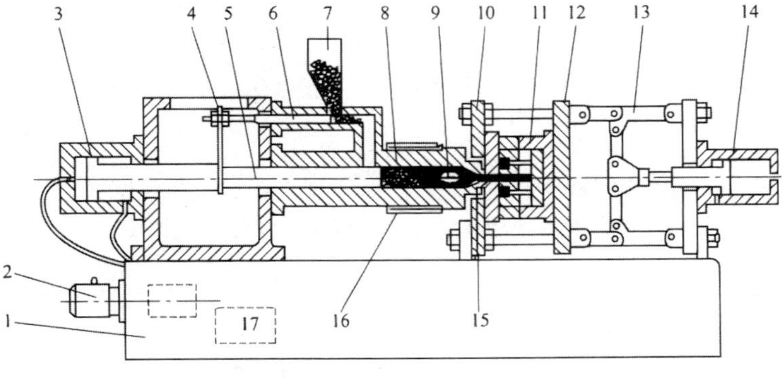

图 9-2-14　卧式柱塞式注塑机结构示意图

1—机座；2—电动机及油泵；3—注射油缸；4—加料调节装置；5—注射料筒柱塞；6—加料筒柱塞；7—料斗；8—料筒；9—分流梭；10—定模板；11—模具；12—动模板；13—锁模机构；14—锁模（副）油缸；15—喷嘴；16—加热器；17—油箱

注射成型工艺过程包括塑化、充模、保压、冷却和脱模五个工序。从料斗加入的物料在料筒中受热，在螺杆旋转的摩擦作用下，由固体料转变成熔体，并积存在料筒的前端，称为“塑化”。

塑化好的熔体被柱塞或螺杆向前推挤，经过喷嘴、模具浇注系统进入并充满型腔，这一阶段称“充模”。在模具中熔体冷却收缩保持施压状态的柱塞或螺杆，迫使浇口和喷嘴附近的熔体不断补充入模中（补料），使模腔中的物料能形成形状完整而致密的制品，这一阶段称为“保压”。

当浇注系统的塑料已经冷却硬化后，继续保压已不再需要，因此可退回柱塞或螺杆，并加入新料，同时通入冷却水、油或空气等冷却介质，对模具进一步冷却，这一阶段称“冷却”。实际上冷却过程从塑料注射入模腔就开始了，它包括从充模完成，保压到脱模前这一段时间。制品冷却到所需温度后，即可用人工或机械的方式脱模。

注射成型适应多种高聚物材料（热塑性塑料、热固性塑料、橡胶等）的成型要求。能够一次压出外形复杂、尺寸精确或带有金属嵌件的制品。工艺过程容易实现自动化操作，常用此法制造批量很大的中、小件日用品和工业品。

（3）压制成型

压制成型可分为模压成型和层压成型。模压成型又称压缩模塑，这种方法是将粉状、粒状、碎屑状或纤维状的聚合物材料放入加热的阴模模槽中，合上阳模后加热使其熔化，并在压力作用下使物料充满模腔，形成与模腔形状相仿的模制品，再经冷却固化，脱膜后即得制品。

模压成型的优点是模具简单，对物料的流动性要求不高，但过程较慢，并且成型件存在着几何形状上的限制。为了克服模压成型的局限性又发展了传递模塑。它是模压成型法的延伸，使物料在分开的“料槽”中熔融。

料槽是被加热模具的一部分，模具是闭合的，用柱塞通过浇道将已熔聚合物由“料槽”中压铸到闭合的模具中，后经固化脱模即得到制品。图 9-2-15 是模压成型与传递模塑的操作过程示意图。

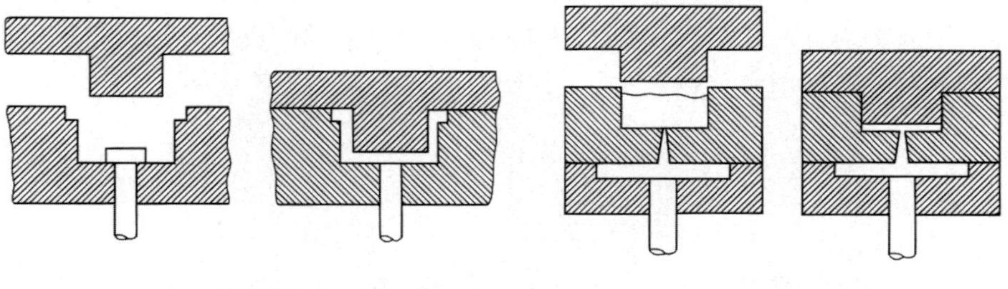

（a）模压成型　　　　（b）传递模塑

图 9-2-15　模压成型与传递模塑操作过程示意图

层压成型则是将片状物料按要求相重叠，在加热加压下成型为板状制品。压制成型主要用于生产形状相对简单的模制品和厚板。

（4）压延成型

压延成型就是将已经塑化的接近黏流温度的聚合物材料通过一系列相向旋转着的水平辊筒间隙，使物料承受挤压和延展作用，成为具有一定厚度、宽度与表面光洁的薄片状制品，主要用于生产片材、薄膜、人造革等。

压延成型是热塑性聚合物成型加工中生产薄膜和片材的主要方法，压延制品以 PVC 塑料消耗量最大，约占 PVC 制品总量的五分之一，压延成型产品除了薄膜和片材外，还有人造革和其他涂层制品。

塑料压延成型一般适用于生产厚度为 0.05～0.5mm 的薄膜和厚度为 0.3～1.0mm 的片材。当制品厚度小于或大于这个范围时，一般不用压延成型，而采用吹塑或挤出等其他方法。压延软质 PVC 薄膜时，如果以布、纸或玻璃布作为增强材料，将其随同 PVC 物料通过压延机的最后一对辊筒，把黏流态的塑料薄膜紧覆在增强材料之上，所得的制品即为人造革或涂层布（纸），这种方法通称为压延涂层法。

根据同样的原理，压延法也可用于塑料与其他材料（如铝箔、涤纶或尼龙薄膜等）贴合制造复合薄膜。

通常，聚合物材料的压延工艺包括混料、熔融、辊压和定型四个部分。图 9-2-16 是软质聚氯乙烯薄膜压延成型工艺流程。

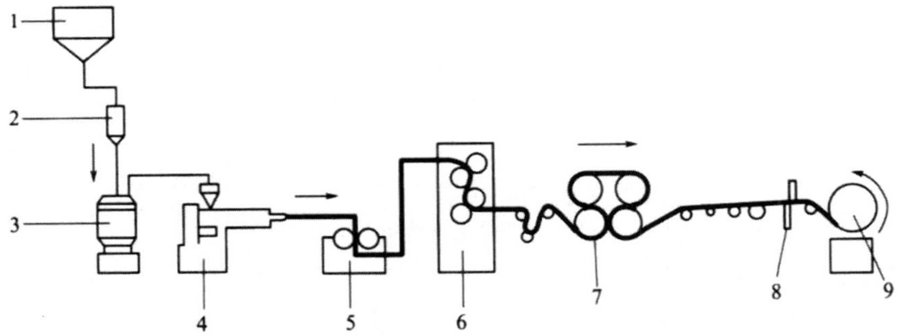

图 9-2-16　软质聚氯乙烯薄膜压延成型工艺流程图

1—树脂料仓；2—计量斗；3—高速捏合机；4—塑化挤压机；5—辊筒机；6—四辊压延机；7—冷却辊群；8—切边刀；9—卷绕装置

（5）热成型

热成型是 20 世纪 60 年代以后发展起来的一种成型加工方法。热成型是一种以热塑性塑料片材为成型对象的二次成型技术，首先将裁成一定尺寸和形状的片材，夹在模具的框架上，让其在高弹态的适宜温度加热软化，然后施加压力使坯件弯曲与延伸，使其紧贴模具的型面，取得与型面相仿的型样，在达到预定的型样后使其冷却定型，经过适当修整，即成为制品。

热成型过程中对坯件施加的压力，在大多数情况下是靠真空和引进压缩空气在坯件两面形成气压差，有时也借助于机械压力或液压力。热成型是利用热塑性聚合物的片材作为原料来制造聚合物制品的一种方法，热成型主要用于生产形状简单、壁厚较为均匀的制品。图 9-2-17 是常用的几种典型的热成型工艺原理示意图。

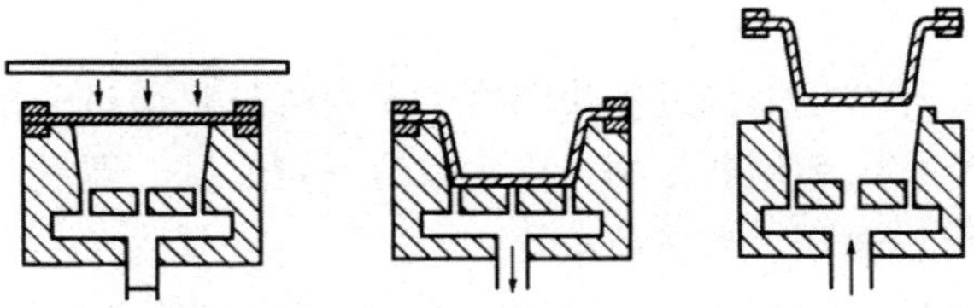

(a) 真空成型

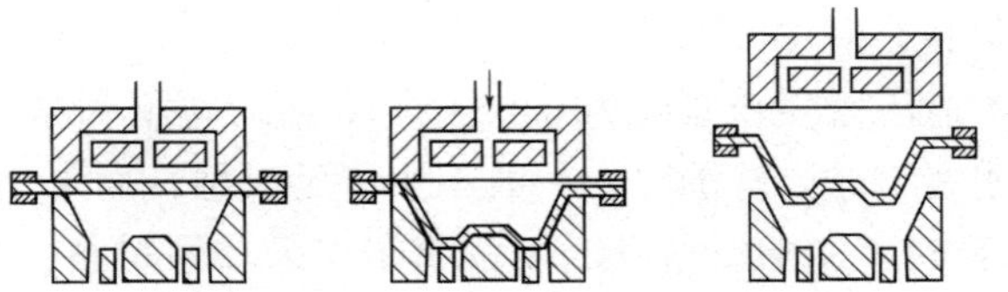

(b) 压力成型

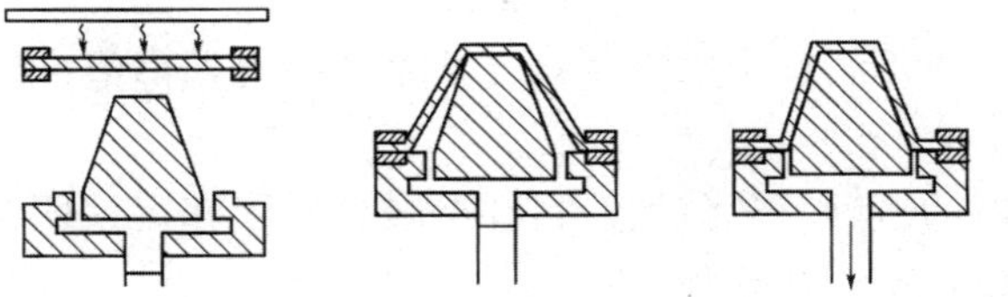

(c) 覆盖成型

图 9-2-17 几种典型的热成型工艺原理示意图

(6) 中空吹塑成型

中空吹塑成型就是将挤出或注射成型的聚合物管坯（型坯）趁热于半熔融的类橡胶状时，置于各种形状的模具内，并即时在管坯中通入压缩空气将其吹胀，使其紧贴于模腔内壁上成型。经冷却脱模后即得中空制品。以中空吹塑方法生产的制品主要有瓶、桶、壶和儿童玩具等。

(7) 合成纤维的熔融纺丝

口模成型也用于合成纤维的纺丝加工。熔融纺丝是在熔融纺丝机中进行的，其生产原理示意如图 9-2-18 所示。聚合物颗粒加入纺丝挤出机后，受热熔融而成为熔体，熔体通过纺丝泵输送到喷丝头，在一定的压力下熔体通过喷丝头的小孔流出，形成液体细流。

细流在纺丝通道中与空气或其他冷却介质接触，进行热交换冷却固化后成为初生纤维。初生纤维经过后拉伸及热处理等处理后即可得到具有多种用途的化学纤维。纺丝中丝线的粗细及根数受到通道冷却速率的限制。所以纺丝的速率也受冷却速率的限制，一般可达 1000～1500m/s。

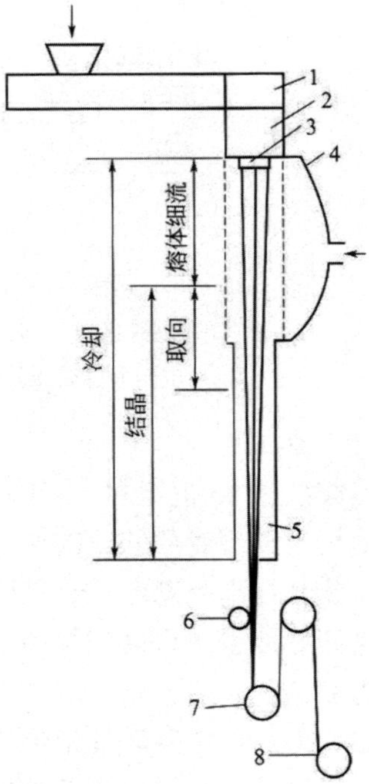

图 9-2-18 熔融纺丝原理示意图

1—纺丝挤出机；2—喷丝头；3—喷丝板；4—通道；5—通道下部；6—纺丝盘；7—卷绕装置；8—卷绕装置

3. 热固性聚合物材料的成型方法

热固性高聚物是网状分子链结构的高聚物。这类高聚物各分子之间都由化学键联结着，所以一般都是既不熔融，也不溶解（当交联密度较小时，在溶剂中能够产生溶胀）。但是，热固性聚合物在成型为制品之前，一般仍然保持非交联状态。酚醛、环氧等热固性塑料和需要硫化的橡胶都属于这类高聚物。因此，热固性聚合物加工一般包括物料配制，流动成型，交联固化等几个工艺过程。

热固性高聚物和热塑性高聚物成型类似，也是利用模具，通过模压、注射、压延、铸压、浇注等方法成型，成型过程后期需升温，有时还需要加压，从而使聚合物分子链发生交联反应而固化，而非冷却固化。

热固性高聚物和热塑性高聚物成型比较有以下两点不同。

（1）物料需要在成型过程中发生化学反应而交联（即形成三维网状大分子结构），这种化学反应需要温度、压力和一定的时间，所以加工成型过程较慢，生产效率较低。

（2）由于成型时固化或硫化交联反应是不可逆的，故已固化的废制件碎屑、溢料等不能重复使用，全部耗损。

4. 高分子溶液的加工成型

高分子溶液的加工通常涉及浓度在15%以上的高分子浓溶液。例如，一些加热熔融时易分解的高聚物，不能用熔融纺丝法制取纤维，而是将它先溶解于适当的溶剂中，制成黏稠的纺丝溶液，再将纺丝溶液定量而均匀地从喷丝头小孔中压出，在特定介质中凝固后制成纤维。这类纺丝溶液一般都是浓溶液。一些胶黏剂和油漆则是更浓的高聚物溶液，浓度可达60%以上。

由于随浓度增大，高聚物分子链间距离缩小，有时会发生链的缠结或链上基团发生相互作用而形成交联，这些变化常使浓溶液呈半固化状态（产生冻胶或凝胶）。浓溶液的结构非常复杂，至今尚无成熟理论来描述其性质。下面简单介绍聚合物溶液的加工方法。

（1）溶剂的选择

人们在长期实践中总结出“极性相近”的溶剂选择原则，即溶质（高聚物）和溶剂极性越相近，两者形成溶液越容易。极性小的溶质溶于极性小的溶剂，如未硫化的天然橡胶是非极性的，可溶于汽油、苯、甲苯等非极性溶剂中：极性大的溶质溶于极性大的溶剂，如聚丙烯腈可溶于二甲基甲酰胺等极性溶剂中。除了单一溶剂外，有时混合溶剂对高聚物的溶解能力要比单一溶剂强得多。

（2）溶液纺丝和溶液流延成膜

尼龙（聚酰胺）和涤纶（对苯二甲酸乙二醇酯）等合成纤维是把熔融的聚合物通过喷丝头后再冷却固化制成的。而聚丙烯腈（腈纶，也叫人造毛）和聚氯乙烯等高聚物，由于分解温度较低，如采用熔融纺丝法，加热过程中还未达到黏流态，高聚物已产生了分解，故这类高聚物要纺丝成纤维，只能先把它们溶解在适当的溶剂中，形成浓溶液，然后由喷丝孔挤出制成细流，经除去溶剂凝固后制成。

流延工艺是制造高聚物薄膜和薄片的一种方法，就是将高聚物溶液，从料斗控制门的窄缝中，均匀地流到不断向前移动的金属带上，在溶剂蒸发后即可得到高聚物薄膜。作电影胶卷的醋酸纤维片基即用此法制得。

油漆、涂料也是高分子溶液，其涂覆加工便是利用这些高分子溶液涂覆在各种制品上，待溶剂挥发后得到一层很薄的高分子膜，从而对被涂覆材料或制品起美化和防护作用。

任务三　材料的加工

材料加工的核心目标在于将原始材料转化为所需的产品或其组成部分，这一过程往往伴随着材料形状的显著变化。在此过程中，必须确保材料的性能不出现恶化，甚至能够保持原有性能或实现进一步的优化提升。针对材料的加工方法，可根据不同标准进行分类。若以材料在加工过程中的体积变化作为考量依据，则可将材料的加工方式大致划分为减材制造等材制造和增材制造三种类型。

减材制造的过程就如同削铅笔一样，首先选取外形轮廓完全包容零件轮廓的毛坯材料，然后通过去除材料的方法，最后形成具备一定精度的零件几何轮廓，这一过程体现为几何尺寸由大向小的减少。

等材制造的过程通常需要借助模具，将液化或具备较高塑性的材料，在模具中固化并强迫成型，这一过程体现为材料的体积基本不变化。

增材制造就如同聚沙成塔，首先将材料由点汇聚成面，再由面累积成体，最终形成零件的几何轮廓，这一过程体现为零件体的逐步成型。

一、减材制造

切削、磨削、切割、腐蚀、熔化、气化、溶解等很多方式都能使材料的体积发生变化。原则上，凡是能去除或分离材料，并保证足够尺寸精度的方法，都能实现减材制造。在现阶段工业生产中，用的最为广泛的减材制造方法就是切削。

切削的主要特点是，在刀具与材料表面接触位置的附近区域发生变形、断裂、分离，并产生切屑，从而改变材料的外形尺寸。切削加工最常用于金属零部件的加工，在日常生活中，可见的石像、石雕、木雕等大多也是采用这种方式加工的。

拓展阅读

切削加工需要满足的条件

要实现切削加工，需要满足以下几个条件之一。

1. 刀具材料硬度高

通常刀具材料要比加工的材料更硬，比如风钢刀具可以用来切削普通碳钢，而对于硬度更大的钢材，就需要使用硬质合金的刀具加以切削。

2. 刀具与工件之间相对速度大

当刀具与工件之间有着相对的快速运动，可以进行切削。比如快速运动的纸片可以切开手指，高速喷射的水流可以切开钢板。

3. 刀具刃口锋利

刀具的刃口形状越锐利，越容易切割工件。

在切削过程中，切削材料受到挤压、摩擦发生剪切滑移，并转化为切屑。工件的变形区会塑性变形，并发生加工硬化现象。如果切削量过大，工件的温度会持续升高，有可能会发生微观组织变化，导致工件力学性能变化。所以，在切削过程中，要确保合理的切削量，或者使用冷却液，并保证切屑能快速顺利排出。

工业上常用的切削方法有车、铣、刨、磨、钻、镗、拉、插等，如图 9-3-1 所示。

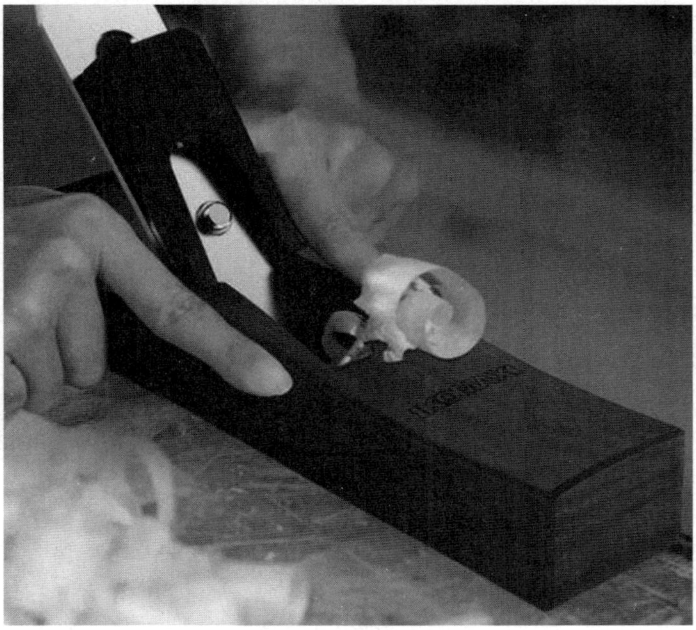

图 9-3-1　工业上的刨

铣削加工主要是用来加工工件的上表面和侧面。如果把旋转的铣刀想象成一个圆柱体，则在铣削工件的上表面时刃口在圆柱体的一个端面上，也称作端铣；在铣削工件侧面时刃口在圆柱体的圆周母线上，也称作周铣。

刨削加工适用平面粗加工或大平面加工，加工量大、效率高。在刨削加工过程中，刃口与加工平面常存在着相对直线往复运动。磨削加工则常用于工件外形（平面或曲面）的精加工，加工量较小。磨削加工中高速旋转的通常是砂轮等高硬、高耐磨工具。

钻孔加工和镗孔加工都用来加工工件的孔结构。孔结构的特点在于深径比（孔的深度与孔的直径的比例）较其他结构要大。由于这一特点，在加工时尤其应注意切屑是否能顺利排出、刀具的刚度是否能保持和切削热是否能排散。钻孔加工是最常用的通孔和盲孔的加工方式；镗孔加工可用于孔的精加工以及孔内表面螺旋曲线的加工。

拉削加工常用来加工通孔或通槽。拉削刀具类似于宝塔，沿着轴线顺次布置着一系列尺寸由小及大的刀刃。在拉削过程中，先接触工件的是小刀刃，随着拉削刀具的轴向移动，这一列刀刃依次切削工件，当移动完成，工件形状也随之成型。

插削加工是高精度齿轮加工常选用的一种加工方式。在插削过程中，插削刀具在平行于齿轮轴线的方向上下运动，完成一个插削步骤后，齿轮旋转一定角度，当旋转一圈后，插削刀具向齿轮中心靠近，继续进行下一圈插削，直至齿轮完全加工完成。

数控加工技术由于其加工能力更强、加工精度更高和操作更便捷的优点，而有着越来越广泛的应用，如图 9-3-2 所示。数控加工中心就好像多台切削设备的集成，有着多轴联动，从而可以加工外形更复杂的工件。使用数控加工中心来加工复杂外形零件，可大大减少工件的装夹次数，从而减少了装夹带来的定位误差；不同切削刀具在加工中心内可实现快速更换，因此可提高生产效率。数控中心一般都能导入对应软件创建的工件数字化三维模型及规划的加工路径，有些甚至能通过网络实现远程操作和参数修改。

图 9-3-2　数控车床

现阶段常见的加工方法中，切削加工的加工精度最高，常出现在整个加工工序的较后阶段。在合理选择冷却方式和切削量的情况下，切削加工只改变了毛坯件的外形，并不改变其材料性能。因此，如果需要在加工过程中同时改变材料的组织形貌，就必须引入其他能量。

二、等材制造

等材制造的典型特点是加工前后工件的体积变化很小，常见的等材制造加工方法有液态成型、塑性成型和烧结成型。

1. 液态成型

液态成型主要是利用模具、压强或磁场等方法使液化后的材料受迫成型并转变为固态的一种方法。使材料液化的方法最常见的还是利用热能使材料的温度达到熔点以上。

在使用模具的液态成型工艺中，液态材料需要充满模具的空腔，模具内腔形状与产品形状一致，而且在充型的过程中，模具常需要承受高温和高压，为了有利于空腔中气体的排出，模具常会有设置浇口和冒口的结构。

当模具内液态材料固化后，需要去除模具取出产品。传统铸造工艺中，金属材料经历了很缓慢的冷却过程，所以铸件的微观组织常近乎平衡组织：而且，由于冷却过程是一个由表及里的过程，所以在铸件中心最后冷却的地方会出现粗大的等轴晶区，稍外些是柱状晶区，最表层是细晶区。传统铸件常有晶粒粗大、成分不均、易有气孔和夹杂缺陷等缺点，一般用于机座和非关键受力部位。

2. 塑性成型

塑性成型是针对具备一定塑性的材料的一种成型方法。对于具备一定塑性的材料，当限制它们某些塑性变形的方向，塑性变形将趋向于在阻力最小的方向产生，从而产生与毛坯体积相同但形状不同的零件。

塑料制品的成型加工是通过将成型用物料以一定条件和工艺加工成固定形状制品的过程。

（1）热塑性塑料成型方法

①挤出成型

挤出成型又称为挤塑，是热塑性塑料最主要的成型方法，其原理是，将聚合物与各种添加剂混合后使其受热熔融，通过挤出机内螺杆的挤压作用向前推送，强制连续通过口模而制成各种具有恒定截面的型材。这种方法几乎适用于所有热塑性塑料，生产效率很高，主要用于连续生产等截面的管材、棒材、丝材、板材等。

②注射成型

注射成型简称注塑，此种成型方法是使物料在注射成型机料筒内加热熔融，由螺杆或是柱塞加压注射到闭合模具的模腔中，经一定时间冷却定型，开模即可获得制品。这种技术的优点在于可以一次性成型外观复杂、中空塑料制品的型坯、带有金属或非金属嵌件的塑料制品，具有尺寸精确、产品一致性高、生产效率高等优点，如图 9-3-3 所示。

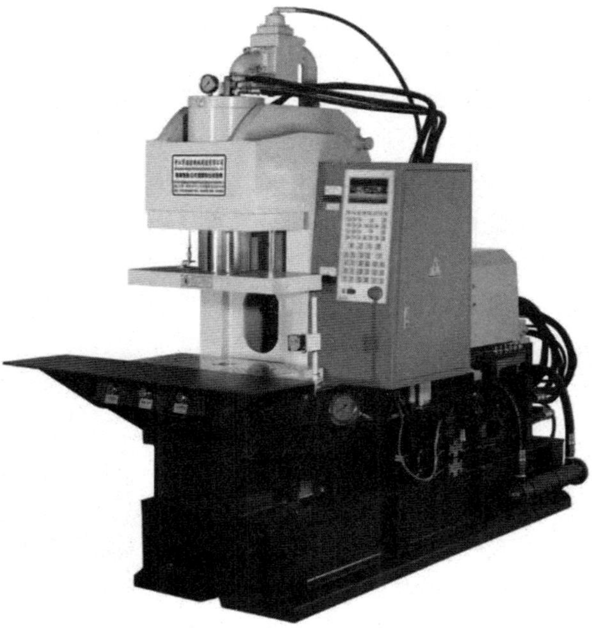

图 9-3-3　立式注塑机

③吹塑成型

吹塑成型限于制造热塑性塑料的中空制品。这种成型方法是先将物料预制成管形坯置于模具内加热熔融或吹入热空气，利用气体吹胀材料，遇到模壁冷却固化脱模获得制品。材料在吹胀过程中受到双向拉伸的作用，制得的中空制品具有良好的韧性和抗挤压性能。这种成型方法成本较低，可一次性成型形状复杂、不规则制品，在玩具、日用品、化工和食品等行业均有广泛应用。

④压延成型

压延成型是将加热塑化的物料通过一组热辊筒的间隙，多次受到挤压和延展作用，使其厚度减薄，获得连续片状材料的一种成型方法。这种方法适用于软化温度较低的热塑性非晶态材料，如聚氯乙烯、改性聚苯乙烯等，可以获得片材、薄膜等结构的制品。

（2）热固性塑料成型方法

①模压成型

模压成型又称为压缩成型，是将预制成型的物料放入模具腔中后闭模，通过加热和加压作用成型、冷却，脱模即可获得制品。

模压成型属于高压成型手段，优点在于原料损失小，制品机械性能稳定、内应力低等；缺点在于不适合制备存在凹陷、孔洞或是对尺寸精度要求高的制品。

②层压成型

层压成型工艺是将多层塑料片材或涂覆有树脂的片状基材叠合并送入热压机内，在加热加压条件下，逐层压制成均一制品的成型方法。

层压成型是用于制备增强塑料制品的重要方法之一。通过这种成型方法获得的制品质量稳定，性能良好，但只能间歇生产，且只能生产板材。

3. 烧结成型

陶瓷烧结的核心动力源于粉体所具备的表面能。在陶瓷粉体的制备过程中，部分机械能会以表面能的形式储存于粉体内部。鉴于陶瓷粉体拥有较大的表面积，其表面能通常高于形成多晶烧结体时的晶界能，这正是推动陶瓷烧结过程的主要动力。当陶瓷粉体经过烧制转化为多晶体后，原有的粉体表面能被晶体间的晶界能所替代，晶界能的存在确保了多晶陶瓷的稳定存在状态。

陶瓷烧结的传质机理根据不同的烧结方法也有所不同：固相烧结的传质机理主要是扩散传质和蒸发凝聚传质，而液相烧结的传质机理则主要是流动传质和溶解沉淀传质。

烧结工艺对烧制的陶瓷的性能有着非常显著的影响。烧结成型方法常见的烧结技术如下。

（1）常压烧结

常压烧结是指陶瓷在室温下压制成型，然后在空气中烧结并致密化的烧结工艺。常压烧结成本低廉工艺简单，非常适合工业上大批量生产，但在烧结过程中容易出现晶粒异常长大，并容易残余比较多的气孔。为预防常压烧结过程中的晶粒异常长大，可以通过加入稳定剂的方法，限制晶粒在烧结时的长大趋势。

（2）热压烧结

热压烧结是一种特定的陶瓷制备工艺，其特点在于在特定的压力下进行烧结过程，如图 9-3-4 所示。相较于传统的常压烧结方法，热压烧结在加热粉体的同时施加压力，使得塑性流动在烧结过程中部分替代了扩散作用，从而有效促进传质过程。相较于常压烧结体，热压烧结体通常表现出更低的烧结温度与气孔率。

得益于压力的辅助作用，热压烧结能够在相对较低的温度条件下实现烧结，这不仅有助于防止晶粒过度长大，还使得烧结体具备更高的强度。然而，值得注意的是，热压烧结所涉及的设备及工艺相较于常压烧结而言更为复杂，这也导致了烧结成本的相应增加。因此，在实际应用中，需根据具体需求与成本考虑来选择合适的烧结方法。

图 9-3-4　大型热压烧结炉

（3）微波烧结

微波烧结是一种能够快速升温和快速降温的烧结方法。微波烧结的升温速度非常快，可以达到每分钟 500℃左右，这样升温时间就可以短至一两分钟，在如此快速的加热过程中，晶粒得不到充分的生长时间，因此微波烧结有效解决了普通烧结方法很难避免的晶粒异常长大问题。而且，微波烧结时微波能转换成热能的效率非常高，可以节能减排一半左右。

（4）反应烧结

反应烧结是指将陶瓷粉末均匀混合后制坯，然后经高温加热发生不同粉体间的化学反应从而获得陶瓷材料的方法，氮化硅和碳化硅陶瓷经常使用这种方法来制备。大部分陶瓷的反应烧结温度低于常规烧结的温度，而且烧结时间一般也较短，但是反应烧结法制得的陶瓷容易出现比较高的气孔率高。为了克服反应烧结在气孔率上的缺陷，可以结合热压烧结和反应烧结，这种方法被称为反应热压法。

三、增材制造

增材制造，亦即 3D 打印技术，乃近三十年来崭露锋芒的创新型制造技艺。在增材制造之过程中，零件首先通过精准布点，构筑成平面形态；随后，这些平面逐层累加，最终塑造出立体结构。此种独特的制造方式，具备传统制造方法所难以企及之优势，能够生产出诸如封闭孔、多孔结构以及交缠管道等特殊形态之零部件。正是基于这一显著优势，广大工程科技人员纷纷投身于增材制造领域，积极探究解决其过程中可能出现的缺陷、夹杂、气孔等问题，以期推动该技术的不断完善与发展。

增材制造技术是建立在数控加工技术的基础上的。零件的三维轮廓通过 CAD 软件设计完成或者通过实体扫描技术获得后，相关软件对零件的数字三维模型进行自动切片，并保存每层的几何信息，制定了成型路径后，即可实现增材制造。目前，常见的增材制造技术是：立体光固化成型技术、熔融沉积成型技术、选择性激光烧结成型技术和激光选区熔化技术。

1. 立体光固化成型技术

立体光固化成型技术通过使用特定波长和强度的激光聚焦到盛有液态光敏树脂的液槽内，通过软件控制，按照规划路径对树脂表面进行逐点、逐行或者面扫描，使扫描区域的树脂薄层聚合固化，从而完成一个层面的绘图作业，如图 9-3-5 所示。

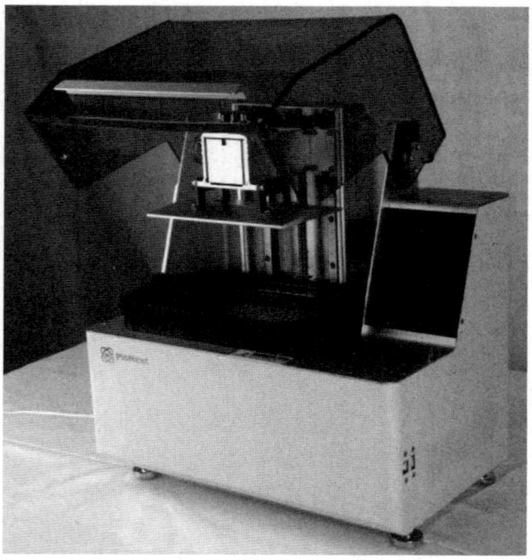

图 9-3-5　光固化 3D 打印机

激光聚焦光斑的大小决定了打印的精度。固化后的层面随着工作台逐渐向上移动（这个高度也称为层高），已经固化的层面和树脂液膜表面接触，并在接下来的光照过程中继续固化，层层叠加，最终构成一个倒着生长的三维结构。使用该技术的制品表面质量较好；缺点在于该技术系统造价和维护成本高，可使用的材料种类有限，原料树脂为液态，有气味和毒性，保存要求高。

2. 熔融沉积成型技术

熔融沉积成型技术是通过将丝状热塑性物料加热至稍高于熔融温度并通过喷嘴挤出，喷嘴或工作台根据截面信息在数控系统的控制下在 X/Y 平面内发生相对运动，使物料在工作台上沉积，并与已喷出物料熔结在一起：完成一个层面沉积后，工作台按设定下降一个层厚，继续熔融沉积，直至获得最终完整制品，如图 9-3-6 所示。

这种成型技术具备多项显著优势。首先，它摒弃了激光设备的使用，从而简化了系统原理和操作过程，使得仪器和维护成本得以有效降低。其次，其工艺流程简洁明了，工作环境清洁无污染，且原材料利用率高，避免了原料的浪费。

图 9-3-6　熔融沉积工艺

此外，该技术采用成卷的线材作为原材料，不仅便于搬运和更换，还提供了多样化的材料选择。然而，该技术也存在一些不足之处。具体来说，其成型精度相对较低，器件表面的光洁度无法达到立体光固化成型技术的水平。同时，成型速度相对较慢，可能在一定程度上影响了生产效率。

3. 选择性激光烧结成型技术

选择性激光烧结成型技术采用压辊将预热至稍低于熔点温度的粉末原料平铺到工作台上，通过数控系统根据分层截面信息，控制激光束选择性地扫描照射粉层中的特定区域，使其升温融化并烧结；当一层扫描烧结完成，工作台下降一个层厚，继续重复上述步骤至获得三维制品。

这种成型技术具有显著优势，制造工艺相对简便，成型速度迅捷，材料选择范围更为宽泛，成本较低，材料利用率高，且能够直接应用于金属器件的制造。然而，该技术亦存在一些不足，制造的器件表面呈现出颗粒状，略显粗糙，同时在加工过程中可能会产生有害气体，需采取相应的安全防护措施。

4. 激光选区熔化技术

激光选区熔化技术面向的材料主要为金属粉体材料，大功率激光照射在金属粉末上时会产生高温熔化金属粉末，熔化的金属会凝固并冷却后形成零件的一部分。铺粉与激光熔化一层层交替进行，就能完成金属材料的增材制造。在这种金属材料的增材制造过程中，还需关注高温金属的保护、热应力的累积、金属粉末的安全等问题。

最新的增材制造技术已出现了4D打印技术。它结合3D打印和能在光、热、磁、电、湿度等外界刺激下产生物理性质变化的功能性高分子“可编程物质”，制造出能在预定外界刺激下自我变换物理性质（第四维），如形态、光学性质、导电性质、电磁性质等的目标器件。

拓展阅读

连接工艺

在制造过程中，各种方法成型的零部件往往需进行连接以形成完整的产品。其中，一种普遍且类似于搭积木的连接方式是通过装配各零件的结构或使用额外的机械固定元件（如螺栓、销钉等）实现。此方式的显著优点在于易于组装和拆卸，但也存在一定弊端，即会增加产品的自重，且在连接处存在水、气泄漏的风险。

此外，利用高分子胶黏剂将不同部分进行连接也是一种常见方法。然而，在高温环境下，胶黏剂的性能容易受到影响，导致连接失效。

针对需要在高温高压环境中使用的产品，焊接工艺则是一种更为适宜的连接方式。其中，热熔焊是金属材料焊接中最为常见的方法。在焊接过程中，常见的焊接热源包括电弧、激光、等离子、电子束等，其中电弧焊因其广泛的应用而备受瞩目。电弧焊利用正负两极间产生的电弧热量来熔化金属材料，形成液态金属的熔池，待熔池冷却后，即形成牢固的焊缝。

项目实训

学习完本项目的内容后，认真完成表9-3-1的实践清单。

表9-3-1 实践清单

金属材料的加工实训	
实训目的	了解金属材料的加工方法，培养动手能力和团队合作精神，提高实际操作水平
实训步骤	（1）选择合适的金属材料，如钢铁、铝、铜等，准备相应的刀具、磨具和夹具； （2）根据金属材料的性质和要求，确定加工方案，包括加工路径、刀具选择、切削参数等； （3）按照加工方案，使用机床进行金属材料的加工，注意操作安全和产品质量； （4）对加工后的金属材料进行质量检测，调整切削参数和刀具，确保产品质量和加工效率； （5）完成加工后，清理现场，保持整洁和安全
实训要求	（1）具备一定的机械基础知识和安全意识，了解金属材料的基本性质和加工要求； （2）按照操作规程进行机床操作，确保人身安全和产品质量； （3）积极参与团队合作，分工合作，共同完成加工任务； （4）认真记录实训过程和心得体会，总结经验教训，提高实际操作水平

思考练习

1. 陶瓷的生产过程可以分为哪三大部分?

2. 高分子材料制备过程包含哪几个层次?

3. 以材料在加工过程中的体积变化作为考量依据，可将材料的加工方式划分为哪几种类型?

项目十

材料的分析与测试技术

项目导读

材料学研究的深入进行，在很大程度上依赖于对材料性能、功能与其化学成分、化学结构及显微组织结构之间复杂关系的深刻理解。因此，材料结构分析、形貌表征以及各种性能测试技术，在材料科学与工程研究中占据着举足轻重的地位。这些技术不仅涵盖了从宏观到微观不同层次的材料组织表征，更是连接材料设计与制造工艺的桥梁，对于获得具备满意使用性能和应用功能的材料起着至关重要的作用。从新材料的不断涌现中，可以清晰地看到检测评价新技术所发挥的不可或缺的作用。

在材料的研制过程中，还需要对制备中的梯度功能材料的各部位进行耐热性、导热性和机械强度的严格测试。此外，为了确保材料设计和组织调节控制方案的合理性，还需要对各种方案的产品进行质量评价。同时，为了验证材料在实际应用中的表现，还需进行失效分析与老化性能试验。这些措施共同构成了材料学研究不可或缺的环节，为推动材料科学的进步提供了有力的支撑。

学习目标

知识目标

(1) 了解材料的显微组织形貌的观察方法和原理。

(2) 掌握材料的性能测定方法，包括力学、物理、化学等性能指标的测量原理和方法。

(3) 了解无损检测评价技术的原理和方法，包括超声波检测、射线检测、磁记忆检测等。

技能目标

(1) 能够使用显微镜等观察设备，对材料进行显微组织形貌的分析。

(2) 掌握性能测定的实验操作技能，能够准确测量材料的性能指标。

(3) 具备一定的无损检测评价技术的操作能力，能够进行简单的无损检测任务。

素质目标

(1) 具备严谨的科学态度和求真务实的精神，能够认真对待材料的结构和性能测试过程。

(2) 具备团队协作精神，能够与他人合作完成材料的结构和性能测试任务。

(3) 具备创新意识和创新能力，能够根据实际需要探索新的测试方法和技术。

思政目标

(1) 树立正确的价值观和道德观念，注重诚信、公正和责任意识。

(2) 培养良好的职业道德和社会责任感，关注材料测试技术对环境的影响，积极探索绿色测试方法。

(3) 具备国际视野和跨文化交流能力，能够与不同国家和地区的人员进行有效的沟通和合作。

任务一　材料的显微组织形貌

研究显微组织包括观察组织的形貌，确定其晶体结构和分析其化学成分。分析方法可以按观察形貌的显微镜、测定结构的衍射仪和分析成分的各种谱仪进行分类。

一、形貌观察

在 1880 年，光学显微镜的发明标志着人类能够在微米尺度上观察材料组织，其最高分辨率受限于光的半波长。鉴于最短的可见光紫光波长为 0. 39μm，光学显微镜的最高分辨率可达 0. 2μm。然而，由于人眼的分辨率仅为 0. 2mm，因此光学显微镜的最大放大倍数被限制在 1000 倍。对于电子显微镜及其他仪器而言，尽管其最高分辨率的确定方法与光学显微镜类似，但其景深相对较小。

扫描电镜因其较大的景深在材料断口分析领域展现出显著的应用价值。目前，扫描电镜的分辨率已达到 0. 7μm。超晶格试样仅需对叠层侧面进行适当的磨光处理，便可在扫描电镜下获得厚度仅为 1~10nm 的交替叠层的清晰图像。尽管透射电镜的样品制备过程相对复杂，但其分辨率高达 0. 12nm，这使得它能够深入研究晶体物料的缺陷及其相互作用、微小第二相质点的形貌与分布，并利用高分辨点阵像直接揭示材料中原子或原子团的排列规律。

场离子显微镜利用探针尖端表面原子层轮廓边缘的电场不同，借助惰性气体离子轰击荧光屏可以得到针尖正面原子排布的投影像，可达 0. 8nm 的分辨率，直观显示晶界或位错露头处原子排列及气体原子在表面的吸附行为。

20 世纪 80 年代中期发展的隧道显微镜，借助一根针尖与试样表面之间的隧道效应电流的调控，针尖在 X 和 Y 方向扫描，并在保持隧道效应电流恒定的条件下，Z 方向依原子表面上下游动，如图 10-1-1 所示。这种电子信号经计算机图像处理，得到表面原子分布图像，其纵、横向分辨率分别达 0. 05nm 和 0. 2nm。与此技术有关的利用近程作用力而设计出来的原子力显微镜（AFM）目前已经得到广泛应用。

图 10-1-1　隧道显微镜

二、结构测定

1. 金属与无机材料的结构测定

材料结构测定主要依赖于先进的 X 射线衍射技术，该技术涵盖了粉末照相、高温、常温以及低温衍射仪等多种方法，同时辅以背反射和透射劳厄照相、单晶结构四联衍射仪以及织构测定等手段。通过 X 射线衍射图，可以精确地确定晶体点阵结构，并利用衍射强度反推原子位置。

在现代 PC 机的辅助下，X 射线单晶衍射仪能够直接输出晶体结构参数，极大地提高了分析效率。然而，对于纳米级单晶的分析，则需要更为强大的同步辐射 X 射线源。

电子衍射技术因其电子束强度大且可会聚的特性，特别适用于纳米晶体结构的测定。透射电镜则能有效解决 X 射线无法处理的多种晶体共存问题，并允许直接观察晶体结构。

电子透镜在后焦面呈现晶体衍射图，像平面则呈现点阵像，这有助于更直观地观察原子排列情况。但需要注意的是，样品较薄可能导致与真实情况存在差异，如位错移动等现象。

此外，中子衍射技术利用中子受原子核散射的特性，对轻原子如氧原子位置的测定尤为有利，为材料结构测定提供了又一有力手段。

2. 有机高分子材料的结构表征

子聚合物中的凝聚状态随着不同的外部因素而呈现出显著差异，这些外部因素包括但不限于制备条件（即合成条件）、所受外力情况（如剪切力、振动剪切以及力的大小和频率等）以及温度变化的历程等。而固体聚合物凝聚态结构的差异，直接决定了其作为材料时的性能表现。

因此，对固体聚合物表面、断面及内部微相分离结构、微孔及缺陷的分布、晶体尺寸、形状及分布，以及纳米尺度相分散的均匀程度等形貌特点进行深入观察，将为优化聚合物的加工制备条件、选择合适的共混组分以及提升材料性能提供重要的数据支持。

（1）结晶态聚合物的表征

结晶态作为高分子凝聚态的主要形态之一，其结晶度、晶体形态、结晶过程以及结晶原理等方面的研究，是高分子凝聚态物理领域的核心内容。这些学术问题与聚合物作为材料时的性能（如力学性能、热性能、光学性能、溶解性等）密切相关。

在聚合物成型加工过程中，如何有效控制加工条件，以形成有利于材料性能的结晶形态，是聚合物加工技术的重要研究方向。因此，对聚合物形态的表征在高分子物理研究及高分子成型加工研究中具有举足轻重的地位。

（2）高聚物取向度的表征

在成型加工过程中，高分子材料受到外力及外场作用时，高分子链或高分子微晶体会沿外力（外场）方向产生一定程度的取向排列。这种取向排列的程度可通过高聚物的"取向度"来描述，它是高分子材料的重要结构参数，与高分子材料的宏观物理性能密切相关。因此，对高聚物取向度的表征，为研究高分子材料的宏观性能提供了关键参数。

（3）高分子液晶态的表征

高分子液晶态是高分子液体（溶液和熔体）的特殊相态，其在成型加工过程中的流变行为与高分子溶液及熔体的流变行为存在差异。液晶态凝聚成固态后，其分子取向因素对固体聚合物的力学性质和光电性质具有显著影响。因此，对液晶态的表征是获取研究液晶高分子材料性能及加工条件必要数据的重要手段，也是研究高分子液晶相态的关键方法。

（4）高分子热运动的表征

鉴于高聚物的分子结构呈现长链状特点，其运动方式具有多重性特征，这导致相态变化不仅受热力学状态控制，还受分子运动动力学因素的影响。研究高分子热运动有助于深入理解高分子聚合物各种相态形成和变化的本质，同时也有助于掌握各类高分子材料的使用规律。表征高分子热运动的参数包括高分子热力学状态曲线、玻璃化转变温度（Tg）值、流动温度（Tf）值、熔融温度（Tm）值及熔融热焓（ΔHm）值、高聚物的蠕变、应力松弛及内耗等。

（5）高分子链结构和序列结构的表征

在高分子合成过程中，了解所合成新高分子化合物的链结构或共聚物的链结构和序列结构至关重要，这有助于判断新产物是否符合预期目标。同时，这些结构信息对于研究化学反应的聚合机理、聚合历程、催化机理以及催化剂筛选等方面也具有重要意义。此外，高分子的链结构和共聚高分子的链结构、序列结构将直接影响其作为高分子材料时的各项性能（如力学性能、介电性能、热性能等），并对成型加工条件的选择产生直接影响。因此，为了深入探究高分子聚合物作为材料时的性能及功能潜力，需要充分了解其链结构和序列结构信息。

（6）交联度及支化度的表征

对于热固性聚合物体系而言，固化反应的程度、固化交联后交联点间的聚合物链段长度（即交联密度）等数据对于材料设计中固化体系的选择、固化条件的确定以及制备后热固性材料的使用性能具有至关重要的影响。为了获得性能优异的热固性高分子材料并确定最佳加工工艺，需要对交联度和固化交联的反应程度进行表征。同时，在高分子研究领域，"树状高分子"及"超支化高分子"因其特殊的分子结构和性质而受到广泛关注。这些高分子具有独特的用途和潜在应用价值，但其应用研究首先需要解决的是分子支化度的表征问题。

(7) 化学键的表征

利用红外光谱、紫外光谱和拉曼光谱等技术手段可以测定官能团及最大吸收峰等信息。对于含有杂原子（除碳、氢之外的原子）的高分子化合物或合成的高分子金属化合物、高分子-金属配合物等复杂体系，有时难以直接确定其化学结构。此时，对化合物中化学键的表征成为揭示高分子化合物化学结构的关键手段。

(8) 高分子链间相互作用情况的表征

研究不同类型高分子链间的相互作用或同一高分子链内不同链段间的相互作用情况，对于深入理解高聚物凝聚态的形成机制、揭示高分子材料的性能本质以及探索高分子聚合物的流变性能具有重要意义。这些相互作用情况为认识高分子材料的性能及加工行为提供了宝贵的数据支持。

除此之外，可利用核磁共振波谱仪、电子自旋共振谱仪、穆斯堡尔谱仪、正电子湮没等基于材料受激发的发射谱，用于研究微观晶体缺陷（空位、杂质、位错、层错等）附近的原子排列状态、排列顺序等。这些仪器可以确定化学组分，也解决晶体的结构问题。

拓展阅读

材料的化学成分分析

材料的化学成分分析涉及对材料中的元素、化合物以及它们之间的比例进行详细的研究和测定，以揭示材料的性能、结构和应用潜力。

在化学成分分析中，通常采用多种先进的技术手段来获取准确的数据。例如，利用光谱分析技术，可以识别出材料中各种元素的存在，并确定它们的含量。光谱分析具有灵敏度高、准确性好的特点，对于复杂材料的成分分析尤为重要。

此外，化学分析法也是常用的手段之一。它通过化学反应来测定材料中特定元素的含量，具有操作简便、成本较低的优势。尽管化学分析法在精确度方面可能稍逊于光谱分析，但在某些特定情况下，它仍然是一种非常实用的方法。

除了上述两种常用方法外，还有一些其他的技术也广泛应用于材料的化学成分分析。例如，通过X射线衍射分析可以了解材料的晶体结构和相组成；热分析法可以通过测量材料在加热过程中的热性质变化来推断其化学成分。

在化学成分分析的过程中，还需要注意一些可能的影响因素。例如，样品的制备和处理方法、仪器的校准和精度以及分析人员的操作经验等都可能对分析结果产生影响。因此，在进行化学成分分析时，需要严格按照操作规程进行，并确保所使用的仪器和方法具有足够的可靠性和准确性。

任务二　材料的性能测定

一、材料的力学性能测定

在多种材料和多种性能测试中，力学性能是结构材料研究、生产、使用的基本参数，其研究仍很活跃。这里介绍几种力学性能测定的方法。

1. 高温力学性能的测试

20 世纪 70 年代，等温蠕变-疲劳交互作用性能与寿命预测成为材料高温力学领域中的核心研究议题。为模拟高温环境下的机械运动运行与停车的循环过程，研究者们开展了深入研究。相较于低周疲劳或低循环疲劳，该过程更贴近高温部件的实际服役状态，然而其疲劳寿命却显著低于后者一个数量级以上。

在蠕变-疲劳交互作用测试中，对蠕变测试提出了严格的高温控制和精确的温度测量要求，同时亦需确保试样的同轴度符合低循环疲劳测试的标准，此外还需实施精确的电-液伺服应力或应变波形控制。

至 20 世纪 80 年代，研究重点转向了以热机械疲劳，即热疲劳与机械疲劳及蠕变交互作用为核心的时间相关疲劳研究。这一过程中，循环热应力和机械应力同步或异步作用，相较于等温蠕变-疲劳交互作用，更贴近实际服役条件。然而，其寿命表现亦低于普通蠕变-疲劳寿命。上述研究均伴随着丰富的理论工作，以实现对材料寿命的准确预测。进入 20 世纪 90 年代，研究焦点依然聚焦于时间相关疲劳裂纹起始寿命的预测，并继续深化和完善寿命预测模型的研究工作。

2. 复合材料的力学性能测试

由于高分子复合材料的组织成分不均匀和各向异性等原因，除部分静力试验已有标准方法外，其他试验方法多处在研究中。复合材料试验与金属材料试验有很大不同。

高温金属基复合材料的制备过程通常在惰性气体或真空环境下进行。在达到 2000℃的高温时，由于纤维与基体材料的膨胀系数存在差异，热机械疲劳成为最为突出的问题。因此，为了准确评估高温陶瓷以及高温纤维增强陶瓷的性能，测量与试验的标准化工作显得尤为关键。同时，为确保生产出的材料具有一致性，试验技术必须能够提供可重复的数据。

在陶瓷材料的测试中，获取可重复性数据面临诸多挑战。材料的高脆性特性使得测量真正的单轴性能变得尤为困难，不可避免地会受到弯曲应力、试验尺寸、表面精度以及内部缺陷等多重因素的影响。此外，整块陶瓷的基本各向同性以及纤维的高度各向异性之间存在的机械/热应力差异也进一步增加了测试的难度。

目前，陶瓷材料的基本试验方法主要以弯曲试验标准为主，然而各国在试验标准上并不统一。尽管弯曲试验装置结构简单、易于操作且测试成本较低，能够有效避免因拉伸试验中的同轴度不佳或试样加工精度不足导致的试验不稳定性，但弯曲试验在表征试样内部缺陷影响方面相较于拉伸试验仍显不足。具体表现为，相同尺寸的样品在抗拉强度方面通常仅能达到抗弯强度的 50%～70%。同样的问题也存在于压缩试验中。至于陶瓷材料的高温蠕变和循环加载方面的测试研究，目前尚处于起步阶段。

3. 聚合物的力学性能

聚合物的力学性能，作为高分子材料设计与应用过程中的核心考量因素，至关重要。这一性能涵盖了从高分子分子结构的设计到新材料材料设计的各个环节，同时亦涉及新产品的设计以及高分子新材料在实际应用中的条件与要求。因此，深入了解和掌握聚合物的力学性能参数，对于全面把握高分子材料的特性与应用具有不可或缺的基础性作用。

聚合物力学性能参数主要是模量（E）、强度（σ）、极限形变（ε）及疲劳性能（包括疲劳极限和疲劳寿命）。由于高分子材料在应用中的受力方式不同，聚合物的力学性能表征又按不同受力方式定出了拉伸（张力）、压缩、弯曲、剪切、冲击、硬度、摩擦损耗等不同受力方式下的表征方法及相应的各种模量、强度、形变等，可以代表聚合物受力不同的各种参数。由于高分子材料类型的不同，实际应用时受力情况有很大的差异，因此对不同类型的高分子材料，又有各自的特殊表征方法。

二、材料的热学性能测定

在任何物质受到外界条件变化的影响时，其热学性能将随之产生相应的调整，以达到能量最低的稳定状态。通过精确测量这些变化，可以有效地评估材料本身的物理性能、其他性能的变化，以及材料自身的状态稳定性和性能稳定性，这已成为一种至关重要的测量手段。

然而，当前在材料科学研究领域中，热学性能的测试与分析尚未获得其应有的重视与地位。因此，本书旨在对材料热学性能测试中的一系列基本问题进行深入的介绍，以期推动该领域的研究与应用进展。

1. 热分析理论基础

物体具有一定热能（Q）。热能是当物体间温度不同时能够在物体间转移的能量。该能量可以用温度（T）度量。两个具有不同温度的物体相互接触一定时间后其温度相等。T 与 Q 之间的关系可以用欧姆定律来描述，即 $dQ/dt=k\ (T_2-T_1)$。其中 t 为时间。所以 T 可以被看做为热流的热势，温度差决定热流流动的速度。

Q 与能量（U）和功（W）之间可以互相转换，描述这一能量转换的定律为热力学第一定律，即 $dU=dQ-dW$。而热力学第二定律由 Carnot 热机效率的研究直接产生，即 $dS-\Sigma\delta Q\geqslant 0$，其中 S 为熵。在孤立体系或绝热过程中 $\delta Q=0$。只有 $dS\geqslant 0$ 的变化才能够进行。

然而，在非孤立体系中，由于该式在判断体系变化时需要考虑环境的变化，应用起来并不方便。因此出现了在恒温恒压条件下的最小自由焓原理，即 $dG=dH-TdS$，其中 H 为焓。G 是能够用来做功的那部分能量。$dG\leqslant 0$ 时，反应能够进行。在恒压和体系只做体积功的条件下，$H\ (T)\ =C_p\ (T)\ dT$，$S\ (T)\ =TC_p\ (T)\ dT$，其中 $C_p\ (T)$ 为恒压下 1mol 物质温度变化 1K 所吸收或放出的热量，称为比热容。

上述热力学参数可以在热分析设备上测量。热分析设备主要由温度测量装置和加热炉构成。温度测量装置有铂电阻、热敏电阻（半导体温度计）和热温差电偶。

热电偶测量温度的原理是当金属不同部位受到不同电压后，金属中的电子定向移动而形成电流。由于金属正离子在节点上的热振动，电子在移动过程中存在电阻（R）。随着 T 升高，金属正离子在节点上的热振动加剧而增加 R。当 $R\ (T)$ 是线性时，$R\ (T)$ 可以测定 T 的高低。金属中 Pt 具有最好的电阻线性。为增大电阻来提高测量精度，通常测量金属都是细丝（R 与截面积成反比）。Pt 丝组成的测温装置就称为铂电阻。

半导体与金属相反，其电阻系数为负，即在 T 升高时，其 R 下降。其原因是半导体内的电子云在低能级部分为满带，填满了电子，最高的满带称为价带。在价带以上为不能存在电子的禁带。禁带之上为没有电子的空带。最低能级的空带称为导带。半导体禁带不宽。当 T 升高，电子能量增加时，价带的电子可以跃迁到导带成为自由电子而导电。

2. 热分析设备

据热分析原理制造的热敏电阻对温度微小变化极为敏感，可用来测温，如图 10-2-1

所示。但上述能量激发电子导致电阻明显变化的情况只在很小的温度范围发生。所以通常热敏电阻只被用来作热电偶的室温补偿。

图 10-2-1　热敏电阻

1. 差热分析仪

在差热分析仪（DTA）中主要使用 Pt-Rh 热电偶，其最高工作温度达 1650℃，当不同金属的两个焊接接头的 T 不同时，就会产生电流。其原理是当金属有热端和冷端时，热端电子的热振动大而向冷端偏聚。不同金属的电子密度不同，在其连接后，热端和冷端同时发生相反方向的电子流动。但在热端电子流动速度和量都较大，由此造成电流和电压差（相同金属丝或 T 相同的不同金属丝没有此类现象）。

物理上可以用 Fermi 函数解释。在 Fermi 函数中，存在一个描述电子密度的大小的费米能（E_f）。不同金属的 E_f 不同，对不同金属间 E_f 之差类似电压差而导致电流的产生。

2. 热分析加热炉

热分析加热炉主要由加热元件和炉管构成。通常用细丝加热元件缠绕在加热炉管外表面。加热元件中性能最好的是 Pt-Rh 合金。合金中 Rh 含量越高，加热温度越高（最高 1650℃）。加热炉管有时是加热炉盘，使加热能够在周围和底部同时进行，由此获得更好的温度场。

加热炉的其他主要部件是电流输入部分，包括电源、整流器和变压器，用于提供电力，获得直流电和降压以提高电流密度，因此提高热效率和获得高的加热速度（$q=dT/dt$）。

3. 相变测量

热分析测量数据中最多的是相变测量。具有某种结构和组织、成分均匀并具有一定边界的物质状态被称为一种相。在常压下，各相之间的 G 随 T 和成分（x）的变化而变化。设有 A 相和 B 相，在（x_1，T_1）条件下，G_A（x_1，T_1）$<G_B$（x_1，T_1），则 A 相为稳定相。在（x_2，T_2）条件下，G_A（x_2，T_2）$>G_B$（x_2，T_2），则 A 相在动力学允许的条件下转变为 B 相。

使用 DSC（差热分析法）和 DTA（差示扫描量热法）能够测量样品的 T、Q 和 C_p

（DTA 不能测量 C_p）。在样品的加热过程中，在 DSC 上测量的基线相当于 C_p。通过对相变温度区间表观 C_p 与真实 C_p 之差积分就得到了 Q。相变温度区间的真实 C_p 可通过对基线线性或非线性外推获得。

相变开始温度，定义为曲线随温度发生变化时明显变化部分与发生微小变化部分分别作切线相交的点。该温度可看作为样品非缺陷部分开始相变的温度（M_s）。在表面或界面进行的微量相变比该温度早，存在所谓的预相变。缺陷处的相变开始温度定义为曲线斜率开始出现偏差的温度（M_d）。转变曲线的峰值温度（M_p）转变速度最大，其转变量大致上在 30%～50%之间。以相似方法可以定义转变结束温度（M_f）。

任务三　无损检测评价技术

在材料加工和设备检修中，无损检测至关重要。20 世纪 50 年代，为提高材料可靠性，发展了无损检测技术，其中液体渗透技术最典型。液体渗透裂纹，观察液体分布，可得知裂纹分布情况。此外，还有涡流试验、磁性粒子等方法。

到 70 年代，塑性断裂力学的发展促使人们关注缺陷的定量检测，包括大小、形状、性质及取向，以进行定量评价。基于材料对裂纹成长抗力的均一性和不变性，采用 Griffith 断裂准则预测断裂。

然而，80 年代后发展的高合金钢和纤维增强复合材料不满足上述条件。由于对这些材料了解不足，工程师难以根据经验确认设计是否满足工程系统的需求。

因此要求在不损伤零部件的条件下，确定其物理性能、检测和评定其不均匀性，包括微缺陷的探测、微观组织的评价、不同材料的界面结合等，从而评价原始产品的质量，确保其在载荷及环境下长期保存或使用后仍能保持有相当的质量可供继续使用。这就将无损检测提高到无损评价的深度和广度。在上述思想的指导下，无损检测技术在传统的 X 射线和超声探伤的基础上，在下述几个领域产生了进展。

一、计算机层析技术

在 X 射线层析技术中，经准直的 X 射线束穿过试件并为置于试件另一侧的探测器阵列所测量，微微转动试件可进行一组新的测量，重复此过程直至试件转过 180°，所得的投影用计算机按重建算法进行运算，可得到在所透视截面中 X 射线衰减的二维图。

此法的优点是对大面积低对比试件具有优越的分辨率（可达 0.1%～0.2%，动态范围可达 10^6：1），所取得的定量的三维数字化数据可用以进行图像处理，给出不同的信息表示。这对测定诸如纤维增强塑料中纤维的体积含量、密度的均匀性、缺陷的密集度和分布是很适用的。

二、激光热波技术

在描述材料近表面区的特征时热波技术起到了重要作用。每当材料表面有周期性的能量吸收时即可出现热波。目前最常用的产生热波的方法就是利用激光器。其相应装置被称为声光显微镜。其原理是用激光束加热充气光-声盒中的试样表面。热量由加热表面扩散到周围气体而产生压力波动（声波），可被插在光-声盒中的微音器所探测。声波的幅度和相位取决于试样表面的温度，这温度又取决于与材料热性质有关的试样的热扩散。

所以此法适用于陶瓷材料表面层的微小缺陷（10^{-2}mm 级）、半导体集成电路上的龟裂、涂层（膜）与基底的结合等的检测和评价。由于微音器固定在计算机控制的 $X-Y$ 移动台上，可得到二维图像。

三、超声和扫描型超声显微镜的应用

超声波通过观测超声波能量的衰减和速度的漂移来推断微观组织，包括组分尺寸、形态、边界和位错等。其方法是观测由微观组织的变化所引起的超声波的散射量和吸收量的变化。由此能够检测材料局部弹性模量的变化、复合材料纤维的体积分数和树脂孔隙率、复合材料的微裂纹和其他 10μm 数量级的缺陷。根据检测的原理还可以制成超声显微镜，具有 5μm 数量级的分辨率。对淬火钢其穿透深度可达 50~100μm。

项目实训

学习完本项目的内容后，认真完成表 10-3-1 的实践清单。

表 10-3-1　实践清单

金属材料力学性能测定实训	
实训目的	掌握力学性能测定的基本技能，培养动手能力和团队合作精神，提高实际操作水平
实训步骤	(1) 选择合适的金属材料，如低碳钢、铝合金等，准备相应的试验设备如拉伸试验机、硬度计等； (2) 根据金属材料的性质和要求，确定测试方案，包括测试项目、试样尺寸、实验操作步骤等； (3) 按照测试方案，使用试验设备进行金属材料的力学性能测定，注意操作安全和实验数据的准确性； (4) 对实验数据进行记录和分析，包括应力-应变曲线、硬度值等，结合理论知识和经验，对实验结果进行解释和评价； (5) 总结实训过程和心得体会，与其他同学进行交流，讨论实验结果和改进意见，提高实际操作水平
实训要求	(1) 具备一定的实验基础知识和安全意识，了解金属材料的基本性质和力学性能测试要求； (2) 按照操作规程进行试验设备操作，确保人身安全和实验数据的准确性； (3) 积极参与团队合作，分工合作，共同完成力学性能测试任务； (4) 认真记录实训过程和数据，分析实验结果，总结经验教训，提高实际操作水平

思考练习

1. 有机高分子材料的结构表征包括哪些方面？
2. 力学性能测定的方法有哪些？
3. 热分析设备有哪些？

参考文献

[1] 葛利玲. 材料科学与工程基础实验教程 第 2 版[M]. 北京：机械工业出版社，2020.

[2] 赵长生，顾宜. 材料科学与工程基础 第 3 版[M]. 北京：化学工业出版社，2020.

[3] 葛利玲. 材料科学与工程基础实验教程 第 2 版[M]. 北京：机械工业出版社，2020.

[4] 尹小港. 中文版 Premiere Pro CC 影视编辑标准教程[M]. 北京：机械工业出版社，2020.

[5] 杨兵，薛龙建，雷燕. 材料科学与工程基础[M]. 武汉：武汉大学出版社，2023.

[6] 杨庆祥. 材料科学与工程基础[M]. 北京：机械工业出版社，2021.

[7] 宋晓岚. 无机材料科学基础辅导与习题集[M]. 北京：化学工业出版社，2020.

[8] [美]唐纳德 · R. 阿斯克兰德(Donald R. ASKELAND)等著，王秀峰等译. 材料科学基础[M]. 北京：科学出版社，2021.

[9] 覃耀春，崔忠圻. 材料科学基础[M]. 北京：机械工业出版社，2023.

[10] 陶杰，姚正军，薛烽等. 材料科学基础考试试题与解析 第 3 版[M]. 北京：化学工业出版社，2022.

[11] [澳]伊恩 · G. 克劳奇著，孙葆森，张磊，高永亮译. 装甲材料科学[M]. 北京：国防工业出版社，2023.

[12] 简发萍. 材料学基础[M]. 北京：机械工业出版社，2022.

[13] 张以河. 复合材料学 第 2 版[M]. 北京：化学工业出版社，2022.

[14] 徐晓宙，高琨. 生物材料学 第 2 版[M]. 北京：科学出版社，2021.

项目统筹：李亚博
责任编辑：汪永涛
封面设计：李　杰

材料科学与工程基础教程

专·精·志·远
为您提供专业服务
编 辑 部：010-63567692
读者服务：010-63567692
网上书店：www.jccbs.com

本社微信公众号
本社天猫旗舰店

ISBN 978-7-5160-4295-3
9 787516 042953 >
定价：72.00元